全国高等职业院校计算机教育规划教材

Java 程序设计项目教程

（第二版）

郭庚麒　周　江　编著

中国铁道出版社
CHINA RAILWAY PUBLISHING HOUSE

内 容 简 介

本书以 Java SE 技术为背景介绍 Java 程序设计的方法。全书共分为 15 章，全面而翔实地介绍了 Java 程序设计语言的编程方法和技巧，内容包括 Java 的基本语法、Java 异常处理机制、基本输入/输出、Java GUI 编程、Java 数据库编程等。

本书是作者多年教学经验的总结，主要内容以“班主任小助手”项目系统为载体，采用任务驱动的教学方法，按照学生的认知规律，逐层深入、抽丝剥茧地进行介绍，语言通俗而不失严谨。同时，本书还选配有大量的习题和实训项目，实训项目的选择本着一致性、趣味性和实用性相结合的原则，旨在培养学生的应用能力。

本书适合作为高等职业院校、应用型本科院校面向对象编程语言的入门教程，也可作为 Java 编程爱好者的参考用书。

图书在版编目（CIP）数据

Java 程序设计项目教程 / 郭庚麒，周江编著．—2 版．—北京：中国铁道出版社，2015.10
全国高等职业院校计算机教育规划教材
ISBN 978-7-113-20789-2

Ⅰ．①J…　Ⅱ．①郭…　②周…　Ⅲ．①JAVA 语言－程序设计－高等职业教育－教材　Ⅳ．①TP312

中国版本图书馆 CIP 数据核字（2015）第 183411 号

书　　名：Java 程序设计项目教程（第二版）
作　　者：郭庚麒　周　江　编著

策　　划：王春霞　　　　读者热线：400-668-0820
责任编辑：王春霞　王　惠
封面设计：付　巍
封面制作：白　雪
责任校对：汤淑梅
责任印制：李　佳

出版发行：中国铁道出版社（100054，北京市西城区右安门西街 8 号）
网　　址：http://www.51eds.com
印　　刷：北京华正印刷有限公司
版　　次：2011 年 7 月第 1 版　　2015 年 10 月第 2 版　　2015 年 10 月第 1 次印刷
开　　本：787mm×1092mm　1/16　印张：16.25　字数：389 千
书　　号：ISBN 978-7-113-20789-2
定　　价：34.00 元

前言（第二版）

FOREWORD

随着 Internet 的迅速发展及其应用的逐步深入，Java 语言得到普遍应用，已成为首选的网络开发工具。Java 是由 Sun 公司了布的面向对象的跨平台编程语言，其精髓是“一次编程，随处运行”，有效地满足了网络环境对编程语言的需求。在网络时代，掌握 Java 程序设计语言的基本知识和编程技巧，已成为 IT 职场的一块“敲门砖”。

本书共分为 15 章，全面而翔实地介绍了 Java 程序设计语言的编程方法和技巧，内容包括 Java 的基本语法、Java 异常处理机制、基本输入/输出、Java GUI 编程、Java 数据库编程等。

本书是作者多年从事计算机教学和系统开发经验的总结，通俗易懂、深入浅出，适合作为高等职业院校计算机专业及其相关专业的教材，也可作为软件开发人员及其他有关人员的参考用书。本书具有如下特色：

（1）以“班主任小助手”项目系统为载体，采用任务驱动的教学方法。每个任务按照“任务描述”“任务分析”“任务实施”等步骤来展示一个实际编程任务的完成过程。

（2）按照学生的认知规律，逐层深入、抽丝剥茧地进行介绍，讲解过程注意培养学生的思维能力，激发他们的创新能力。

（3）降低学习的难度，概念和知识的引入多采用案例说明和类比的方法，语言通俗而不失严谨。

（4）注重理论和实践相结合，配有大量难易程度不同的实训项目。实训项目的选择本着一致性、趣味性和实用性相结合的原则，旨在培养学生的应用能力，同时满足分层次教学的需要。

（5）作为面向对象程序设计课程的教材，建议授课学时为 112 学时，着重培养读者面向对象程序设计的思想和方法。

本书第一版自出版之来，受到广大读者的好评，也收到了同行们不少有益的建议。本次改版除修改书中发现的个别错误之外，还充实了部分章节的思考与练习题，更新了软件的运行版本，同时增加了第 15 章作为总的综合实训案例。

本书配有电子教案和实例源代码，可以到 http://www.51eds.com 网站下载。

本书由郭庚麒、周江编著，其中第 1～5、8、13 章由郭庚麒编写，第 6、7、9～12、14、15 章由周江编写。

本书的内容虽然经过多次讲授，实例也经过了多次测试，但仍难免会存在疏漏和不足之处，恳请读者批评指正。

编　者

2015 年 6 月

目录

CONTENTS

第1章 Java概述及开发环境的建立

Java语言是一种优秀的编程语言，具有面向对象、与平台无关、安全、稳定和多线程等优良特性。Java语言不仅可以用来开发大型的应用程序，而且特别适合于Internet的应用开发，具备“一次编写，随处运行”的特点，它是网络时代最重要的编程语言之一。

要学习Java语言，首先要了解其相关知识。读者通过本章的学习，应达到以下目标:

学习目标	☑ 了解Java语言的背景及其特点、工作机制、开发环境; ☑ 了解HelloWorld程序和HelloWorld小应用程序的基本框架和代码组成; ☑ 熟悉本书所用的项目案例; ☑ 掌握安装JDK、设置环境变量、用记事本编写Java程序并运行的方法; ☑ 了解变量作用域与存储类别; ☑ 掌握安装JCreator软件、用JCreator编辑Java程序并运行的方法。

1.1 Java背景及特点

Java是1995年由Sun公司发布的编程语言，它的出现源于对独立于平台编程语言的需要，希望能用这种语言编写出嵌入到各种家用电气设备的芯片上并易于维护的程序。1990年12月，Sun公司成立了由James Gosling等人组成的一个叫Green Teem的小组，该小组的主要目标是开发一种能够在 PDA、手机、信息家电等消费性电子产品操作平台上运行的分布式系统，James Gosling为此研发了名为oak（一种橡树的名字）的编程语言。oak具备安全性、网络通信、面向对象、垃圾收集和多线程等特点，由于注册商标时已有oak这个名字，遂将其改名为Java。2009年4月，Oracle（甲骨文）公司宣布以74亿美元收购Sun公司。

Java语言的发展受益于Internet和Web的出现，因为Internet上有各种不同的计算机，它们可能使用完全不同的操作系统和CPU芯片，却希望运行相同的程序。Java的出现满足了这种要求，标志着真正分布式系统的到来。

Java是目前使用最为广泛的网络编程语言之一。它具有简单性、面向对象、与平台无关、多线程、安全性、健壮性等特点。

1. 简单性

Java 语言的简单性，是指这门语言比较容易学习而且好用。Java 是从 C++演变而来的，保留了 C++的许多优点，但废弃了许多容易产生错误的功能，并提出相应加强或替代的方案。

2. 面向对象

面向对象的编程更符合人的思维模式，使人们更容易编写程序。Java 语言引入了类的概念，是彻底的面向对象编程语言。类是用来创建对象的模板，它包含对被创建对象的状态描述和行为的定义。

3. 与平台无关

与平台无关是 Java 语言最大的优势，其他语言编写的程序面临的一个主要问题是：操作系统的变化、处理器的升级以及核心系统资源的变化，都可能使程序出现错误或者无法运行。Java 的虚拟机成功地解决了这个问题，用 Java 编写的程序可以在任何安装了 Java 虚拟机（Java Virtual Machine，JVM）的计算机上运行。因此，Sun 公司实现了自己的目标：让用 Java 语言编写的程序可以“一次编写，随处运行”。

4. 多线程

多线程是指程序同一时间内执行多项工作的能力，例如从网络上下载一个影片的同时也可以播放它。多线程功能在图形用户界面和网络程序设计上特别有用，例如在设计网络程序时，一个服务器可以同时为多个客户端服务。

5. 安全性

Java 语言中没有指针，不会直接指向本地机器的内存，它自身的安全机制不会允许程序出现由此引起的致命性错误。当从网络上下载一个程序时，最担心的问题是该程序中是否含有恶意代码，如试图读取或者删除本地机器上的重要文件等。当客户使用支持 Java 的浏览器时，可以放心地运行 Java 的小应用程序 Applet，因为 Applet 是被限制在 Java 运行环境中，不允许它访问计算机的其他部分。

6. 健壮性

Java 编译器提供了很好的错误检测功能，可检测出许多在执行阶段才显示出来的问题。Java 也不使用那些比较容易出现错误的程序功能，如指针等。同时，Java 语言的异常机制进一步提供了在程序执行阶段的可靠性保障。

1.2 Java 的工作机制

Java 编译器先将源程序翻译为与平台无关的字节代码（byte code），然后由在特定平台下运行的 Java 解释器来解释执行字节代码文件，其工作原理如图 1-1 所示。解释器对 Java 程序屏蔽了底层的操作系统和硬件平台的差异，因此同一个 Java 程序代码可以不加修改地运行在不同的硬件平台和操作系统上。可以说，Java 程序代码是在一个 Java 虚拟机上运行的。

JVM 是运行 Java 程序必不可少的机制。编译后的 Java 程序指令并不直接在硬件系统的 CPU 上执行，而是由 JVM 执行。JVM 是编译后的 Java 程序和硬件系统之间的接口，程序员可以把 JVM 看作一个虚拟的处理器。它不仅解释执行编译后的 Java 指令，还进行安全检查。JVM 是 Java

程序能在多平台间进行无缝移植的可靠保证，同时也是 Java 程序的安全检验引擎。

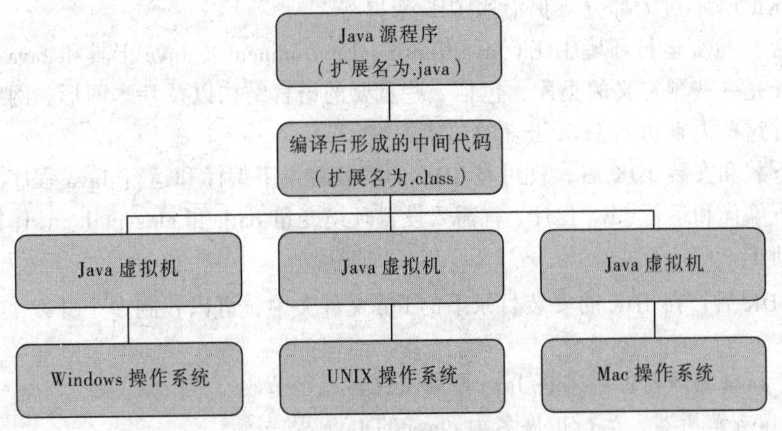

图 1-1 Java 程序处理过程

JVM 的定义：JVM 是在一台真正的机器上用软件方式实现的假想机器。JVM 使用的代码存储在扩展名为.class 的文件中。JVM 的某些指令很像真正的 CPU 指令，包括算术运算、流控制和数组元素访问等。

Java 虚拟机规范提供了编译所有 Java 代码的平台。因为编译是针对假想机的，所以该规范能让 Java 程序独立于平台。它适用于每个具体的硬件平台，以保证为 JVM 编译的代码的运行。JVM 不但可以用软件实现，而且可以用硬件实现。

Java 虚拟机规范对运行时数据区域的划分及字节码的优化并不做严格的限制，它们的实现依平台的不同而有所不同。JVM 的实现称做Java 运行时系统，简称 Java 运行时（Java Runtime Environment，JRE），其作用是把编译过的字节代码“翻译”成所在硬件平台可以辨别的机器码并执行。

Java 运行时必须遵从 Java 虚拟机规范，这样，Java 编译器生成的类文件才可被所有 Java 运行时系统下载。嵌入了 Java 运行时系统的应用程序，就可以执行 Java 程序。目前，有许多操作系统和浏览器都嵌入了 Java 运行时环境。

Sun Microsystems 于 1995 年发布 Java 1.0 版本，1997 年发布 Java 1.1 版本，1998 年发布 Java 1.2，Java 1.2 及其后的版本有一个统一的名称：Java 2 Platform。

Sun 将最近所开发的 Java 运行环境区分成四大版本，分别是：

- 应用于服务器（Server）上的 Java EE（Java Platform，Enterprise Edition）；
- 应用于一般个人计算机（Personal Computer）上的 Java SE（Java Platform，Standard Edition）；
- 应用于小型设备（Mobile Device）上的 Java ME（Java Platform，Micro Edition）；
- 应用在 Smart Card 上的 Java Card。

本书介绍的运行环境为 Java SE（Java Platform，Standard Edition）。

1.3 Java 开发环境简介

要想学好一门编程语言，选择一个好的开发环境非常重要。JDK 是“Java Development Kit（Java开发工具包）”的缩写，由 Sun 公司开发，是 Java 的基本开发环境。JDK可以从 www.oracle.com

网站上免费下载，或从其他相关的网站中取得。Java 1.2 之后的版本更名为 J2SDK(Java2 Software Development Kit)，不过大部分人仍沿用 JDK 来称呼。

JDK 包括了 Java 运行环境 JRE (Java Runtime Environment)、Java 工具和 Java 基础类库。其核心 Java API 是一些预定义的类库，包括一些重要的语言结构以及基本图形、网络和文件 I/O，开发人员通过这些类来访问 Java 语言的功能。

在成功下载和安装 JDK 后，就可在 JDK 的安装目录下编译和运行 Java 程序。但如果要在其他的路径下编译和运行 Java 程序，就需要设置环境变量 path 和 classpath。具体操作见本章综合实训的实训 1。

安装完 JDK 后，在 JDK 的安装目录下的 bin 文件夹中，可以找到多个开发工具运行文件，简单介绍如下：

- javac：Java 编译器，用来将 Java 原始文件转成字节码。
- java：Java 解析器，运行扩展名为.class 的 Java 程序。
- javadoc：Java 帮助文件管理器。此工具可产生 HTML 格式的 API 帮助文件。
- appletviewer：Java Applet 查看器。查看内部包含 Applet 路径的 HTML 网页，如果 HTML 网页中没有包含 Applet 路径，则该查看器将没有反应。

Java 源程序文件是纯文本文件，可以用 Windows 自带的"记事本"程序进行编辑，也可以用 TextPad、Microsoft Word 等常用工具编辑，编辑后将其另存为扩展名为.java 的文件，然后用 JDK 中提供的几种简单工具进行编译、运行及程序的调试。

除了 JDK 这种最基本的开发环境之外，还有许多第三方团队开发了一些综合性开发环境 (Integrated Developed Enviroment，IDE)，提供图形操作的界面，但这些 IDE 都是架构在 JDK 上的。以下是一些流行的综合开发环境工具：

- JBuilder (Borland 公司)；
- VisualCafe (Symantec 公司)；
- Oracle Jdeveloper (Oracle 公司)；
- Visual Age (IBM 公司)；
- JCreator (Xinox 公司)；
- Eclipse (eclipse.org 协会)。

就笔者的经验，推荐使用 JCreator，它的优点是免费使用，所占资源少，并且适合初学者。JCreator 的下载、安装及简单使用可以参考本章综合实训的实训 3 和实训 4。

1.4 HelloWorld 应用程序和 HelloWorld 小应用程序

学习程序设计语言的捷径是从简单的任务开始。本节通过对简单的 Java 应用程序 (Application) 和小应用程序 (Applet) 的介绍，使读者初步了解用 Java 语言编写的程序的组成和结构。

1.4.1 Java 应用程序 Application

Java 应用程序 (Application) 是一类可以独立运行的程序，下面先介绍一个简单的任务，并对其进行分析。

【任务1-1】 建立一个 HelloWorld 应用程序

（一）任务描述

编写一个 Java 程序，输出如下一行信息：

```
Hello World!
```

（二）任务分析

（1）在程序中，应首先用关键字 class 来声明一个新的类，其类名为 HelloWorld，它是一个公共类（由 public 关键字声明）。整个类定义由大括号{ }括起来。

```
public class HelloWorld {

}
```

（2）在该类的括号中定义了一个 main()方法如下：

```
public static void main(String[] args) {
}
```

（3）在 main()方法的实现中，只需要写一条语句：

```
System.out.println("Hello World!");
```

它用来实现字符串的输出。另外，在程序的第一行可以加一行注释"//任务 1_1：打印 Hello World!"，说明该程序的作用。

（三）知识与技能

（1）与 main()位于同一行的 public 表示访问权限，指明所有的类都可以使用这一方法。

（2）static 指明该方法是一个类方法，它可以通过类名直接调用。

（3）void 则指明 main()方法不返回任何值。

（4）main()方法定义中的 String[ ] args 是传递给 main()方法的参数，参数名为 args，它是类 String 的一个数组，参数可以为 0 个或多个，多个参数之间用逗号分隔。

（四）任务实施

任务实现的代码如下：

```
//任务1_1:打印Hello World
public class HelloWorld{
    public static void main(String[] args){
        System.out.println("Hello World");
    }
}
```

（五）扩展内容

对于一个应用程序来说，main()方法是必需的，而且必须按照以上格式来定义。Java 解释器在没有生成任何实例的情况下，以 main()方法作为入口来执行程序。

一个 Java 程序中可以定义多个类，每个类中可以定义多个方法，但是一个 Java 程序最多只有一个公共类，一个类也只能有一个 main()方法作为程序的入口。

Java 应用程序的运行过程和输出结果详见本章实训 2。

1.4.2 Java 小应用程序 Applet

Java 语言的特性使它可以最大限度地利用网络。Applet 是 Java 的小应用程序，它是动态、安全、跨平台的网络应用程序。Java Applet 嵌入 HTML 文本中，通过主页发布到 Internet。网络用户访问服务器的 Applet 文件时，这些 Applet 从网络上被下载，然后在支持 Java 的浏览器中运行。由于 Java 语言的安全机制，用户一旦载入 Applet，就可以放心地用其生成多媒体的用户界面或完成复杂的计算而不必担心病毒的入侵。虽然 Applet 可以和图像、声音、动画等一样从网络上下载，但它并不同于这些多媒体文件格式，它可以接收用户的输入，动态地进行改变，而不仅仅是动画的显示和声音的播放。

【任务 1-2】 建立一个 Applet 小应用程序

（一）任务描述

编写一个简单的 Applet 小应用程序，输出结果如图 1-2 所示。

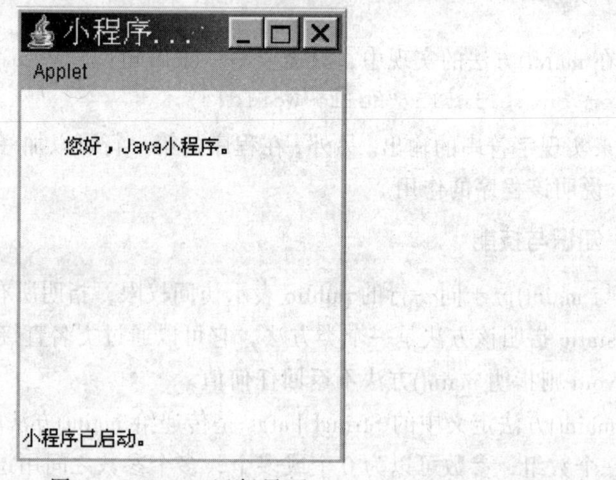

图 1-2 Applet 运行界面

（二）任务分析

这是一个简单的 Applet。

在程序中，首先用 import 语句输入 java.awt 和 java.applet 下所有的包，使得该程序能使用这些包中所定义的类，它类似于 C++中的#include 语句。

然后声明一个公共类 HelloWorldApplet，用 extends 关键字指明它是 Applet 的子类。

在类中，重写父类 Applet 的 paint()方法，其中参数 g 为 Graphics 类，用来代表"您好，Java 小程序。"字符串的对象。

在 paint()方法中，调用 g 的方法 drawString()，在坐标(28,38)处输出字符串"您好! Java 小程序。"，其中坐标是用像素点来表示的。

坐标(28,38)表示在距离窗口左上角横向 28 像素、纵向 38 像素的点。

（三）知识与技能

这个程序中没有实现 main()方法，这是小应用程序 Applet 与应用程序 Application（如任务 1-1）的区别之一。

（四）任务实施

```
//任务 1-2: Applet 小应用程序
import java.applet.Applet;
import java.awt.*;
public class HelloWorldApplet extends Applet{
    public void paint(Graphics g){
      g.drawString("您好，Java 小程序。",28,38);
    }
}
```

（五）拓展内容

为了运行该程序，首先要把它放在 HelloWorldApplet.java 文件中，然后对它进行编译：

```
C:\>javac HelloWorldApplet.java
```

在得到字节码文件 HelloWorldApplet.class 后，由于 Applet 中没有 main( )方法作为 Java 解释器的入口，必须编写 HTML 文件，将该 Applet 嵌入其中，然后用 appletviewer 命令来运行，或在支持 Java 的浏览器中运行。它的<HTML>文件如下：

```
<HTML>
   <HEAD>
      <TITLE> An Applet</TITLE>
   </HEAD>
   <BODY>
      <applet code="HelloWorldApplet.class" width=200 height=40>
       </applet>
  </BODY>
</HTML>
```

其中用<applet>标记来启动 HelloWorldApplet，code 指明字节码所在的文件，width 和 height 指明 Applet 所占位置的大小，把这个 HTML 文件存入文件 Example.html 中，然后运行：

```
C:\>appleviewer Example.html
```

这时屏幕上弹出一个窗口，其中显示“您好，Java 小程序”。

从上述任务中可以看出，Java 程序是由类构成的，对于一个应用程序来说，必须在一个类中定义 main( )方法，而对 Applet 来说，它必须作为 java.applet.Applet 的一个子类。在类的定义中，应包含类变量的声明和方法的实现。Java 在基本数据类型、运算符、表达式、控制语句等方面与 C、C++基本上是相同的，但它同时增加了一些新的内容，在以后的各章节中会详细介绍。在本节，只是让大家对 Java 程序有一个初步的了解。

1.5　项目系统简介

本书的主要内容以“班主任小助手”项目系统为载体，采用任务驱动的方法进行讲授。本节简要介绍该项目背景和功能需求，为后续的学习做好铺垫。

1.5.1　项目应用背景

新生入学后，班主任要为班级创建花名册，每位学生（student）为花名册中的一个对象。在期末时，班主任需要做的一项常规工作就是将本班本学期的所有成绩输入到计算机中，并完成以下工作：

（1）为每门课程生成如下格式的成绩统计表。

100 分：	____人
90～99 分：	____人
80～89 分：	____人
70～79 分：	____人
60～69 分：	____人
不及格：	____人
占全班：	____%
全班平均分：	____分

（2）为每个学生生成如下格式的家庭报告书，并寄到学生所在的家庭地址。

学号	姓名	成绩 1	成绩 2	成绩 3	总分	全班排名

另外，学生要求将成绩放到网页上，以便可以尽早查询到自己的成绩。

为了能让班主任在期末快速完成这些工作，并满足同学提出的成绩查询的要求，计算机系的学生 David 决定用 Java 来开发一个实用的小型学生成绩管理系统，并称其为“班主任小助手”。

1.5.2 系统结构和功能设计

经过分析，David 为“班主任小助手”设计了图 1-3 所示的系统结构图。

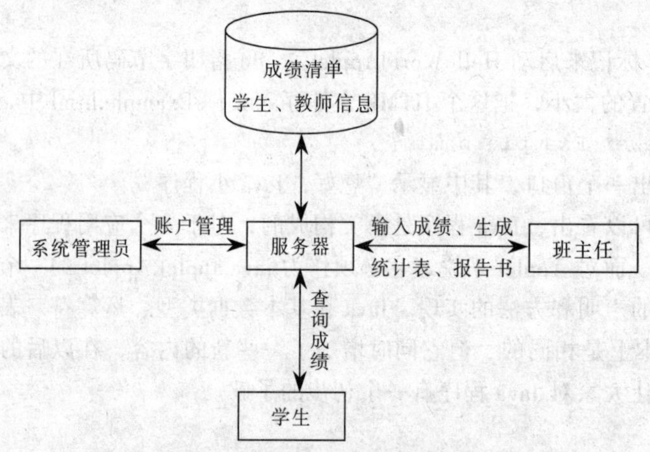

图 1-3 “班主任小助手”系统结构图

同时，David 认为“班主任小助手”应包含如下功能：

（1）对于学生，可通过系统查询自己的成绩、修改密码。

（2）对于班主任，可通过系统完成输入、修改成绩；打印成绩清单；生成成绩统计表；生成家庭报告书；修改密码。

（3）对于系统管理员，可通过系统增加、删除、修改教师和学生的账号。

1.5.3 系统功能任务清单

在本书中，项目的大部分功能是用任务的方式来实现，其对应关系如表 1-1 所示。

表 1-1 “班主任小助手”功能和任务对照表

序 号	实现的功能	对应的任务及描述
(1)	老师将课程成绩输入到程序中	【任务 2-1】用各种数据类型保存信息 【任务 2-2】从键盘输入字符串转换为各种类型的数据
(2)	学号分析	【任务 2-3】根据学号计算入学年份、所在系代码、班级代码和班内编号
(3)	成绩统计	【任务 3-2】switch 语句：根据考试成绩打印出等级分数段 【任务 4-1】求某组同学成绩的最小值、最大值和平均值
(4)	为每门课程生成成绩清单，并按成绩排序	【任务 4-3】用选择法实现数组排序 【任务 4-4】用二维数组计算成绩总分
(5)	用面向对象的方式表示学生信息	【任务 5-1】定义一个学生类 Student 【任务 5-2】使用 Student 类 【任务 5-3】为 Student 类定义构造函数 【任务 5-4】为 Student 类定义多个构造函数 【任务 5-5】用 static 变量统计 Student 类对象个数 【任务 5-6】用 private 修饰符让 Student 类的数据更安全 【任务 5-7】用数组处理多个学生对象 【任务 5-8】输入和返回参数为学生类对象 【任务 5-9】将联系方式类作为学生类的成员变量 【任务 6-1】为 Student 类产生子类 onJobStudent 【任务 6-2】在 onJobStudent 类中增加自身的属性和方法 【任务 6-3】在子类中定义与父类变量同名的变量 【任务 6-4】在子类中定义与父类方法同名的方法 【任务 6-9】静态多态：为成绩类定义多个计算平均成绩的方法 【任务 6-10】通过父类引用指向不同子类对象实现“动态多态” 【任务 7-3】定义和使用一个兼职工作的接口
(6)	将学生信息保存到记事本文件中	【任务 9-2】将特定格式数据写入文件
(7)	用图形界面输入并显示学生信息	【任务 10-2】AWT 实现登录窗口 【任务 10-4】使用网格布局管理器 GridLayout 【任务 11-1】用 Swing 组件实现登录窗口 【任务 11-2】用 Swing 组件实现菜单 【任务 11-3】用 Swing 组件实现学生信息录入窗口 【任务 11-4】用 Swing 组件实现学生信息显示窗口
(8)	用关系数据库保存学生信息	【任务 12-1】建立一个 Access 数据库和数据源 【任务 12-2】查询出数据库表中已有的数据 【任务 12-3】取出数据库元数据显示表头 【任务 12-4】综合实例：图形界面学生信息输入
(9)	通过网络传递学生成绩等信息	【任务 14-4】学生和教师通过网络远程程序交流 【14.6 实训 2】利用客户端程序查询服务器上学生成绩

读者在阅读完本书后，可以根据相应的任务实现“班主任小助手”的完整功能。

1.6 综合实训

实训 1：安装 JDK，设置环境变量并进行验证

（1）访问 http://www.oracle.com，根据自己的操作系统版本，选择下载对应的 JDK 版本。

（2）根据自己的操作系统类型，设置环境变量 path 和 classpath。

例如，编者的计算机为 Windows 7 64 位操作系统，安装的 JDK 版本为 jdk1.8.0_31，且安装在默认路径：C:\Program Files\Java\jdk1.8.0_31，此时只需要将环境变量 path 和 classpath 按如下方法进行设置：

右击“计算机”图标，选择“属性”命令，打开“系统”窗口，单击“高级系统设置”链接，打开“系统属性”对话框，默认打开“高级”选项卡，单击“环境变量”按钮，在“环境变量”对话框的“系统变量”列表中设置。

如果原来没有环境变量 path，则新建环境变量 path，并设 path 的值为：“JDK 的安装路径\bin”。如果原来就有环境变量 path，则在环境变量 path 的值后面加上“;JDK 的安装路径\bin”。

例如，编者的计算机在设置环境变量 path 时，界面如图 1-4 所示，变量值的全部内容为：“%SystemRoot%\system32;%SystemRoot%;%SystemRoot%\System32\Wbem;C:\Program Files\Microsoft SQL Server\80\Tools\BINN;C:\Program Files\Common Files\Ulead Systems\MPEG;**C:\ Program Files\ Java\jdk1.8.0_31\bin;**”，后面加粗的部分“;C:\Program Files\Java\jdk1.8.0_31\bin”就是新添加的。

图 1-4　环境变量 path 的设置

接下来设置环境变量 classpath。

① 如果原来没有环境变量 classpath，则新建环境变量 classpath，并设置 classpath 的值为：“.;JDK 安装路径\lib\tools.jar;JDK 安装路径\lib\dt.jar”。其中，第一个字符“.”代表当前目录。

② 如果原来就有环境变量 classpath，则在环境变量 classpath 的值后面加上“;JDK 的安装路径\lib\tools.jar;JDK 安装路径\lib\dt.jar”。

例如，编者的计算机在设置环境变量 classpath 时，界面如图 1-5 所示。

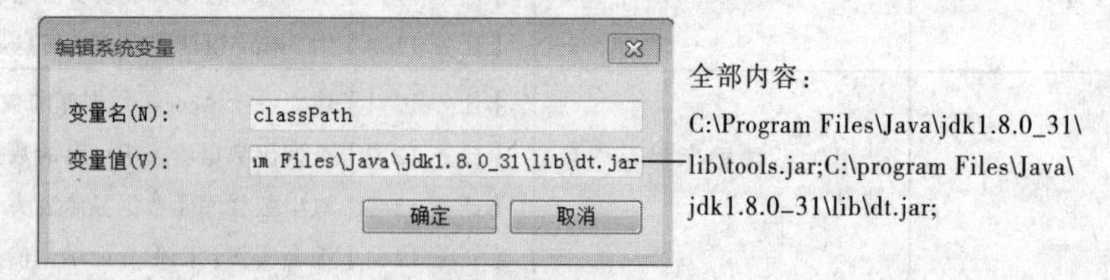

图 1-5　环境变量 classpath 的设置

（3）单击“开始”按钮，直接在搜索框中输入命令“cmd”，然后输入命令“java-version”，按【Enter】键，看是否有类似图 1-6 所示的界面。

```
管理员: C:\Windows\system32\cmd.exe
Microsoft Windows [版本 6.1.7600]
版权所有 (c) 2009 Microsoft Corporation。保留所有权利。

C:\Users\Administrator>java -version
java version "1.8.0_31"
Java(TM) SE Runtime Environment (build 1.8.0_31-b13)
Java HotSpot(TM) 64-Bit Server VM (build 25.31-b07, mixed mode)

C:\Users\Administrator>
```

图 1-6　查看 JDK 安装的版本

如果出现类似图 1-6 所示的界面，则证明 JDK 已经安装成功，并且环境变量已设置好。

实训 2：用记事本编写简单 Java 程序并运行

（1）在某工作目录下（如 D:\java\）用记事本建立文件，并输入以下代码（注意区分大小写），并保存为“HelloWorld.java”。

```
public class HelloWorld{
    public static void main(String[] args){
        System.out.println("Hello World");
    }
}
```

（2）进入命令行界面，并转到 HelloWorld.java 文件所在的目录。

（3）在命令行提示符下输入 javac HelloWorld.java 进行编译，如果没有提示错误，则查看工作目录下是否多了一个 HelloWorld.class 文件。

（4）在命令行提示符下输入 java HelloWorld 运行该程序，看是否有结果 Hello World 输出。

备注：如果有不正确的结果，可参考以下常见错误提示进行修改。

错误提示 1：“javac”不是内部或外部命令，也不是可运行的程序或批处理文件（javac: Command not found）。

- 原因：未安装 JDK 或者没有设置好环境变量 path。
- 改正：安装 JDK 或者重新设置环境变量 path 为正确值。

错误提示 2：HelloWorld is an invalid option or argument。

- 原因：源文件的扩展名不是.java。
- 改正：打开资源管理器或任意文件夹，选择“工具”→“文件夹选项”命令，将“隐藏已知文件类型的扩展名”选项取消，修改源文件的扩展名为.java。

错误提示 3：Exception in thread "main" java.lang.NoClassDefFoundError: HelloWorld。

- 原因：类路径（classpath）未设置好，少了结尾处的 tools.jar 或者少了最开始的“.;”。
- 改正：重新设置环境变量 classpath 为正确值。

实训 3：安装 JCreator 软件，配置 Java 编程的综合开发环境

JCreator 是 Xinox 软件公司的产品，这是一套在 Windows 环境下功能较强大的 Java 整合开发环境，提供程序编辑、运行、排错等功能，分为 LE 和 Pro 两个版本。Pro 版本功能更强大，但只可以免费下载使用 30 天。LE 版本是受限制的版本，也是自由软件，可以永久免费试用，

本书将介绍 JCreator LE 4.50 的安装和简单使用方法。

安装 JCreator LE 4.50 的过程如下：

（1）到 http://www.jcreator.com 下载 JCreator LE 软件。

（2）JCreator LE 的下载格式是 ZIP 格式，可以将其解压到临时文件夹。

（3）安装 JCreator LE，默认的安装目录是 C:\Program Files\Xinox Software\ Jcreator- V4LE，可以更改。安装过程中，系统会询问 JDK 的安装目录，只要按照提示指定 JDK 目录即可。

（4）运行 JCreator LE，初始界面如图 1-7 所示。

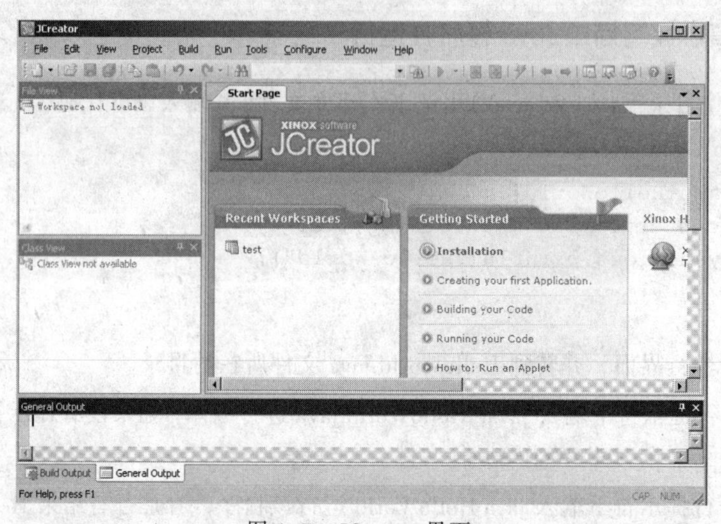

图 1-7 JCreator 界面

实训 4：用 JCreator 编辑简单程序并运行

（1）新建程序。选择 JCreator 软件菜单栏中的 File→New→File 命令，选择 Java Class 选项，并单击 Next 按钮，弹出图 1-8 所示的对话框，选择源程序的存放位置和文件名。

在图 1-8 中进行设置后，将看到图 1-9 所示的界面，右侧的代码窗格中已经自动生成了一些代码，可以在这里输入和编辑源程序。

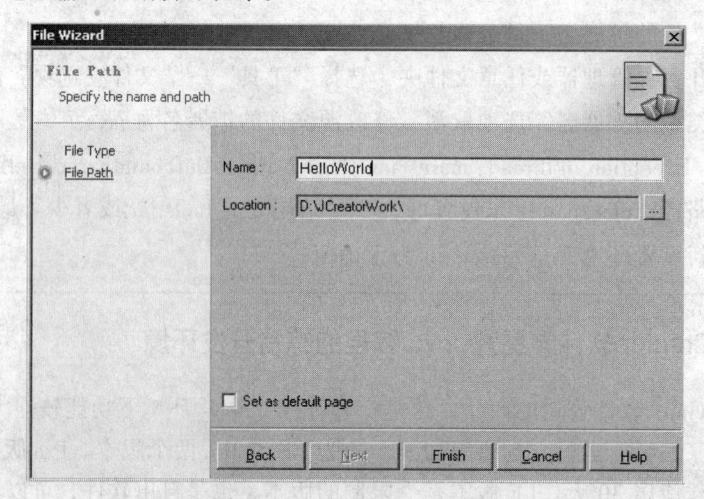

图 1-8 File Wizard 对话框

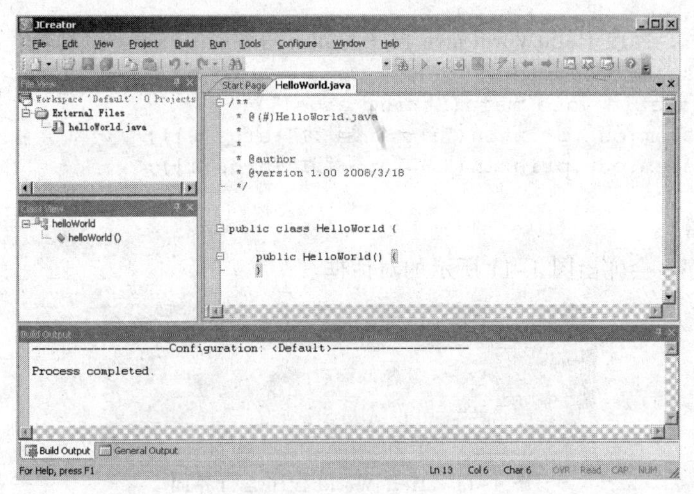

图 1-9　编辑代码

将源程序改为以下内容：

```
public class HelloWorld{
    public static void main(String[] args){
        System.out.println("Hello World");
    }
}
```

（2）编译程序。当程序都输入完后，可以单击工具栏中的 Build 按钮进行编译，如果有语法错误，会在下面的 Build Output 窗口中提示。

（3）运行程序。编译没有语法错误后，可以单击工具栏上中 Run Project 按钮运行源程序。程序将输出 Hello World。

（4）设置可带参数运行环境。如果需要带参数运行，需要在 JCreator 环境中做一些设置。首先选择 Configure→Options 选项，在 Options 对话框左边列表框中选择 JDK Tools 选项，在 Select Tool Type 下拉列表框中选择 Run Application 选项，再在中间的列表框中选择 default 选项，单击 Edit 按钮，在弹出的 Tool Configuration:Run Application 对话框中，选择 Parameters 选项卡，选中 Prompt for main method arguments 复选框，如图 1-10 所示。单击“OK”按钮，完成设置。

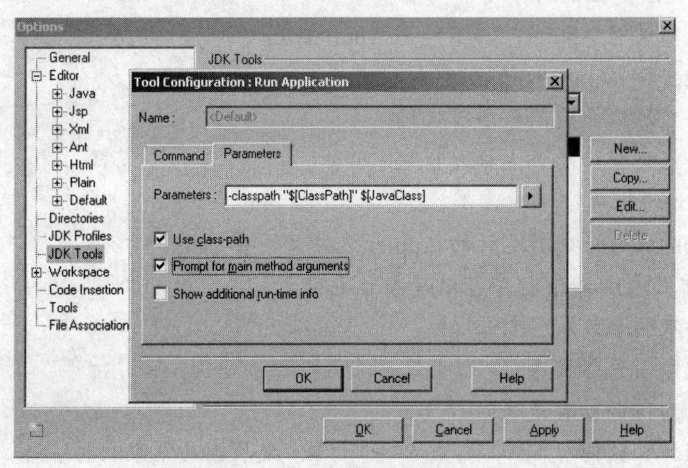

图 1-10　设置可带参数运行环境

（5）设置好后，修改 HelloWorld.java 程序为如下内容：

```
public class HelloWorld {
    public static void main(String args[]){
        System.out.println("第一个参数为"+args[0]);
        System.out.println("第二个参数为"+args[1]);
    }
}
```

然后运行程序，会弹出图 1-11 所示的对话框。

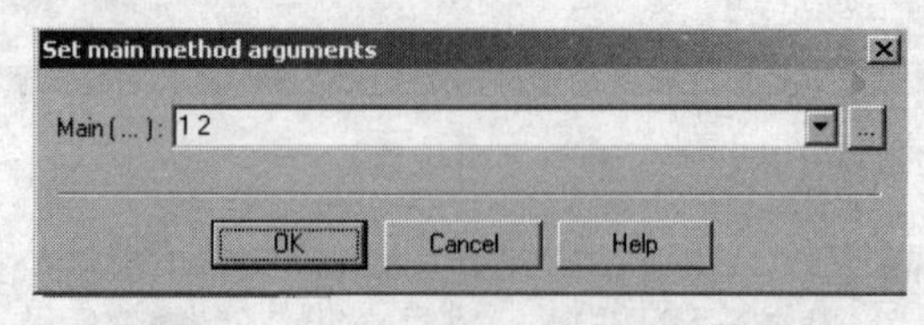

图 1-11　HelloWorld 程序运行界面

在文本框中输入“1 2”（多个参数中间用空格分开），即可运行，结果为：

```
第一个参数为 1
第二个参数为 2
```

小　　结

本章介绍了 Java 程序的工作原理及建立 Java 开发环境需要的工具和步骤，并通过两个简单的 Java 程序介绍了 Java 程序的构成，以及本教材中将讲到的案例和各个任务之间的关系。通过本章的学习，读者可以自己搭建 Java 开发环境，并且练习写最简单的一个输出 Hello World 的 Java 程序。

思考与练习

一、选择题

1. 下列哪个说法是正确的？（　　）

A. Java 只能用来写 Applet，而不能写 Application

B. Java Applet 由 main( )开始运行

C. Java 程序经过编译后产生字节代码

D. Java 程序经过编译后产生机器代码

2. 下列哪个说法正确？（　　）

A. 能被 Appletviewer 成功运行的 Applet 文件必须有 main( )方法

B. JVM 的作用是让 Java 程序可以跨平台运行

C. JDK 一共有两个版本

D. Java 不适合写网络程序

3. 当初设计 Java 的初衷是（　　）。

A. 发展航空仿真软件　　　　B. 发展国防军事软件

C. 发展人工智能软件　　　　D. 发展消费性电子产品

4. Java是从哪种语言改进并被重新设计？（　　）

A. C++　　B. Ada　　C. Pascal　　D. COBOL

二、填空题

1. Java 程序的种类有：内嵌于 Web 的文件、由浏览器观看的________、可独立运行的和服务器端的________。

2. Java语言运行的平台是________，其最大特点是________。

3. Java一共有________个版本，分别是________、Java SE、________、________。

三、简答题

1. Java是低级语言还是高级语言？

2. Java是面向对象的程序设计语言吗？

3. Java是编译型的计算机语言还是解释型的计算机语言？

4. Java语言的程序设计包含哪3个步骤？

5. Java源程序文件的扩展名是什么？

6. Java源程序经编译后生成什么文件？其扩展名是什么？

7. Java程序有哪两类？

8. 说明JVM保证Java程序跨平台运行的原理。

第2章 Java语言基础

作为一种计算机编程语言，Java可以用来保存、加工和输出各种数据，读者通过本章的学习，应该达到以下目标：

学习目标	☑ 熟悉Java基本语法单位和基本数据类型、运算符和表达式的语法； ☑ 会使用适合的数据类型输入、转换、输出相应的信息； ☑ 会用运算符和表达式计算基本数值或逻辑运算。

2.1 Java语言基本语法单位

2.1.1 标识符

用来标识类名、变量名、方法名、类型名、数组名、文件名的有效字符序列被称为标识符。简单地说，标识符就是为程序中某一对象取的一个名字，它有如下命名约束：

（1）由数字（0～9）、A～Z的大写字母、a～z的小写字母和下画线_、美元符$等构成，但首字符必须是字母、下画线或美元符，不能为数字。

（2）Java对标识符大小写敏感，没有最大长度的限制。

（3）标识符不可以是Java关键字或常量。

（4）除了美元符和下画线外，其他标点符号均不可使用。

例如，98_32、_ABC、$USA、Student、www_12$、$123boy都是合法的标识符，表2-1是一些非法的标识符及非法原因。

表2-1 非法标识符举例

非法标识符	非法原因
1abc	不能以数字开头
my-hat	不能包含连字符
try*	不能包含美元符和下画线以外的标点符号
124	不能以数字开头
while	不能是关键字

2.1.2 关键字（保留字）

关键字就是 Java 语言中已经被赋予特殊意义的一些单词，程序员不可以把这一类词作为标识符来使用。Java 的关键字分类如表 2-2 所示。

表 2-2　Java 的关键字

分　类	关　键　字
和分支语句有关	if、else、switch、case、default
和逻辑操作有关	true、false
和循环有关	do、while 、for、break、continue
和异常处理有关	try、catch、throw、throws、finally
和包、类、接口有关	interface、import、implements、extends、class、package、public、protected、private
和数据类型有关	boolean、char、int、byte、float、long、short、double、void、final
其他	instanceof、length、native、new、null、return、synchronized、static、super、volatile、transient

注 意

true、false、null 都是小写的。

2.1.3 语句、空白、注释、分隔符

1. 语句和语句块

在 Java 中，语句是最小的执行单位，各语句之间以分号分隔。一个物理行可包含若干语句；一条语句也可写在连续的若干行内。

用花括号“{”和“}”包含的一系列语句称为语句块，简称块。

语句块可以嵌套，即语句块中可以含有子语句块。

在逻辑上，块被当做一个语句看待。

2. 空格符

空格符包括空格、水平定位键、回车和换行键。空格符的作用主要是增强程序的可读性，Java 程序的元素之间可插入任意数量的空白，编译时并不处理。

3. 注释

在程序中适当地加入注释，会增强程序的可读性。Java 里有 3 种类型的注释，如表 2-3 所示。

表 2-3　3 种注释类型

单　行	多　行	文件注释
// 这是一条单行注释	/*这是 一段注释， 它跨越了多个行 */	/**这是 * 一段注释， * 它跨越了多个行 */

文件注释可用 javadoc.exe 制作成帮助文件。

4. 分隔符

分隔符是指将程序的代码组织成编译器所能理解的形式。Java 的分隔符有( )、[ ]、{ }、;、空格符等。

2.2 Java 基本数据类型

2.2.1 常量和变量

Java 中的常量操作数很简单，只有简单数据类型和 String 类型才有相应的常量形式。例如：

- 整型常量：123、4500。
- 实型（浮点型）常量：1.23、3.14e9。
- 字符常量：'a'、'0'。
- 布尔常量：true、false。
- 字符串常量："This is a constant string."、"Student"。

变量是 Java 程序中的基本存储单元，它的定义包括变量名、变量类型和作用域几个部分。其中：

（1）变量名必须是一个合法的标识符，变量名应具有一定的含义，以增加程序的可读性。

（2）变量类型可以为上面所说的任意一种数据类型。

（3）变量的作用域指明可访问该变量的一段代码的范围。

1. 变量的声明

变量在使用前必须先声明。变量声明的基本格式为：

```
Type name1[=value1][,name2[=value2]]…;
```

其中，Type 是变量的类型，既可以是简单类型，如 int 和 float 等，也可以是类类型。有时也把类类型的变量称为引用，通过引用来访问对应的对象。声明变量语句如下：

```
int a;
char c;
int a,b;
```

2. 变量初始化

Java 中的变量用做操作数时一般需先赋初始值。对于简单变量，在说明的同时便可以进行初始化，如：

```
int x =3;
```

简单变量如果不赋初值，其默认值如表 2-4 所示。

表 2-4 简单变量的默认值

基本数据类型	默 认 值	基本数据类型	默 认 值
boolean	false	char	'\000'
byte	byte(0)	short	(short)0
int	0	long	0L
float	0.0f	double	0.0

2.2.2　数据类型概述

Java 语言中的数据类型和其他高级语言很相似，分为基本数据类型和复合数据类型。基本数据类型是 Java 语言定义的数据类型，用户通常是不可修改的。复合数据类型是用户根据自己的需要定义，由基本数据类型及其运算复合而成。

基本数据类型包括整数类型（简称整型）、浮点类型、字符类型和布尔类型（也称逻辑类型），复合数据类型包括类、接口和数组。Java 语言不支持指针类型、结构类型、联合类型和枚举类型。Java 数据类型如图 2-1 所示。

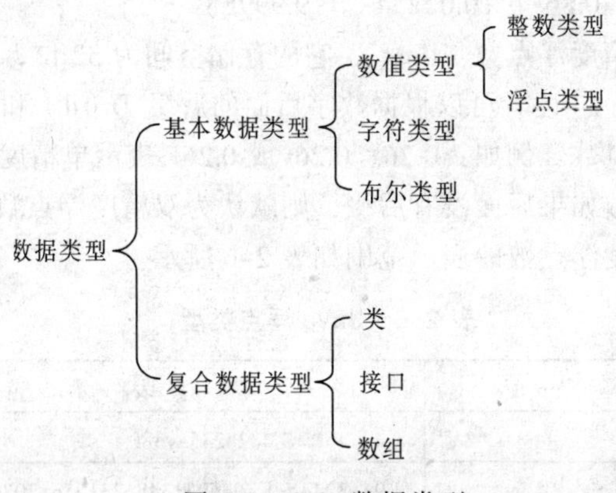

图 2-1　Java 数据类型

本节将介绍 Java 语言中的基本数据类型，以及各数据类型的优先级和转换关系。

1. 整数类型

Java 提供 4 种整型量，对应的关键字分别为 byte、short、int 和 long，其对应的长度和表示范围如表 2-5 所示。

表 2-5　Java 整数类型

整型类型	字节数	整数长度	表示范围
byte	1	8 位	$-2^{7}\sim2^{7}-1$
short	2	16 位	$-2^{15}\sim2^{15}-1$
int	4	32 位	$-2^{31}\sim2^{31}-1$
long	8	64 位	$-2^{63}\sim2^{63}-1$

整型数据是最普通的数据类型，它的常量可用十进制、八进制和十六进制表示。

- 八进制数：以 0 开头的数字。
- 十六进制数：以 0X（或 0x）作为开头的数字。

整数示例：

25　　　　表示十进制数 25；

025　　　表示八进制数，相当十进制数 21；

0X25A　　表示十六进制数，相当十进制数 602。

假如由于某些原因，必须表示一个比较大的数，可用 64 位的长整型数。如果想把一个整数强制存为一个长整型（long），可在数字后面加字母 L（或小写的 l）来说明。

长整型常量示例：

25L　　　　　表示十进制数 25，是长整型，占 8 字节；

025L　　　　表示八进制数，相当于十进制数 21，是长整型，占 8 字节；

0X10000000L　　表示十六进制数，相当于十进制数 268435456，是长整型，占 8 字节。

2. 浮点类型

浮点数据用来代表一个带小数的十进制数，例如 1.35 或 23.6 就是浮点数的标准形式，浮点类型还可以用科学计数法的形式表示。下面是一些例子：

3.1415926　0.34　0.86　0.01234　9.999E8

标准的浮点数称做单精度浮点数（float），它的存储空间为 32 位，也就是 4 字节。也有 64 位的双精度浮点数（double）。读者可以根据数字后面的后缀 D（d）和 F（f）确定浮点数为单精度浮点数还是双精度浮点数。例如：0.26、0.26f 或 0.26F 表示单精度浮点数；0.26d 或 0.26D 表示双精度浮点数。一个数如果后面没有后缀，则默认为双精度浮点数。

单精度浮点数和双精度浮点数的表示范围如表 2-6 所示。

表 2-6　Java 浮点类型

浮点类型	浮点数长度	表示范围
float	32 位	1.4e-45f～3.4028235e+38f
double	64 位	4.9e-324d～1.7976931348623157e+308d

3. 字符类型

字符型数据是由一对单引号括起来的单个字符。它可以是字符集中的任意一个字符，如 A、b、?、!、9、\t。Java 使用 Unicode 字符集，所以可以表示 65 535 个字符。

可使用关键字 char 来定义字符变量，如：char x。

对于 char 类型变量，内存分配给 2 字节，占 16 位，最高位不用来表示符号，因为 char 类型的变量或常量是没有负数的。char 类型的变量取值范围是 0～65 535，对于 char x='a'，内存 x 中存储的是 97，97 是字符 a 在 ASCII 码表中的排序位置，因此，允许将上面的语句写成 char x=97。

字符型数据也可以是一些转义字符，它以反斜杠（\）开头，将其后的字符转变为另外的含义，表 2-7 是 Java 中的转义字符。

表 2-7　转义字符

意义	转义字符
退格	\b
水平跳格	\t
换行	\n
换页	\f
回车	\r
双引号	\"
单引号	\'
反斜线	\\

4. 逻辑类型（布尔类型）

布尔类型是最简单的一种数据类型，布尔类型数据只有两种状态：真和假，通常用关键字 true 和 false 来表示。

5. 字符与字符串

用一对双引号括起来的字符序列是字符串数据类型，是由 String 类所实现的，将在第 4 章中介绍。这里要注意的是'a'和"a"是不同的数据内容，前者代表一个单独字符 a，而后者代表字符串 a。

【任务 2-1】 用各种数据类型保存信息

（一）任务描述

用 Java 基本数据类型定义若干变量，分别用来保存以下数据，并打印出来。

学号	成绩 1	成绩 2	成绩 3	性别	是否理科	全班排名
2009010945	98.5	94	78.5	F	true	5

（二）任务分析

从上面要保存的数据分析，“学号”可以用长整型 long 表示，“成绩 1”“成绩 2”“成绩 3”可以用单精度浮点型 float 表示，“性别”可以用字符型表示，“是否理科”可以用布尔值来表示，“全班排名”用字节 byte（假设一班人数不超过 127 人）来表示。

可以定义相应类型的变量，为这些变量赋值，然后打印出来。

在打印的时候，可以用类似System.out.println("学号："+number);语句，括号中的"学号："+number 代表输出字符串“学号：”后紧接着输出 number 变量的值，“+”起连接作用。

（三）任务实施

```
public class eg2_1{
    public static void main(String[] args){
        long number=2009010945;
        float grade1=98.5f;
        float grade2=94;
        float grade3=78.5f;
        char sex='f';
        boolean isScience=true;
        byte no=5;
        System.out.println("学号: "+number);
        System.out.println("成绩 1: "+grade1);
        System.out.println("成绩 2: "+grade2);
        System.out.println("成绩 3: "+grade3);
        System.out.println("性别: "+sex);
        System.out.println("是否理科: "+isScience);
        System.out.println("班级排名: "+no);
    }
}
```

程序输出结果为：

```
学号: 2009010945
成绩 1: 98.5
成绩 2: 94.0
```

```
成绩3: 78.5
性别: f
是否理科: true
班级排名: 5
```

2.2.3 数据类型的转换

当把一种基本数据类型的值赋给另外一种基本类型变量时，就涉及数据转换。

不包括逻辑类型和字符类型，下列类型会涉及数据转换，将这些类型按精度从低到高排列如下：byte、short、int、long、float、double。

运算时，不同类型的数据先转换为同一类型，然后进行运算。转换的一般规则是位数少的类型转换为位数多的类型，这称为自动类型转换，如表 2-8 所示。

表 2-8 自动类型转换规则

操作数 1 类型	操作数 2 类型	转换后的类型
byte 或 short	int	int
byte 或 short 或 int	long	long
byte 或 short 或 int 或 long	float	float
byte 或 short 或 int 或 long 或 float	double	double
char	int	int

当把级别低的变量的值赋给级别高的变量时，系统会自动完成数据类型的转换，例如：

```
float x=100;//如果输出 x 的值，结果将是 100.0
```

当把级别高的变量的值赋给级别低的变量时，必须使用显式类型转换运算，显式转换的格式为“类型名 要转换的值”，例如：

```
int x=(int)25.90;
long y=(long)34.98F;
```

输出 x 和 y 的值，将分别是 25 和 34。可见，强制类型转换将导致精度损失。

2.2.4 封装类及其转换方法

在 Java 中，各种基本类型均有默认值，并且每个基本类型对应有一个“封装类”。封装类的名称，就是将基本数据类型的第一个字母转换成大写字母。可以使用这些封装类的方法将字符串转换为各种基本类型。封装类和基本类的转换如表 2-9 所示。

表 2-9 封装类和基本类型的转换

类 型	默 认 值	封 装 类	转 换 方 法
boolean	False	Boolean	boolean b= Boolean. parseBoolean(args[0])
byte	0	Byte	byte b=Byte.parseByte(args[0]);
short	0	Short	short c=Short.parseShort(args[0]);
int	0	Int	int d=Integer.parseInt(args[0]);
long	0l	Long	long e=Long.parseLong(args[0]);
float	0.0f	Float	float f=Float.parseFloat(args[0]);
double	0.0d	Double	double g=Double.parseDouble(args[0]);

【任务 2-2】 从键盘输入字符串转换为各种类型的数据

（一）任务描述

从键盘输入学生的各种数据，并保存到对应的变量中。

学号	成绩 1	成绩 2	成绩 3	性别	是否理科	全班排名
2009010945	98.5	94	78.5	F	true	5

（二）任务分析

每个程序的 main()方法的输入参数为 args，它是由一系列字符串组成的，args[0]代表第一个字符串，args[1]代表第二个字符串，依次类推，可以从 args 参数获得多个参数。

通过"2.2.4 封装类及其转换方法"中介绍的方法，知道可用类似语句"int d=Integer.parseInt (args[0]);"将输入参数字符串 args[0]转换为整型，放到 int 类型变量 d 中。同样，可以用类似方法实现其他数据的输入和保存。

比较特殊的是从字符串转换到字符的方法，这些知识将在第 4 章详细介绍，在这里读者只需知道"args[4].charAt(0);"可以获得字符串 args[4]的第一个字符即可。

（三）任务实施

```
public class eg2_2{
    public static void main(String[] args){
        long number=Long.parseLong(args[0]);
        float grade1=Float.parseFloat(args[1]);
        float grade2=Float.parseFloat(args[2]);
        float grade3=Float.parseFloat(args[3]);
        args[4].charAt(0);
        boolean isScience=Boolean.parseBoolean(args[5]);
        byte no=5;
        System.out.println("学号: "+number);
        System.out.println("成绩 1: "+grade1);
        System.out.println("成绩 2: "+grade2);
        System.out.println("成绩 3: "+grade3);
        System.out.println("性别: "+sex);
        System.out.println("是否理科: "+isScience);
        System.out.println("班级排名: "+no);
    }
}
```

输出为：

```
学号: 2009010945
成绩 1: 98.5
成绩 2: 94.0
成绩 3: 78.5
性别: f
是否理科: true
班级排名: 5
```

2.3 运算符和表达式

运算符由 1～3 个字符结合而成，用来表示运算。虽然运算符是由数个字符组合，但 Java

将其视为一个符号。运算符分为以下几种：算术运算符、关系运算符、逻辑运算符、位运算符、赋值运算符、条件运算符等。

一个 Java 表达式是由运算符和相应的运算数所组成的一个合法的式子。一个常量、常数、变量也可被认为是一个 Java 表达式，该常量、常数、变量的值就是整个表达式的值。

一个合法的 Java 表达式经过计算后，应该有一个确定的值和类型。通常，不同的运算符和操作数组成不同的表达式。如：关系运算符>、>=等构成关系表达式。关系表达式的值只能取 true 或 false，其类型为 boolean。下面分类介绍运算符和表达式。

2.3.1 算术运算符与算术表达式

Java 中的算术运算符和应用举例如表 2-10 所示。

表 2-10 算术运算符

运算符	运算	范例	结果
+	正号	+4	4
-	负号	b=5;-b	-5
+	加号	5+5	10
-	减号	9-7	2
*	乘号	5*6	30
/	除号	5/5	1
%	取余	5%5	0
++	前递增	a=5; b= ++a	6
++	后递增	a=5; b=a++	5
--	前递减	a=5; b=--a	4
--	后递减	a=5; b=a--	5
+	字符串连接	"stud"+"y"	study

前递增：指变量先递增后，再指定给另一个变量。

后递增：将变量指定给另一个变量后再递增。

递减的规则同递增。

算术混合运算的精度从“低”到“高”排序是：byte、short、int、long、float、double。

Java 将按运算符两边的运算数的最高精度保留结果的精度。比如：5/2 的结果是 2，要想得到 2.5，必须写成 5.0/2 或者 5.0f/2。char 类型数据和整型数据运算结果的精度是 int，因为 Java 会认为 char 类型数据最终可以转换为 Unicode 编码，所以将字符数据当做 int 类型来处理。例如，byte x=7，那么'B'+x 的结果是 int 类型。

2.3.2 关系运算符与关系表达式

关系运算符用来比较两个值的大小关系，结果是 boolean 类型，当运算符对应的关系成立时，结果为 true，否则为 false。算术运算符的级别高于关系运算符，所以 10>20-17 等同于 10>3，所以结果为 true。结果为数值型的变量或表达式可以通过关系运算符形成关系表达式，例如 (x+y+z)>89。

Java 的关系运算符包括以下 6 种，关系运算符都是二元运算符，运算结果是一个逻辑值。关系运算符有<（小于）、>（大于）、<=（小于等于）、>=（大于等于）、= =（等于　）、!=（不等于）。

2.3.3　逻辑运算符与逻辑表达式

逻辑运算符的运算数必须是 boolean 类型，逻辑运算符可以用来连接逻辑表达式。表 2-11 给出了 Java 的逻辑运算符及其使用方法。

表 2-11　逻辑运算符

<table>
<tr><th>运　算　符</th><th>运算符名称</th><th>范　例</th><th>结　果</th></tr>
<tr><td>&</td><td>与</td><td>false&true</td><td>false</td></tr>
<tr><td>|</td><td>或</td><td>false|true</td><td>true</td></tr>
<tr><td>^</td><td>异或</td><td>true^false</td><td>true</td></tr>
<tr><td>!</td><td>非</td><td>!true</td><td>false</td></tr>
<tr><td>&&</td><td>简洁与</td><td>false&&rue</td><td>false</td></tr>
<tr><td>||</td><td>简洁或</td><td>false||rue</td><td>true</td></tr>
<tr><td>? :</td><td>条件运算符</td><td>false?6:9</td><td>9</td></tr>
</table>

运算结果为 boolean 类型的变量或者表达式可以通过逻辑运算符合成为逻辑表达式。

2.3.4　位运算符

位运算符用于对二进制位进行操作，包括按位取反（～）、按位与（&）、按位或（|）、异或（^）、左移（<<）、算术右移（>>）及逻辑右移（>>>）。位运算只能对整数和字符型数据进行操作。

2.3.5　赋值运算符与赋值表达式

赋值运算符是双目运算符，左边的运算数必须是变量，不能是常量或表达式。赋值运算符的结合方向是从右到左，赋值表达式的值就是“=”左边变量的值，注意不要将赋值表达式“=”与关系运算符“= =”混淆。设 a=4，b=3，举例如表 2-12 所示。

表 2-12　赋值运算符

运　算　符	运　　算	范　例	结　果
=	赋值	a=4; b=3	a=4; b=3
+=	加等于（a=a+b）	a+=b	a=7; b=3
-=	减等于（a=a-b）	a-=b	a=1; b=3
*=	乘等于（a=a*b）	a*=b	a=12; b=3
/=	除等于（a=a/b）	a/=b	a=1.5; b=3
%=	余数等于（a=a%b）	a%=b	a=1; b=3

2.3.6　其他运算符

Java 中还有其他运算符，包括条件运算符（? :）、点运算符（.）、实例运算符（instanceof）、

new 运算符、下标运算符（[ ]）等。

其中，条件运算符是一种三元运算符，其格式如下：

```
Operand ? Statement1: Statement2
```

在这个式子中，先计算 Operand 的真假，若为真，则执行 Statement1 并返回其值；若为假，则执行 Statement2 并返回其值。下面的代码给出了这种运算的一个示例：

```
(a>b)?a:b;
```

这个表达式将返回 a 和 b 中较大的数值。

2.3.7 运算符优先级

Java 表达式就是用运算符连接起来的符合 Java 规则的公式。Java 的优先级决定了表达式中执行运算的先后顺序。没有必要特意去记忆运算符号的优先级，在编写程序时尽量使用括号是一个很好的习惯，可以产生多种形式的运算次序，便于阅读。表 2-13 给出运算符优先级的详细信息。

表 2-13 运算符优先级

优 先 级	描 述	运 算 符	结 合 性
1	分隔符	[] () . , ;	
2	对象归类、自增自减运算、逻辑非	Instanceof ++ --	从右到左
3	算术乘除	* / %	从左到右
4	算术加减	+ -	从左到右
5	移位	>> << >>>	从左到右
6	大小关系	< <= > >=	从左到右
7	相等关系	== !=	从左到右
8	按位与	&	从左到右
9	按位异或	^	从左到右
10	按位或	|	从左到右
11	逻辑与	&&	从左到右
12	逻辑或	||	从左到右
13	三元条件运算	? :	从左到右
14	赋值	= -= += *= /= %=	从右到左

【任务 2-3】 根据学号计算入学年份、所在系代码、班级代码和班内编号

（一）任务描述

（1）某同学的三门课程成绩如下：

学号	成绩 1	成绩 2	成绩 3
2009010945	98.5	94	78.5

希望按照如下公式计算加权总分：

total=成绩 1 × 1.2+成绩 2 × 0.8+成绩 3 × 0.8

要求计算该同学的总分，结果为整数，保存在变量 total 中，并打印出来。

（2）计算该同学三门课程的平均分，保留小数点后尽可能多的位数，保存在变量 average 中，并打印出来。

（3）已知学号的组成成分如下：

2009	01	09	45
入学年份	系代码	班级代码	班内编号

希望根据某个学生的学号，计算他的入学年份、所在系代码、班级代码和班内编号，分别保存在整型变量 i4、i3、i2、i1 中，并打印出来。

（二）任务分析

对于学号的组成部分，可以考虑用以下步骤：

计算步骤	临时变量的值	得到结果
班内编号=学号除以 100 的余数		班内编号=45
临时变量=学号除以 100 的商	20090109	
班级代码=临时变量除以 100 的余数		班级代码=9
临时变量=临时变量除以 100 的商	200901	
系代码=临时变量除以 100 的余数		系代码=1
临时变量=临时变量除以 100 的商	2009	
入学年份=临时变量除以 10000 的余数		入学年份=2009

（三）任务实施

```
public class eg2_3{
    public static void main(String[] args){
        float grade1=98.5f;
        float grade2=94;
        float grade3=78.5f;
        //计算加权总分
        int total=(int)(grade1*1.2+grade2*0.8+grade3*0.8);
        System.out.println("加权总分"+total);
        //计算平均分
        double average=(double)((grade1+grade2+grade3)/3);
        System.out.println("平均分"+average);
        //计算班内编号
        long no=2009010945;
        int i1=(int)(no%100);
        System.out.println("班内编号"+i1);
        //计算班级代码
        int tmp=(int)(no/100);
        int i2=tmp%100;
        System.out.println("班级代码"+i2);
        //计算系代码
        tmp=tmp/100;
        int i3=(int)(tmp%100);
        System.out.println("系代码"+i3);
        //入学年份
        tmp=tmp/100;
        int i4=(int)(tmp%10000);
        System.out.println("入学年份"+i4);
```

```
    }
}
```

输出结果为：

```
加权总分 256
平均分 90.3333
班内编号 45
班级代码 9
系代码 1
入学年份 2009
```

2.4 打印语句解析

System.out.print()可以用来打印数据到控制台，在小括号“()”中可以输出 Java 中的任何简单数据类型以及表达式，但是要遵守一定的规则。可以参考表 2-14。

表 2-14 打印语句举例

变量声明和初始化	打 印 语 句	输 出 结 果	备 注
	System.out.print("a:");	a:	打印""中的内容
	System.out.print("a="+"b");	a=b	+连接字符串
	System.out.print("a="+2);	a=2	+连接字符串和数字
int a=3;	System.out.print("a="+a);	a=3	+连接字符串和变量
	System.out.print(2+3);	5	+连接前后都为数字时还具有相加的作用
int b=3;	System.out.print(2+b);	5	+连接数字和整型变量，起相加作用
int b=3;	System.out.print(-b);	-3	将-b 看作表达式，先计算，再打印出来
int b=3;	System.out.print("2+b="+2+b)	2+b=23	+前面有字符串时，后面的 2+b 中的+也起连接作用，不起运算符作用
int b=3; boolean c= (2==b);	System.out.print("a==b 结果为"+c);	a==b 结果为 false	+连接字符串和逻辑变量
int b=3; boolean c= (2==b);	System.out.print("c&true 结果为"+(c&true));	c&true 结果为 false	+连接字符串和逻辑表达式
	System.out.println("")	换行	
String name="tom";	System.out.println("I am"+" "+name);	I am tom	打印" "中的内容后换行

从上面的代码及输出结果可以看出，System.out.print()语句非常方便，只要掌握它的规律，就可以用来打印各种数据类型。

2.5 综 合 实 训

实训 1：用恰当的数据类型保存现实世界中的各种信息

一张火车票有如下信息：起点站、到达站、车次、开车时间、车厢号（每趟列车最多 18 个车厢）、座位号（每节车厢最多 120 个座位）、票价（保留小数点后两位）、火车票条码（如 22874200670401089030）。

（1）编写 Java 代码，从键盘输入这些信息；

（2）用恰当数据类型保存这些信息；

（3）如果买 3 张起点站和到达站相同的火车票，后面两张分别打 9 折和 8 折，请读者计算票价总和并打印出来。

实训 2：Java 表达式的使用

（1）创建一个名为 ex2_2 的类；

（2）在 main()方法中声明两个整型变量 x、y，并分别赋值为 7、8，声明两个布尔变量 b1 和 b2；

（3）计算出表达式 x>y 的值，结果放到布尔变量 b1 中保存，计算出表达式++x==--y 的值，结果放到布尔变量 b2 中保存；

（4）用 System.out.println()语句打印出下列表达式的值：

- (b1 && b2)
- (b1 || b2)
- (!b1)
- "x="+x+"y="+y

实训 3：打印语句的使用

现在有以下数据类型

```
String name="John";
int age=20;
double classTime=4.5;
double studyTime=2.0;
```

请读者利用变量打印出以下内容，其中的 21 岁和 6.5 小时要求用数学表达式 age+1 和 classTime+ studyTime 来计算：

```
我叫 John;
我明年将 21 岁;
今天上课 4.5 小时;
自习 2.0 小时;
一共学习 6.5 小时.
```

小　结

本章通过若干个任务介绍了 Java 数据类型的使用和转换、运算符与表达式的原理和使用，通过思考与练习及综合实训，练习如何用 Java 的数据类型表示、处理和输出各种现实生活中的数据，为今后的学习打下基础。

思考与练习

一、选择题

1. 以下选项中能正确表示 Java 语言中的一个整型常量的是（　　）。

A. 12.　　B. -20　　C. 1 000　　D. 4 5 6

2. 下列的变量定义中，错误的是（　　）。

A. int a;b;　　B. float a,b1=1.23f;

C. char ch1='d',ch2='\';　　D. public int i=100,j=2,k;

3. 下列的变量定义中，错误的是（　　）。

A. int _a=123;　　B. long j=12345678900L;

C. int m,n;　　D. static i=100;

4. 下列的变量定义中，正确的是（　　）。

A. boolean b1="true";　　B. float x=6.6;

C. byte i=200;　　D. double y;

5. 以下的变量定义语句中，合法的是（　　）。

A. float $_*5= 3.4F;　　B. byte b1= 15678;

C. double a =Double. MAX_VALUE;　　D. int _abc_ = 3721L;

6. 以下字符常量中不合法的是（　　）。

A. '|'　　B. '\'　　C. "\n"　　D. '我'

7. 已定义 a 为 int 类型的变量。以下选项中，合法的赋值语句是（　　）。

A. a+1==2;　　B. a+=a*6;　　C. a=8.8f;　　D. float a=8;

8. 以下选项中的变量都已正确定义，不合法的表达式是（　　）。

A. a >= 4 = = b<1　　B. 'n'-3　　C. 'a'=8　　D. 'A'%6

9. 对于一个 3 位的正整数 n=789，以下结果为 8 的是（　　）。

A. n/10%2　　B. (n-n%10)/100　　C. n%10　　D. n%100/10

10. 有一声明语句为 boolean t;下面赋值语句中 t 的值为 false 的是（　　）。

A. t=5>3;　　B. t=!false;　　C. t=(true|false);　　D. t=(2= =3)?true:false;

二、填空题

1. 设 x、y、max、min 均为 int 型变量，x、y 已赋值。用三元条件运算符求 x、y 的最大值和最小值，并分别赋给变量 max 和 min，这两个赋值语句分别是________和________。

2. 请补充完整下面的语句：________ b1=5!=6;　变量 b1 的结果会是________。

3. 下列变量名哪些合法？哪些不合法？

Ab ?1　　@abc　　1name　　_int　　$25　　private　　ab*5　　#abc

4. 写出下列数学公式的表达式:

$A \times (1+r/12)^{12 \times r}$　　$(1+x^2)/(1-x^2)^{1/2}$　　$(1-x^2)/(1-\sin x)^{1/2}$

三、判断题

1.（　　）在 Java 程序中，一行代码就是一条语句。

2.（　　）在 Java 中，两个变量的字母组成相同但大小写不同，这两个变量是相同的变量。

3.（　　）语句“int i=Integer.MAX_VALUE;”对变量的定义是正确的。

4.（　　）用'k'来表示一个字符串常量是合法的。

5.（　　）字符串 "\'a\'" 的长度是3个字符。

6.（　　）Java语言中的逻辑变量可以和整型变量相互强制转换。

四、简答题

1. 思考下列表达式的运算结果：2*5/2.5、1.0/2*5、1/2*3、5/3，并用Java语言编程输出，看程序输出结果与预期结果是否一致，想想为什么。

2. 地球半径为6 400 km，一长跑健将9.8 s跑了100 m，那么他以该速度围绕赤道跑一圈，需要几天时间？请用Java编码实现。

第3章 Java流程控制

程序设计语言使用控制语句来控制程序执行流向，Java也不例外。控制语句一般包括顺序结构、选择结构和循环结构。通过本章学习，读者应该达到以下预期目标：

学习目标	☑ 了解顺序结构、选择结构和循环结构的原理； ☑ 使用顺序结构编写简单程序； ☑ 使用if...else语句和switch语句实现选择结构编程； ☑ 使用for语句、while语句、do...while语句实现循环结构编程； ☑ 使用break语句、continue语句实现循环语句中的跳转控制。

3.1 顺序结构

空语句、表达式语句、复合语句是Java依照顺序执行的语句，所以被称为顺序结构。

空语句是仅由分号构成的语句，表示什么动作都不做。空语句在某些时候有特殊用途，例如在for循环的逻辑表达式中可以包含空语句。

一个表达式加上一个分号就是一个表达式语句。只有少量的几种表达式才能构成表达式语句。它们是：

- 由赋值运算符构成的赋值表达式；
- 由++或--构成的表达式；
- 方法调用；
- new表达式。

例如，“a++;”“a*=2;”都是合法的表达式语句，而“a;”“a+1;”都不是合法的表达式语句。

复合语句是指由一对花括号{ }括起来的任意数量的语句，有时又称块语句或组语句。在复合语句内定义的变量，其作用域只能在该复合语句的范围内。

例如：某个类的main( )方法中包含以下语句段，其中的语句将顺序执行。

```
//以下的语句是从上到下依次执行的
String parm1=args[0];
System.out.println("第一个参数为"+parm1);
//下面是一条空语句
```

```
;
//用{}括起来的是复合语句
{
    String parm2=args[1];
    System.out.println("第二个参数为"+parm2);
}
```

运行时输入参数分别为 23 和 56，输出结果为：

```
第一个参数为 23
第二个参数为 56
```

3.2 选择结构

Java 支持两种形式的选择结构，即 if 结构和 switch 结构。

if 结构通过 if 语句来体现，if 语句是 Java 的条件分支语句，有 if 语句、if...else 语句、if...else...if 语句的嵌套 3 种表达形式。

3.2.1 if...else 语句

if 语句又称为条件语句，其格式为：

```
if (逻辑表达式)
  语句块 1;
[ else
   语句块 2;
]
```

其中，语句块 1 和语句块 2 可以是单条语句，也可以是复合语句；else 部分可以有，也可以没有。if 后面的条件表达式的值必须是一个逻辑值 false 或 true，不能像 C 语言那样用数值来代替。

if 语句的语义：首先计算逻辑表达式的值，如果逻辑表达式的值为 true，则执行语句块 1，当语句块 1 执行完后，整个 if 语句就执行完毕；如果逻辑表达式的值为 false，则执行语句块 2，当语句块 2 执行完后，整个 if 语句就执行完毕。

可以用流程图的方式来表示 if 语句执行的流程，如图 3-1 所示。

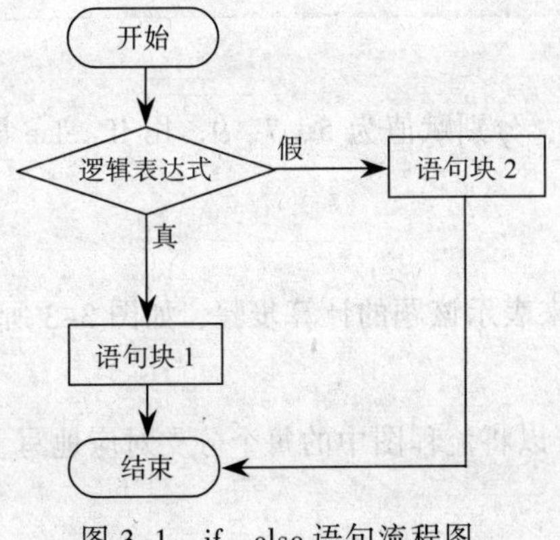

图 3-1　if...else 语句流程图

如下面的代码段，运行时将取得命令行的第一个参数 args[0]，转换为整型存放到变量 x 之后，通过 if 语句判断其是否大于等于 60，如果大于等于 60，则打印“考试通过”，否则打印“还需要再次考试”。

```
int x=Integer.parseInt(args[0]);
if(x>=60){
    System.out.println("考试通过");
}else{
    System.out.println("还需要再次考试");
}
```

if 语句后的 else 语句也可以省略，如上面的代码改为

```
int x=Integer.parseInt(args[0]);
if(x>=60){
    System.out.println("考试通过");
}
```

执行时只判断其是否大于等于 60，如果大于等于 60，则打印“考试通过”，否则退出程序。另外，if...else 语句可以嵌套使用，流程图如图 3-2 所示。

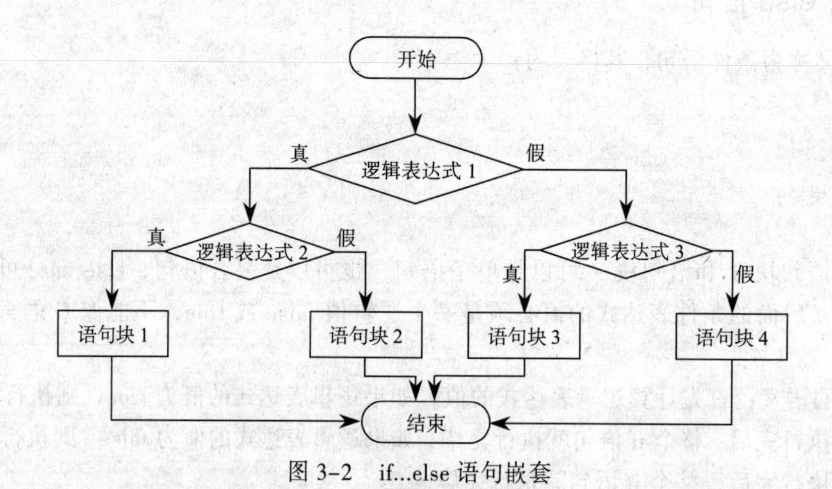

图 3-2 if...else 语句嵌套

【任务 3-1】 if...else 语句嵌套：求 3 个数中的最大值

（一）任务描述

有 3 个整型变量 x、y、z，分别赋值为 5、7、9，用 if...else 语句求出这三者的最大值放到整型变量 result 中。

（二）任务分析

可以用 if...else 语句嵌套来表示该题的计算步骤，如图 3-3 所示。

（三）任务实施

有了图 3-3 的流程图，可以将流程图中的每个分支对应地写上 if...else 语句即可。

```
//求 3 个数的最大值
public class max{
    public static void main(String[] args){
```

```
        int x=5,y=7,z=9,result;
        if(x>y){
            if (x>z){
                result=x;
            }else{
                result=z;
            }
        }else{
            if(y>z){
                result=y;
            }else{
                result=z;
            }
        }
        System.out.println("result="+result);
    }
}
```

程序输出结果是“result=9”，即得到 z 是 3 个数的最大值。

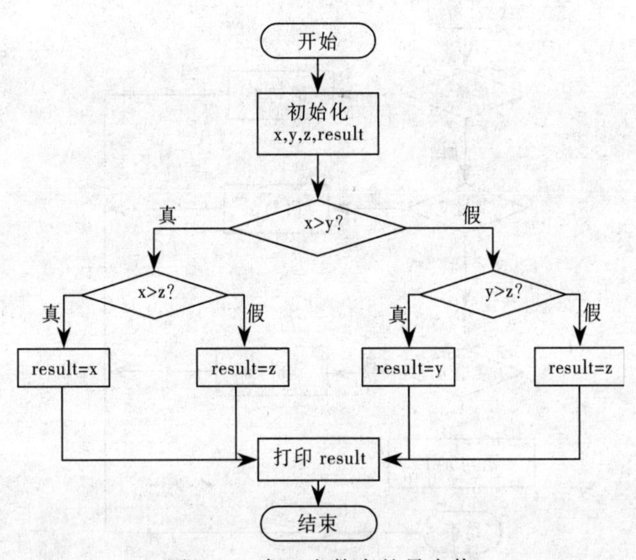

图 3-3　求 3 个数中的最大值

(四) 扩展内容

有时会产生以下情况，容易引起混淆：

```
if(a>0)
    if(b>0)
        System.out.println("a="+a);
    else
        System.out.println("b="+b);
```

那么这里的 else 语句到底与哪一个 if 匹配？Java 规定 else 与最近的未匹配的 if 语句匹配，所以上面的 else 语句与第二个 if 语句匹配。因此，为了易于理解，应该在 if 和 else 关键字后面都加上一对{}，形成一条复合语句，就可以明确区分 else 子句与哪个 if 配对了。

3.2.2 switch 语句

switch 分支结构用于多条件选择，虽然在多条件选择的情况下，也可以使用 if...else 的嵌套结构来实现，但是使用 switch 语句会使程序更为精练、清晰。switch 语句的格式为：

```
switch(表达式)
{
    case 常量表达式 1: <语句 1>;  break;
    case 常量表达式 2: <语句 1>;  break;
    //...
    case 常量表达式 n: <语句 n>;  break;
    default:           <语句 n+1>;  break;
}
```

switch 语句的语义是：首先计算出表达式的值（如整型、实型、字符型），如果表达式的值等于某个 case 子句后面的常量表达式，则执行该常量表达式后的语句，如果其值与所有的常量表达式的值不相等，则执行 default 后的语句。

switch 语句的执行流程如图 3-4 所示。

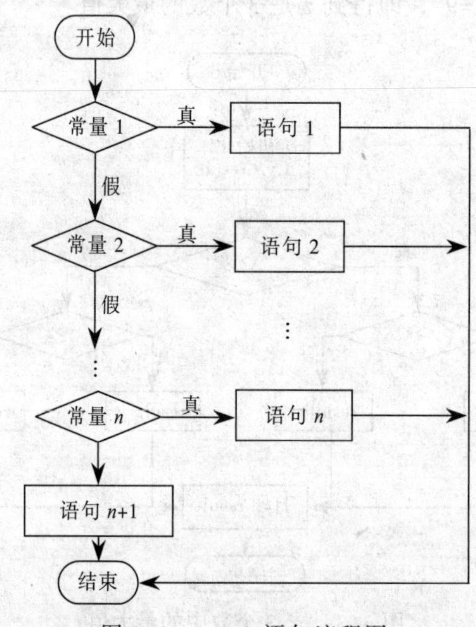

图 3-4　switch 语句流程图

表达式的值类型只能是 byte、char、short 或 int 类型，不允许使用浮点类型和 long 类型。

如果没有 break 语句，则程序会执行当前 case 语句后面的程序块及后面的每一个分支后才离开 switch 语句。

default 子句是任选的。当表达式的值与任一 case 子句中的值都不匹配且没有 default 子句，则程序不做任何操作，而是直接跳出 switch 语句。

【任务 3-2】　switch 语句：根据考试成绩打印出等级分数段

（一）任务描述

根据从键盘输入的成绩，决定某学生成绩属于 A+、A、A-、B、C、D 中的某个等级，按照如下标准计算：

分数	等级
60分以下	D
60～69分	C
70～79分	B
80～89分	A-
90～99分	A
100分	A+

（二）任务分析

假设键盘输入的分数保存在整型变量iGrade中，将iGrade整除10后得到的值如果为10，则该分数等级为A+，如果为9，则该分数等级为A，依此类推，如果将iGrade整除10后得到的值小于6，则该分数等级为D。

可以在class语句前使用语句import javax.swing.JoptionPane;引入一个JDK所带的类Joption Pane，然后使用JOptionPane.showInputDialog("请输入成绩0～100")；语句提示用户输入一个成绩。

（三）任务实施

```
import javax.swing.JOptionPane;
public class Grade{
    public static void main(String[] args){
        String StrGrade=JOptionPane.showInputDialog("请输入成绩 0～100");
        int iGrade=Integer.parseInt(StrGrade);
        switch(iGrade/10){
            case 0:System.out.println("D ");break;
            case 1:System.out.println("D ");break;
            case 2:System.out.println("D ");break;
            case 3:System.out.println("D ");break;
            case 4:System.out.println("D ");break;
            case 5:System.out.println("D ");break;
            case 6:System.out.println("C ");break;
            case 7:System.out.println("B ");break;
            case 8:System.out.println("A- ");break;
            case 9:System.out.println("A ");break;
            case 10:System.out.println("A+ ");break;
            default: System.out.println("输入的数不在0～100之内");
        }
    }
}
```

运行时会弹出一个对话框，在对话框中输入90，则结果输出为A。

在switch语句中，通常在每一种case情况后都应使用break语句，否则，第一个相等情况后面所有的语句都会被执行。在一些特殊情况下，多个不同的case值要执行一组相同的操作，这时可以不用break。

提 示

iGrade为整数，所以iGrade/10得到结果也为整数，这里的“/”起整除的作用。

如果任务 3-2 中 main()方法的代码改为如下代码：

```
String StrGrade=JOptionPane.showInputDialog("请输入成绩 0～100");
int iGrade=Integer.parseInt(StrGrade);
switch (iGrade/10){
    case 0:
    case 1:
    case 2:
    case 3:
    case 4:
    case 5:System.out.println("D ");break;
    case 6:System.out.println("C ");break;
    case 7:System.out.println("B ");break;
    case 8:System.out.println("A- ");break;
    case 9:System.out.println("A ");break;
    case 10:System.out.println("A+ ");break;
    default: System.out.println("输入的数不在 0～100 之内");
}
```

运行结果不变。

3.3 循环结构

3.3.1 for 循环语句

for 语句的格式为：

```
for(初始化语句;条件语句;控制语句)
{
    //循环体
}
```

for 语句的语义如下：

第一步：执行初始化语句，通常用于变量初始化。

第二步：计算条件语句的值，如果为 false，则整个 for 循环结束，若值为 true，则继续执行循环体中的语句。

第三步：执行控制语句，之后转第二步。

for 语句一般用于明确循环次数的场合，如计算 1～100 中所有奇数的和，如任务 3-3 所示。

【任务 3-3】 一重 for 循环：计算 1～100 中所有奇数的和

（一）任务描述

用 for 循环计算 1～100 中所有奇数的和。

（二）任务分析

for 语句的循环次数由初始化语句、条件语句和控制语句 3 条语句共同控制。它们分别代表：控制 for 循环的变量从什么时候开始，到什么时候结束，每次增加的步长为多少。该任务的流程如图 3-5 所示。

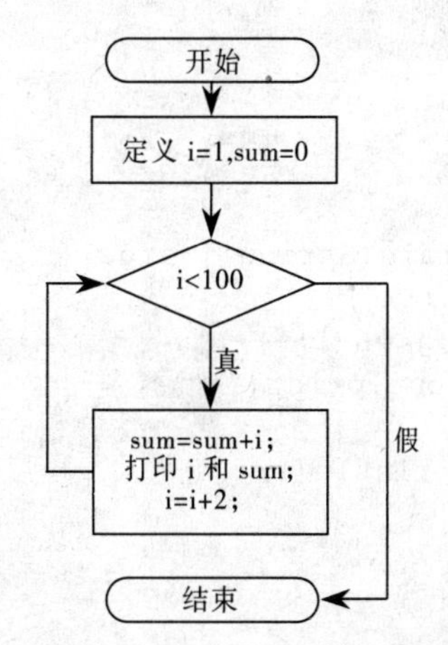

图 3-5　计算 1～100 中所有奇数之和的流程图

（三）任务实施

```
public class SumFor{
//用 for 循环计算 1～100 之间的奇数和
    public static void main(String[] args){
        int i,sum=0;
        for(i=1,;i<100;i=i+2){
        sum=sum+i;
        }
        System.out.println("sum="+sum);
    }
}
```

运行结果为：

```
sum=2500
```

【任务 3-4】　两重 for 循环：打印出一个由“*”组成的倒直角三角形

（一）任务描述

用两重 for 循环打印出一个由“*”组成的倒直角三角形，如下所示：

```
*****
****
***
**
*
```

（二）任务分析

分析上面的倒三角形：

第 1 行打印 5 个*
第 2 行打印 4 个*
第 3 行打印 3 个*
第 4 行打印 2 个*
第 5 行打印 1 个*

如果需要打印“*”的坐标为(i,j)，则 i 和 j 需要满足表达式 i+j=6。所以，如果是打印第 i 行，则该行打印的“*”数量为 6-i，将 i 用 for 循环控制，从 1 变化到 5，则打印出 5 行“*”，形状将是一个倒三角形。

（三）任务实施

```
public class daosangjiao {
//打印倒三角
    public static void main(String[] args){
        for(int i=1;i<=5;i++){
            for(int j=1;j<=6-i;j++){
                System.out.print("*");
            }
            System.out.println();
        }
    }
}
```

【任务 3-5】　三重 for 循环：求所有的水仙花数

（一）任务描述

水仙花定义：如果一个三位数的百位、十位、个位的立方和相加等于它自身，那么该数是一个水仙花数。

现在希望求出所有的水仙花数。

（二）任务分析

方法 1：一个变量 i 从 100 变化到 1000，取得 i 的个位、十位和百位分别放在变量 x、y、z 中，再判断 i 是否等于 $x^3+y^3+z^3$，如果是，则说明 i 是水仙花数，打印出来，继续下一个循环，判断 i+1 是否为水仙花数。

方法 2：假设 i、j、k 分别为一个数的个位、十位和百位，那么 100*i+10*j+k 就是这个数本身，判断该数是否等于 i*i*i+j*j*j+k*k*k，如果等于，则该数是水仙花数，打印出来。

（三）任务实施

用方法 2 实现的代码如下：

```
public class ex3_6{
    public static void main(String[] args){
        for(int i=1;i<=9;i++){
            for(int j=0;j<=9;j++){
                for(int k=0;k<=9;k++){
                    if(i*i*i+j*j*j+k*k*k==100*i+10*j+k){
                        System.out.println((100*i+10*j+k)+"是一个水仙花数");
                    }
                }
            }
        }
    }
}
```

程序输出为：

```
153 是一个水仙花数
370 是一个水仙花数
371 是一个水仙花数
407 是一个水仙花数
```

（四）扩展内容

对 for 语句的一些灵活或者错误的用法给出说明如下：

- for 循环体是一个空语句（误写造成的）。下面程序段的循环体是一个空语句，跟在 for 语句后的语句“s=s+i;”根本不会进入循环。另外，这里的初始化语句是用逗号隔开的 Java 中任意表达式的列表，其实控制语句也可以包含多个表达式。

```
for (i=1,s=2;i<1000;i++);
s=s+i;
```

- 省略控制语句。可以在 for 循环的头部说明变量，而且最后一个表达式可以省略，不过要确定在语句中对变量的值有所改变，如：

```
for(int i=0;i<=10;)
    i+=1;
```

- 3 个语句都省略。for 循环中，“初始化语句”“条件语句”和“控制语句”都可以省略，但是其间的分号不能省略。for 循环中省略“条件语句”时，在 for 语句{ }中必须包含条件语句控制程序在某个条件满足时跳出 for 循环，否则将形成死循环。

```
int i=0;
for(; ; ;)
{
    if i>10 break;
    i=i+1;
}
```

- for 语句和数组结合起来使用，下面这段代码把整型数组 a 中的所有元素都赋值为 0。

```
int i,a[]=new int[10];
for(i=0,i<10;i++) a[i]=0;
```

3.3.2　while 循环语句

while 循环和 for 循环类似，其格式为：

```
while(逻辑表达式)
{
    //循环体
}
```

执行 while 循环时，先测试“逻辑表达式”，如果条件成立，则执行循环体中的语句，直至条件不成立时结束循环。

对于 while 语句的进一步讨论如下：

- 循环体中的语句可能一次都得不到执行。
- 循环体或者逻辑表达式中应该要改变逻辑表达式的值，否则会形成死循环。
- 要注意 while 循环体是否为一个空语句，否则也会形成死循环。

【任务 3-6】　while 循环：求某个长整型数中数字 0 出现的次数

（一）任务描述

假设某长整型数 num 的值为 22340078902234L，现在希望求出该数中数字 0 出现的次数。

（二）任务分析

声明一个整型变量 a0 用来记录 0 出现的次数；让 num 除以 10 取余，取出 num 的个位，判断个位是否为 0，如果为 0，则让 a0 加 1；然后将 num 除以 10，则 num 缩小为原来的 1/10 此时 num 再除以 10 取余，取出当前的个位（即原始值的十位），判断是否为 0，如果为 0，则让 a0 加 1；依此类推，可以取出 num 的百位直到最高位，并判断是否为 0，如果为 0，则让 a0 加 1。分析该任务得到流程图，如图 3-6 所示。

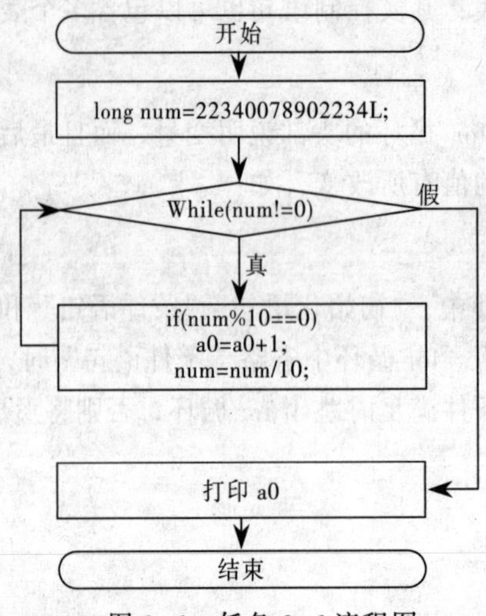

图 3-6 任务 3-6 流程图

此题的关键在于判断条件 num!=0 才能继续执行循环体，并且每次 num 要缩小为原来的 1/10 再继续取最新的个位数出来判断。

（三）任务实施

将第二步的流程图转换为代码实现，即可实现统计长整型数中数字 0 出现的次数。

```
public class longParse{
    public static void main(String[] args){
        long num=22340078902234L;
        int a0=0;
        while(num!=0){
            if(num%10==0)
                a0=a0+1;
            num=num/10);
        }
        System.out.println("数字 0 出现的次数为"+a0);
    }
}
```

程序输出结果为：

```
数字 0 出现的次数为 3
```

3.3.3 do...while 循环语句

do ... while 循环语句的格式为：

```
do
{
    //循环体
```

```
}
while(条件表达式);
```

do ... while 语句的功能是先执行循环体代码，然后判断条件表达式是否成立，如果条件成立，则继续执行循环体代码，否则跳出循环。如：

```
boolean test=false;
do
{
     //循环主体代码
}
while(test);
```

这种控制并不是很常用，但有时非常重要：不管条件是否满足，循环体中的语句均会执行一次。使用时注意不要漏掉 while 语句后的分号。

3.4　break 和 continue 语句

在一个循环中，在某次循环体的执行中执行了 break 语句，那么整个循环语句就结束；如果在某次循环体的执行中执行了 continue 语句，那么本次循环就结束，继续转入下一次循环。它们的区别如表 3-1 所示。

表 3-1　break 和 continue 语句区别

break 语句作用	continue 语句作用

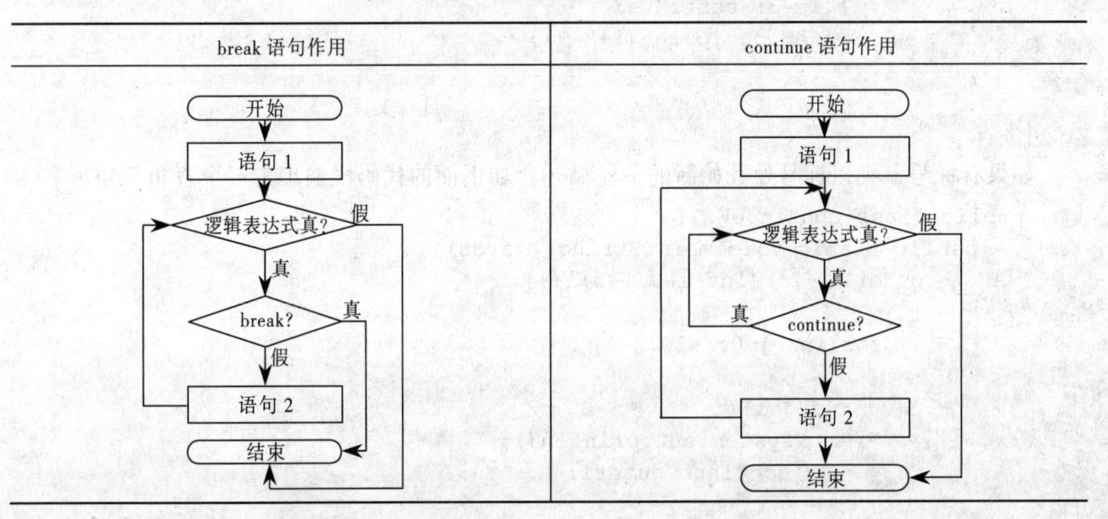

break 语句的语法格式是：

```
break [<标号>];
```

其中，<标号>是用户自定义的合法标识符，在程序的同一方法中，必定在某处已经定义了用该<标号>所标识的<标号语句>。

break 语句在循环语句中的语义是：

- 若没有标号，则 break 语句立即终止直接包含它的最内层循环。
- 若带有标号，则 break 语句立即终止<标号>所标志的循环，程序从紧跟在该循环的下一条语句继续执行。

带标号的 break 语句具有从很深的内层循环往外跳的作用。

如下面的代码段，将计算 1+2+3+…，一直到和大于 1000 时停止，最终输出“i=45 sum=1035”。

```
public class breakEx{
    public static void main(String[] args){
        int i=1;
        int sum=0;
        for(;;i++){
            sum=sum+i;
            if(sum>=1000) break;
        }
        System.out.println("i="+i+"  sum="+sum);
    }
}
```

continue 语句只能用于循环语句中，其含义是立即开始新的一轮循环。其语法格式是：

continue [<标号>];

如果没有标号，则跳过循环体中下面尚未执行的语句，立即开始新一轮循环。

如下面的代码段，运行将输出 1～5 的数，但不会输出 3。结果为：1 2 4 5。

```
public class continueEx{
    public static void main(String[] args){
        for(int i=1;i<=5;i++){
            if(i==3) continue;
            System.out.print(i+" ");
        }
    }
}
```

如果有标号，则以标号处开始新的一轮循环。如下面的代码段输出为一个直角三角形。

```
public class continueEx1{
    public static void main(String[] args){
        outer1:  for(int i=0;i<5;i++)
        {
            for(int j=0;j<20;j++)
            {
                if(j>i){
                    System.out.println();
                    continue outer1;
                }
                System.out.print("*");
            }
        }
    }
}
```

输出结果为：

```
*
**
***
****
*****
```

3.5　方法调用和 return 语句

一个 Java 程序是一系列相关的“类”和“接口”的集合体，除“类”和“接口”以外，什么都不存在，任何一个方法都是属于一个“类”或某个“接口”的，这是强制性的，能保证 Java 面向对象的特性。

3.5.1　方法定义

Java 方法定义的格式如下：

```
<返回值类型> <方法名>(<形式参数列表>){
    <方法体>
}
```

- 返回值类型：可以是任何合法的 Java 数据类型，没有返回类型则为 void。
- 方法名：可以是任何合法的 Java 标识符，Java 保留字不能做方法名。
- 形式参数列表：定义该方法需要接收的输入值及相应类型。
- 方法体：可包含任何合法的 Java 语句，用来共同完成一个逻辑功能。

例如，将求某个数的平方的代码包含在一个方法中，则可以按如下方法实现：

```
static int square(int x){
    int s;
    s=x*x;
    System.out.println("结果为"+s);
    return s;
}
```

return 语句从当前方法中退出，返回到调用该方法的语句处，并从紧跟该语句的一条语句继续程序的执行。返回语句有两种格式：

（1）return expression。返回一个值给调用该方法的语句，返回值的数据类型必须和方法声明中的返回值类型一致，也可以使用强制类型转换来使类型一致。

（2）return。当方法说明中用 void 声明返回类型为空时，应使用这种格式，它不返回任何值。return 语句通常用在一个方法体的最后，用来退出该方法并返回一个值，如果没有返回值，则 return 语句可以省略。

注 意

return 语句之后的语句不能执行，会导致语法错误。例如以下例子中，return i 语句后的语句 i++肯定不会被执行，因为在 i++之前方法已经结束了，因此会出现错误：

```
public int test(){
    int i=0;
    return i;
    i++;            //这句代码永远都不会执行，会提示语法错误
}
```

3.5.2　方法调用

方法调用一般有 3 种形式：

1. 方法表达式

方法调用通常返回一个值，一般用在表达式中，如下所示：

```
int y=square(5);
```

在这种调用形式中，square()方法会将 5 的平方计算出来放在变量 y 中。

2. 方法语句

有的时候也可以直接当做语句调用，例如：

```
square(5);
```

在这种调用形式中，square()方法会将 5 的平方计算并打印出来（由 square()方法中的语句"System.out.println("结果为"+s);"实现），但是并没有保存结果。

3. 方法返回结果作为参数

```
System.out.println("5 的平方为: "+square(5));
```

在这种调用形式中，square()方法会将 5 的平方计算出来后，直接作为 System.out.println 语句的一个参数来使用，由于 square()方法返回的结果是 int 类型，所以可以被 System.out.println 语句打印出来。

如下代码用 3 种方式分别调用了 cube()方法，输出结果为：

```
public class UseCube{
    static int cube(int x){
        int s;
        s=x*x*x;
        return s;
    }
    public static void main(String args[]){
        int a=cube(5);
        System.out.println("5 的立方为"+a);
        cube(6);
        System.out.println("7 的立方为"+cube(7));
    }
}
```

注 意

cube(int x)方法必须放在与 main( )方法平行的地方，必须直接被包含在 UseCube 类的{ }中间，否则会出现语法错误。

【任务 3-7】 水仙花方法定义

（一）任务描述

有如下程序，希望调用一个方法 shuixianhua(int x)来判断某个数是否为水仙花数，请读者补充完整。

```
public class UseShuiXianHua{
    static boolean shuixianhua(int i){
    //…
    }
    public static void main(String[] args){
```

```
        for(int i=100;i<=999;i++){
            if(shuixianhua(i))
                System.out.println(i+"是一个水仙花");
        }
    }
}
```

（二）任务分析

取得 i 的个位、十位和百位，分别放在变量 x、y、z 中，再用 if 语句判断 i 是否为水仙花数，如果是，则打印出来。

（三）任务实施

实现该方法的代码如下：

```
public class UseShuiXianHua{
    static boolean shuixianhua(int i){
        int x=i/100;        //百位
        int y=(i%100)/10;   //十位
        int z=i%10;         //个位
        if(x*x*x+y*y*y+z*z*z==i){
            return true;
        }else{
            return false;
        }
    }
    public static void main(String[] args){
        for(int i=100;i<=999;i++){
            if(shuixianhua(i))
                System.out.println(i+"是一个水仙花数");
        }
    }
}
```

输出结果为：

```
153 是一个水仙花数
370 是一个水仙花数
371 是一个水仙花数
407 是一个水仙花数
```

3.6 综合实训

实训 1：if...else 分支语句的使用

用 if...else 语句实现下列数学公式。

$$y=\begin{cases}x^2+1 & (x>5)\\ x+1 & (-5\leqslant x\leqslant 5)\\ -x & (x<-5)\end{cases}$$

并打印当 $x=5$ 时 y 的结果。

实训 2：switch 语句的使用

（1）建立文件 work3_b.java，在 main()方法中完成（2）～（5）的工作。

（2）定义 3 个整型变量 num1、num2 和 num3，并且都将初始值赋为 0。

（3）定义一个字符型变量 ch，初始值为'A'。

（4）用 switch 语句根据表 3-2 判断字符 ch 的类型，并作相应操作。

（5）打印出 num1、num2、num3 的值。

表 3-2 switch 语句所用参数

参数变化	字符 ch 的值
num1++;	'A' 'E' 'I' 'O' 'U'
num2++;	'a' 'e' 'i' 'o' 'u'
num3++;	其他

实训 3：一重循环的使用

计算并打印 Fibonacci 数列的前 20 个数。

Fibonacci 数列具有如下特点：前两个数为 1、1。从第 3 个数开始，每个数等于前两个数之和。生成方法为：

$F_1=1$ （$n=1$）

$F_2=1$ （$n=2$）

$F_n=F_{n-1}+F_{n-2}$ （$n\geqslant 3$）

实训 4：while 语句和 switch 语句的综合练习

统计一个长整型数中数字 0～9 出现的次数。

（1）定义一个 long 类型变量 num，并初始化为任意值。

（2）定义 10 个 int 类型变量 a0，a1，…，a9，并初始化为 0。

（3）取得 num 的个位数，保存在一个整型变量 aNum 中。

（4）用 switch 语句判断 aNum 是 0～9 中的哪个数，并记录到相应的变量 ax 中（x 代表 0～9 的数字，例如个位数 aNum 为 9，则 a9 加 1）。

（5）将 num 除以 10，再取个位，返回第（4）步运算，直到除以 10 为 0，则执行第（6）步。

（6）打印出变量 a0，a1，…，a9 的值。

提示：计算长整型中数字 0 出现次数的流程图，如图 3-7 所示。

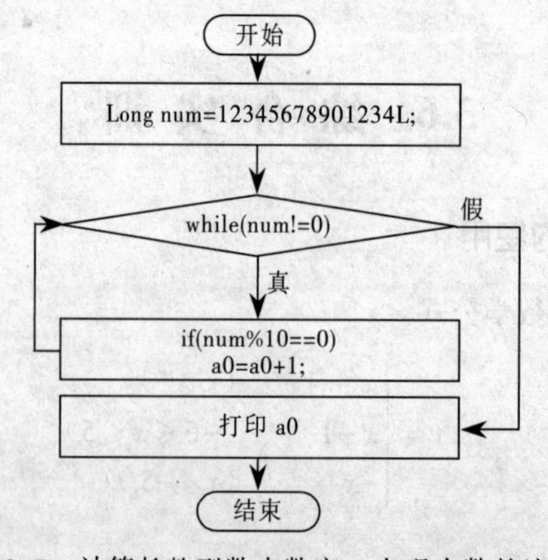

图 3-7 计算长整型数中数字 0 出现次数的流程图

实训 5：二重循环代码的编写

打印九九乘法表，格式如下：

```
1*1=1
2*1=2  2*2=4
3*1=3  3*2=6   3*3=9
4*1=4  4*2=8   4*3=12  4*4=16
5*1=5  5*2=10  5*3=15  5*4=20  5*5=25
6*1=6  6*2=12  6*3=18  6*4=24  6*5=30  6*6=36
7*1=7  7*2=14  7*3=21  7*4=28  7*5=35  7*6=42  7*7=49
8*1=8  8*2=16  8*3=24  8*4=32  8*5=40  8*6=48  8*7=56  8*8=64
9*1=9  9*2=18  9*3=27  9*4=36  9*5=45  9*6=54  9*7=63  9*8=72  9*9=81
```

实训 6：方法的定义和使用

编写一个方法，输出$1-\frac{1}{2}+\frac{1}{3}-\frac{1}{4}+\cdots+(-1)^{n-1}\frac{1}{n}$的值。要求使用 3 种方式调用该方法。例如：

```
int s=compute(5);
System.out.println(compute(6));
compute(7);
```

小　结

本章介绍了顺序结构、分支结构和循环结构的原理，以及在 Java 中的语法实现，并通过若干个任务演示了用这 3 种结构实现各种数学算法。读者可以通过思考与练习及综合实训来练习使用这 3 种结构解决实际问题。

思考与练习

一、选择题

1. 以下 for 循环的执行次数是（　　）。

```
for(int x=0;(x==0)&(x>4);x++);
```

A. 无限次　　B. 0 次　　C. 4 次　　D. 3 次

2. 下列语句序列执行后，j 的值是（　　）。

```
int  j=1;
for(int i=5;i>0;i-=2)  j*=i;
```

A. 15　　B. 1　　C. 60　　D. 0

3. 下列语句序列执行后，i 的值是（　　）。

```
int s=1,i=1;
while(i<=4)  {s*=i;  i++;}
```

A. 6　　B. 4　　C. 24　　D. 5

4. 若有循环：

```
int x=5,y=20;
do{    y=y-x;    x=x+2;
}while(x<y);
```

则循环体将被执行（　　）。

A. 2 次　　B. 1 次　　C. 0 次　　D. 3 次

5. 以下语句中能构成多分支的语句是（　　）。

A. for 语句　　B. while 语句

C. if…else 语句的嵌套　　D. do…while 语句

6. 下列方法定义中，正确的是（　　）。

A. int x(int a,b) { return (a-b); }　　B. double x(int a,int b) { int w;　w=a-b; }

C. double x(a,b) { return b; }　　D. int x(int a,int b) { return a-b; }

7. 下列方法定义中，正确的是（　　）。

A. void x(int a,int b); { return (a-b); }　　B. x(int a,int b) { return a-b; }

C. double x { return b; }　　D. int x(int a,int b) { return a+b; }

8. 下列方法定义中，不正确的是（　　）。

A. float x(int a,int b) { return (a-b); }　　B. int x(int a,int b) { return a-b; }

C. int x(int a,int b); { return a*b; }　　D. int x(int a,int b) { return 1.2*(a+b); }

二、填空题

1. 以下方法 fun 的功能是求两参数之积。

```
int  fun(int a,int b)  {______________;}
```

2. 以下方法 fun 的功能是求两参数之积。

```
float  fun(int a,double b)  {______________;}
```

3. 以下方法 fun 的功能是求两参数的最大值。

```
int  fun(int a,int b)  {______________;}
```

三、简答题

1. 方法可以没有返回值吗？可以有多个返回值吗？

2. 一个方法如果没有返回值，方法头定义中的返回值类型是什么？

3. 什么是形参？什么是实参？

4. 一个方法或一个复合语句内定义的变量是否可以在方法外或复合语句外使用？这种变量是什么变量？

5. 阅读程序后回答问题。

```
public class a
{
    public static void main( String args[])
    {
        int c=6;
        for (int  n=6; n < 11; n++ )
        {
            if  ( n==8 )   continue;
            System.out.print("\t"+(c++));
        }
    }
}
```

问题：（1）程序的输出结果是什么？

（2）若将 if 语句中的 continue 语句替换为 break 语句，输出结果是什么？

6. 假设有一条绳子，长 3 000 m，每天减去一半，请问需要几天时间，绳子的长度会短于 5 m？用 Java 编程实现。

第4章 数组和字符串

前面学习的数据类型都是用一个变量表示一个数据，这种变量称为简单变量。在实际应用中，经常要处理具有相同性质的一批数据。例如，要处理 50 个同学的考试成绩，如果使用简单变量，则需要 50 个变量，非常不方便。所以，Java 引入了数组，可以用一个变量表示一组相同性质的数据。

在 Java 中，字符串是用类来表示的，而非一个数组，但由于字符串和数组的用法有些类似，而且在后面章节中要使用到，故放在本章一起介绍。

学习目标	☑ 会使用 Java 编程实现一维、二维数组的声明、初始化、赋值； ☑ 实现一维、二维数组的简单应用； ☑ 熟悉 String 类字符串和了解 StringBuffer 类字符串； ☑ 了解字符串比较的两种方法，以及字符串与其他类型数据的转换方法。

4.1 数　组

数组是有序数据的集合，数组中的每个元素具有相同的数据类型，可以用一个统一的数组名和下标来唯一地确定数组中的元素。数组元素的数据类型可以是基本数据类型，也可以是对象类型。

对于有大量相关数据要存储在一起，而且希望能够简单地通过数字访问它们的情况，使用数组是非常方便的。

4.1.1 一维数组

数组至少是一维的。一维数组是最简单的数组，它是一系列同类型数据的集合。

1. 一维数组的声明

一维数组的一般定义格式如下：

```
类型  数组名[ ];
```

或

```
类型[ ]  数组名;
```

以上两种格式都可以声明一个数组，例如 int a[ ]和 int[ ] a，这两种说明方式是等价的。[ ]代表数组是一维数组，即用一个下标就可以确定数组元素。

数组的类型既可以是简单数据类型，也可以是复杂数据类型，数组名可以是任意合法的变量名。如以下声明：

```
int[] a;           //数组 a 是一维数组，每个元素都是整型
int  a[];          //效果同上
```

2. 一维数组的初始化

声明了一个数组之后，只说明了该数组元素的数据类型和数组的维度，并没有说明数组的长度，即数组所包含的元素个数。所以在程序运行的时候，计算机内存中的“a 数组”其实指向的是一个空地址，如图 4-1 所示。

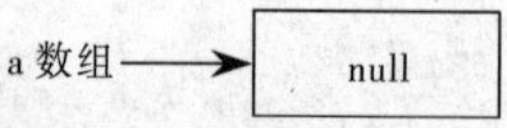

a 数组 → null

图 4-1　数组示意图 A

为了说明数组 a 需要包含的元素个数，必须使用 new 操作符来为数组 a 分配内存空间，如下所示：

```
a=new int[5];   //数组 a 长度为 5，可以包含 5 个元素，下标从 0 变化到 4
```

分配空间后的数组 a，在程序运行时，在内存中会指向一个连续 5 个整型单元的地址，分别为 a[0]、a[1]、a[2]、a[3]和 a[4]，如图 4-2 所示。

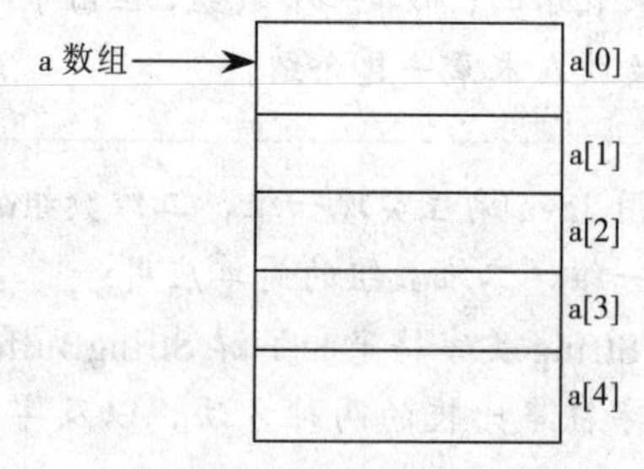

图 4-2　数组示意图 B

其实，数组的声明和初始化也可以合并为一步，代码如下：

```
int[] a=new int[5];
```

该语句将声明一个长度为 5 的一维整型数组。但是以下声明是不合法的：

```
int a[10];
```

即在声明数组的时候，一定要用 new 关键字为数组分配空间。

3. 一维数组的赋值

声明并初始化一个数组后，接下来可以给数组元素赋值。

数组的初始化有两种方法：一种是直接赋值，另一种是动态赋值。

（1）直接赋值：也就是直接给数组的每个元素赋初始值，一般在数组元素比较少时使用。直接赋值必须在数组声明时就赋值，一般形式为：

```
类型 数组名={值 1,值 2,值 3,···,值 n};
```

以下声明并初始化、赋值给一个长度为 3 的整型数组：

```
int a[]={3,4,5};
```

先声明数组，然后采用直接赋值的方法来给数组赋值是不允许的，代码如下：

```
int a[];
a={3,4,5};         //错误！
```

（2）动态赋值：有时数组并不需要在声明时就赋初始值，而是在使用时才赋值。另外，有

些数组比较大，即元素非常多，需要用循环语句赋值。这时就需要使用动态赋值方法。

动态赋值方法在数组被声明和初始化后才能使用，例如：

```
int a[]=new int[3];
a[0]=0;
a[1]=1;
a[3]=2;
```

如果数组 a 的元素之间是有规律可循的，那么可以用循环语句给每个元素赋值。代码如下：

```
int a[]=new int[5];
for(i=0;i<5;i++){
    a[i]=i+2;
}
```

用以上循环语句赋值过的 a 数组在计算机内存中指向的地址单元，即 a 数组的元素，都有了具体内容，分别为 0、2、4、6、8，如图 4-3 所示。

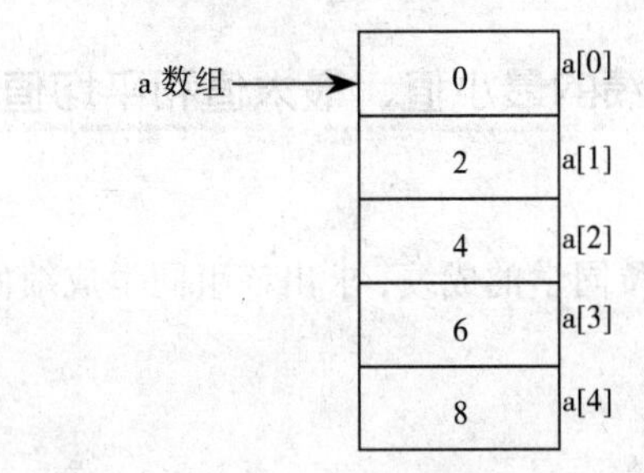

图 4-3　数组示意图 C

4. 访问一维数组元素

数组元素是通过数组名和下标来访问的，声明一个数组，并初始化后就可以访问了。

格式为：

```
数组名[下标];
```

例如，a[2]代表下标为 2 的 a 数组中的元素。

数组的下标从 0 开始，直到“数组名.length-1”结束，如果下标的值等于或大于数组长度，程序也会编译通过，但是在执行时会出现数组下标越界错误，所以在使用数组时千万要注意。数组的长度可以通过“数组名.length”获得，例如，用以下代码段可以逐个访问数组 a 的每个元素并打印到控制台。

```
for(int i=0;i<=a.length-1;i++){
   System.out.println(a[i]);
}
```

a[0]就代表 a 数组的第一个元素，即一个整数，使用 a[0]与使用某 int 变量相同，也就是说，a[0]～a[9]可以出现在任何 int 类型出现的地方。

5. 一维数组的复制

假设有两个一维整型数组 a 和 b，需要将数组 a 的内容复制给数组 b，有两种形式：

（1）数组 a 的每个元素逐个复制到数组 b 中，例如：

```
for(int i=0;i<a.length;i++){
    b[i]=a[i];
}
```

前提是 b 数组的长度大于等于 a 数组，b 数组中下标大于 a.length-1 部分的元素将保留原来的值。

（2）数组 a 被直接赋值给另外一个数组 b，如 b=a;，那么 b 数组中下标大于 a.length-1 部分的元素将被删除，数组 b 的长度将等于 a 数组的长度。

例如，下面的代码段执行后，a、b、c、d 这 4 个数组内容都为 3、6、9，长度都为 3。

```
int[] a={3,6,9};
int[] b;
int[] c={1,2,3,4,5,6};
int[] d=new int[3];
b=a;
c=a;                    //c 后面 3 个数将丢失
for (int i=0;i<d.length;i++){
    d[i]=a[i];
}
```

【任务 4-1】 求某组同学成绩的最小值、最大值和平均值

（一）任务描述

用一维数组表示某个小组 5 位同学的成绩，求出该组同学成绩的最小值、最大值和平均值，并打印出来。

（二）任务分析

可以根据以下步骤来做：

（1）声明数组 grade 为整型一维数组，并初始化 grade 占 5 个元素的空间。

（2）逐个为 grade 元素赋值。

（3）定义整型变量 max 用来保存数组元素最大值，并初始化为 0；定义整型变量 min 用来保存数组元素最小值，并初始化为 100；定义整型变量 total 用来保存数组总和，并初始化为 0。

（4）用 for 循环，其中的循环变量 i 从 0 变化到 grade.length-1，逐个将 grade 数组的每个元素取出做如下操作：

① 如果 grade[i]>max，则将 grade[i]的值放入 max 中。

② 如果 grade[i]<min，则将 grade[i]的值放入 min 中。

③ 将 grade[i]的值累加放入 total 中。

（5）循环结束后，打印出最大值、最小值和平均值。

（三）任务实施

```
public class ArrayDemo{
    public static void main(String args[]){
        int i;
        int grade[];
        grade=new int[5];
        grade[0]=98;
        grade[1]=68;
        grade[2]=77;
        grade[3]=79;
        grade[4]=87;
        int max=0;
        int min=100;
```

```
        int total=0;
        for(i=0;i<=grade.length-1;i++){
            if(grade[i]>max){
                max=grade[i];
            }
            if(grade[i]<min){
                min=grade[i];
            }
            total=total+grade[i];
            System.out.println("grade["+i+"]="+grade[i]);
        }
        System.out.println("最大值为: "+max);
        System.out.println("最小值为: "+min);
        System.out.println("平均值为: "+(total/grade.length));
    }
}
```

输出结果为:

```
grade[0]=98
grade[1]=68
grade[2]=77
grade[3]=79
grade[4]=87
最大值为: 98
最小值为: 68
平均值为: 81
```

在该程序中，注意数组 grade 的长度（即 grade.length）为 5，下标应该是从 0 变化到 4。初学者应该特别注意这一点。下标 i 不能包括 grade.length，即 grade[5]是不存在的，否则会引起“数组下标越界”的异常情况。

【任务 4-2】 将一个数组的次序颠倒

（一）任务描述

假设有一个数组 a，内容为{0，1，2，3，4，5，6，7，8，9}，现在希望将该数组的次序颠倒过来，使保存在数组 a 中的数为{9，8，7，6，5，4，3，2，1，0}。

（二）任务分析

将一个长度为 10 的数组颠倒，即将下标为 0 的元素与下标为 9 的元素互换，将下标为 1 元素与下标为 8 的元素互换，依此类推，最后将下标为 2 的元素和下标为 7 的元素互换。每次互换的两个元素下标之和为 9，即等于 a.length-1。

所以，可以写一个循环，让循环变量 i 从 0 变化到 4，即为 a.length-1，每次将 a[i]与 a[9-i]互换。

（三）任务实施

```
public class reverseArr{
    static void printArr(int[] x){
        for(int i=0;i<x.length;i++){
            System.out.print(x[i]+" ");
        }
        System.out.println();
    }
```

```
    public static void main(String[] args){
        int[] a={0,1,2,3,4,5,6,7,8,9};
        //总结规律，就是让 a[i]与 a[9-i]相互交换
        int b=9;          //a.length-1;
        for (int i=0;i<=4;i++){
            int tmp=a[i];
            a[i]=a[9-i];
            a[9-i]=tmp;
        }
        printArr(a);
    }
}
```

输出结果为：

9 8 7 6 5 4 3 2 1 0

思考：循环中变量 i 为什么从 0 变化到 4 而不是从 0 变化到 9 呢?

在实现该任务时，用了一个 printArr()方法，该方法的输入参数为一个整型的一维数组，没有返回值，该方法被调用时将打印输入的一维数组 x 的所有元素。在 main( )方法中，通过语句 printArr(a);调用，打印数组 a 的所有内容。

【任务 4-3】 用选择法实现数组排序

（一）任务描述

将一个小组学生的成绩放在数组 a 中，内容为{72,83,45,70,81,91,63}，进行选择排序，将成绩从低到高排列。

（二）任务分析

用一个循环，循环变量 i 从 0 变化到 a.length-2，在子循环中，循环变量 j 从 i+1 变化到 a.length-1，依次将数组元素 a[i+1]到 a[a.length-1]之间的最小值找出来，并记录最小值元素的下标，例如为 a[k]，将 a[k]与 a[i]互换，确保每次循环都可以找出数组中 a[i]之后的元素最小的数放在 a[i]元素中，循环执行完后，数组已经从小到大排列好了。程序执行过程可以参考表 4-1。

表 4-1 排序执行过程

外循环变量 i	内循环变量 j	最小值元素下标 k	数组 a 内容	结 果
备注：i 从 0 变化到 5，即 a.length-2	备注：j 从 i+1 变化到 6，即 a.length-1	备注：找出 a[i+1]到 a[6]之间的最小值，其下标为 k，交换 a[k]与 a[i]	初始值：{72,83,45,70,81,91,63}	无序
i=0	j=1、j=2、j=3、j=4、j=5、j=6	k=2		
		交换 a[2]与 a[0]	{45,83,72,70,81,91,63 }	a[0]为数组中最小的 1 个元素
i=1	j=2、j=3、j=4、j=5、j=6	k=6		
		交换 a[6]与 a[1]	{45,63,72,70,81,91,83}	a[0]、a[1]为数组中最小的两个元素，并从小到大排列
i=2	j=3、j=4、j=5、j=6	k=3		

续表

外循环变量 i	内循环变量 j	最小值元素下标 k	数组 a 内容	结　果
		交换 a[3]与 a[2]	{45,63,70,72,81,91,83}	a[0]～a[2]为数组中最小的 3 个元素，并从小到大排列
i=3	j=4、j=5、j=6	k=3		
		不交换	{45,63,70,72,81,91,83}	a[0] ～a[3]为数组中最小的 4 个元素，并从小到大排列
i=4	j=5、j=6	k=4		
		不交换	{45,63,70,72,81,91,83}	a[0] ～a[4]为数组中最小的 5 个元素，并从小到大排列
i=5	j=6	k=6		
		交换 a[6]与 a[5]	{45,63,70,72,81,83,91 }	a[0] ～a[5]为数组中最小的 6 个元素，并从小到大排列
结束循环				a[6]是最大的元素，排在最后即可

（三）任务实施

```
//选择排序，把最小元素放在最前面
public class SelectSort{
    static void printArr(int[] x){
        for(int i=0;i<x.length;i++){
            System.out.print(x[i]+" ");
        }
        System.out.println();
    }
    public static void main(String[] args){
        int i,j,k,temp;
        int a[]={72,83,45,70,81,91,63};
        for(i=0;i<a.length-1;i++){
            k=i;
            for(j=i+1;j<a.length;j++){
                if(a[j]<a[k]){
                    k=j;
                }
            }
            temp=a[k];
            a[k]=a[i];
            a[i]=temp;
            System.out.println("第"+(i+1)+"次交换后数组a的内容,前面"+(i+1)+"
                                个数是从小到大排列: ");
            printArr(a);
        }
    }
}
```

运行结果为：

第 1 次交换后数组 a 的内容,前面 1 个数是从小到大排列:

```
45 83 72 70 81 91 63
第 2 次交换后数组 a 的内容,前面 2 个数是从小到大排列:
45 63 72 70 81 91 83
第 3 次交换后数组 a 的内容,前面 3 个数是从小到大排列:
45 63 70 72 81 91 83
第 4 次交换后数组 a 的内容,前面 4 个数是从小到大排列:
45 63 70 72 81 91 83
第 5 次交换后数组 a 的内容,前面 5 个数是从小到大排列:
45 63 70 72 81 91 83
第 6 次交换后数组 a 的内容,前面 6 个数是从小到大排列:
45 63 70 72 81 83 91
```

4.1.2 二维数组

与 C、C++一样，Java 中的多维数组被看做数组的数组。例如，二维数组为一个特殊的一维数组，二维数组的每一行或每一列又是一个一维数组。下面主要以二维数组为例来进行说明，二维以上的高维数组的情况是类似的。

1. 二维数组的声明、初始化

二维数组的定义方式为：

```
type arrayName[][];
```

例如：

```
int intArray[][];
```

与一维数组一样，这时对数组元素也没有分配内存空间，同样要使用运算符 new 来分配内存，然后才可以访问每个元素。

对二维数组来说，分配内存空间有下面几种方法：

（1）第一种方法，直接为每一维分配空间，如：

```
int a[][]=new int[2][3];
```

（2）第二种方法，从最高维开始，分别为每一维分配空间，如：

```
int a[][]=new int[2][];
a[0]=new int[3];
a[1]=new int[3];
```

注意在“int a[ ][ ]=new int[2][ ];”中只有一维的尺度被确定，Java 要求在编译时（即在源代码中）至少有一维的尺度确定，其余维的尺度可以在以后分配。

2. 二维数组赋值和引用

对二维数组的赋值有两种方式：

（1）静态赋值：在声明数组的同时赋值。

如：`int a[][]={{2,3},{1,5},{3,4}};`

该语句定义了一个 3×2 的数组，并对每一个元素赋值。

（2）动态赋值：在声明数组后，再给数组赋值。

对二维数组中每一个元素，引用方式为：

```
arrayName[index1][index2]
```

其中 index1、index2 为下标，可为整型常数或表达式，如 a[2][3]等。同样，每一维的下标都从 0 开始。

【任务 4-4】　用二维数组计算成绩总分

（一）任务描述

有一个二维数组 score 如下定义：

```
int score[][]={{9001,9002,9003,9004,9005},
               {90,78,89,76,88},
               {90,68,69,96,78},
               {80,98,89,76,68}};
```

score 表示 5 名同学的学号和三门课程成绩，例如学号为 9001 的同学成绩分别为 90、90、80；学号为 9002 的同学成绩分别为 78、68、98，依此类推。

现在希望计算出每个人的总分并打印出来。

（二）任务分析

声明一个二维数组 score，并赋初始值，然后使用一个二维循环，外层循环变量 col 代表列的变化，从 0 变化到 4；内层循环变量 row 代表行的变化，从 1 变化到 3。在循环体中，依次求出 score 数组中每列数据中第 2～4 行元素之和，作为每个同学的总分，并打印出来。

（三）任务实施

```
//计算并打印 5 个学生的总成绩
public class StudentScore{
    public static void main(String args[]){
        int score[][]={{9001,9002,9003,9004,9005},
                       {90,78,89,76,88},
                       {90,68,69,96,78},
                       {80,98,89,76,68}};
        for(int col=0;col<5;col++){
            int total=0;
            for(int row=1;row<4;row++){
                total=total+score[row][col];
            }
            System.out.println("no is:"+score[0][col]+"    totalGrade  is:"
                               +total);
        }
    }
}
```

运行结果为：

```
no is:9001   totalGrade  is: 260
no is:9002   totalGrade  is: 244
no is:9003   totalGrade  is: 247
no is:9004   totalGrade  is: 248
no is:9005   totalGrade  is: 234
```

【任务 4-5】　计算二维数组的最小值及所在行号和列号

（一）任务描述

有一个 3 行 4 列的整型二维数组，数组元素都在 0～100 之间，要求编程求出其中值最小的那个元素的值及其所在的行号和列号。

（二）任务分析

（1）定义一个整型的 3 行 4 列的二维数组 arr，并赋值；定义一个整型变量 minRow，代表最小值元素的行号，赋值为 0；定义一个整型变量 minCol，代表最小值元素的列号，赋值为 0。

（2）用一个二维循环，外层循环变量 col 代表列的变化，从 0 变化到 3；内层循环变量 row 代表行的变化，从 0 变化到 2。在循环体中，依次将 arr 数组中元素 arr[row][col]与 arr[minRow][minCol]比较，如果小于 arr[minRow][minCol]，则记录下新的 minRow 值为 row，新的 minCol 值为 col。整个二维循环结束后，arr[minRow][minCol]就是最小值元素，minRow 是最小值元素所在的行号，minCol 是最小值元素所在的列号。

（三）任务实施

```
public class eg4_5{
    public static void main(String[] args){
        //求二维数组的最小值及所在的行号和列号
        int[][] arr={{45,67,34,34},
                     {1,23,0,90},
                     {34,56,67,34}};
        int minRow=0;
        int minCol=0;
        for(int col=0;col<4;col++){
            for(int row=0;row<3;row++){
                if(arr[row][col]<arr[minRow][minCol]){
                    minRow=row;
                    minCol=col;
                }
            }
        }
        System.out.println("最小元素的值为: "+arr[minRow][minCol]);
        System.out.println("所在行号为: "+minRow);
        System.out.println("所在列号为: "+minCol);
    }
}
```

程序输出结果为：

```
最小元素的值为: 0
所在行号为: 1
所在列号为: 2
```

4.2 字　符　串

4.2.1 字符数组与字符串的区别

字符串是内存中连续排列的一个或多个字符。在 C 语言中，并没有真正意义上的字符串，C 语言中的字符串是一个以零结尾的字符数组，使用起来非常灵活。在 Java 语言中，一个字符串是一个对象，该对象封装了一个字符序列以及信息和操作。Java 中的字符串和字符数组是不同的。

Java 提供的标准包 java.1ang 中封装了 String 或 StringBuffer 类，这两个类中封装了许多方法，用来对字符串进行操作，分别用于处理不变字符串和可变字符。不变字符串是指字符串一旦创建，其内容就不能改变。例如，对 String 类的实例进行查找、比较、连接等操作时，既不能插入新字符，也不能改变字符串的长度。对于那些需要改变内容并有许多操作的字符串，可使用StringBuffer类。

4.2.2 字符串常量

一个字符串常量是用双引号包围的一串字符，如"Java 程序设计"。一个字符串常量是一个String类的对象，所以它可使用String类的各种方法。如："Java 程序设计".charAt(0)将返回"Java 程序设计"中的下标为0的字符，即首个字符“j”，而"Java 程序设计".length()将返回字符串个数，即8；空字符串长度为0，表示为""。

如果Java程序中有多个地方都出现同一个字符串常量"myString"，则Java编译程序只创建一个String对象，所有的字符串常量"myString"都将使用该String对象。只有用new关键字定义的新的字符串，代码为new String("myString")才与常量"myString"不表示同一个对象。如下面定义4个字符串，读者比较一下：

```
String s1="myString";
String s2="myString";
String s3=new String("myString");
String s4=new String("myString");
```

则s1和s2是同一个对象，s1、s3、s4则是3个不同的对象。

Java平台提供了两个类：String和StringBuffer，它们都可以用来存储和操作字符串。String类提供了数值不可改变的字符串；而StringBuffers则用来动态构造字符数据，比如从一个文件读取文本数据。因为String是常量，所以它用起来比StringBuffer更有效，并且可以共享。因此在允许的情况下还是使用String类。

4.2.3 String类构造函数和常用方法

1. String常用构造函数

String常用构造函数如下，有很多种方法可以产生一个String类字符串。

（1）public String()：这个构造函数用来创建一个空的字符串常量。

如：`String test=new String();`

（2）public String(String value)：这个构造函数用一个已经存在的字符串常量作为参数来创建一个新的字符串常量。

如：`String test=new String("Hello,world.");`

另外值得注意的是，Java会为每个用双引号""括起来的字符串常量创建一个String类的对象。如String k="Hi.";，Java会为"Hi." 创建一个String类的对象，然后把这个对象赋值给k。等同于：

```
String temp=new String("Hi.");
String k=temp;
```

（3）public String(char value[])：这个构造函数用一个字符数组作为参数来创建一个新的字符串常量。用法如下：

```
char z[]={'h','e','l','l','o'};
String test=new String(z);          //此时test中的内容为"hello"
```

（4）public String(char value[], int offset, int count)：这个构造函数是对上一个的扩充，用一句

话来说，就是用字符数组 value，从第 offset 个字符起取 count 个字符来创建一个 String 类的对象。其用法如下：

```
char z[]={'h','e','l','l','o'};
String test=new String(z,1,3);     //此时 test 中的内容为"ell"
```

注 意

数组中，下标 0 表示第一个元素，1 表示第二个元素……如果起始点 offset 或截取数量 count 越界，将会产生 StringIndexOutOfBoundsException 异常。

（5）public String(StringBuffer buffer)：这个构造函数用一个 StringBuffer 类的对象作为参数来创建一个新的字符串常量。

当然，可以直接用字符串常量来初始化：

```
String s3 = "Hello World";
```

2. String 类常见的方法

（1）public char charAt(int index)：这个方法用来获取字符串常量中的一个字符。参数 index 指定从字符串中返回第几个字符，这个方法返回一个字符型变量。

```
String s="hello";
char k=s.charAt(0);          //此时 k 的值为'h'
```

（2）toLowerCase()：将所有的字符转换为小写形式。

（3）toUpperCase()：将所有的字符转换为大写形式。

（4）SubString(int beginIndex)：截取当前字符串中从 beginIndex 开始到末尾的子串。

（5）public int compareTo(String anotherString)：这个方法用来比较字符串常量的大小，参数 anotherString 为另一个字符串常量。若两个字符串常量一样，则返回值为 0；若当前字符串常量大，则返回值大于 0；若另一个字符串常量大，则返回值小于 0。其用法如下：

```
String s1="abc";
String s2="abd";
int result=s2.compareTo(s1);
//result 的值大于 0，因为 d 在 ASCII 码中排在 c 的后面，即 s2>s1
```

（6）public String concat(String str)：这个方法将把参数字符串常量 str 接在当前字符串常量的后面，生成一个新的字符串常量，并返回。其用法如下：

```
String  s1="How do ";
String  s2="you do?";
String ss=s1.concat(s2);     //ss 的值为"How do you do?"
```

另外，系统还提供了实现连接的简单操作，即重载运算符“+”。“+”除了能实现数值加法运算外，还可连接它的两个操作数。只要“+”的两个操作数中有一个是字符串，则另一个也自动变为字符串类型。

（7）public boolean startsWith(String prefix)：这个方法判断当前字符串常量是不是以参数 prefix 的字符串常量开头的，是则返回 true；否则返回 false。其用法如下：

```
String s1="abcdefg";
String s2="bc";
boolean result=s1.startsWith(s2);     //result 的值为 false
```

（8）public boolean startsWith(String prefix, int toffset)：这个重载方法新增的参数 toffset 指定

进行查找的起始点。

（9）public boolean endsWith(String suffix)：这个方法判断当前字符串常量是不是以参数 suffix 字符串常量结尾的，是则返回 true；其否则返回 false。用法如下：

```
String s1="abcdefg";
String s2="fg";
boolean result=s1.endsWith(s2);   //result 的值为 true
```

（10）public void getChars(int srcBegin, int srcEnd, char dst[ ], int dstBegin)：这个方法用来从字符串常量中截取一段字符串并转换为字符数组。参数 srcBegin 为截取的起始点，srcEnd 为截取的结束点，dst[]为目标字符数组，dstBegin 指定将截取的字符串放在字符数组的什么位置。实际上，srcEnd 为截取的结束点加 1，srcEnd-srcBegin 为要截取的字符数。其用法如下：

```
String s="abcdefg";
char z[]=new char[10];
s.getChars(2,4,z,0);
//z[0]的值为'c'，z[1]的值为'd'，截取字符串 s 的下标为 2 和 3 的两个字符
```

（11）public int indexOf(int ch)：这个方法的返回值为字符 ch 在字符串常量中从左到右第一次出现的位置。若字符串常量中没有该字符，则返回-1。其用法如下：

```
String s="abcdefg";
int r1=s.indexOf('c');
int r2=s.indexOf('x');          //r1 的值为 2，r2 的值为-1
```

（12）public int indexOf(int ch, int fromIndex)：这个方法是对上一个方法的重载，新增的参数 fromIndex 为查找的起始点。其用法如下：

```
String s="abcdaefg";
int r=s.indexOf('a',1);         //r 的值为 4
```

（13）public int indexOf(String str)：这个重载方法返回字符串常量 str 在当前字符串常量中从左到右第一次出现的位置，若当前字符串常量中不包含字符串常量 str，则返回-1。其用法如下：

```
String s="abcdefg";
int r1=s.indexOf("cd");
int r2=s.indexOf("ca");         //r1 的值为 2，r2 的值为-1
```

（14）public int indexOf(String str, int fromIndex)：这个重载方法新增的参数 fromIndex 为查找的起始点。

以下 4 个方法（15）～（18）与上面的 4 个方法用法类似，只是在字符串常量中从右向左进行查找。

（15）public int lastIndexOf(int ch)。

（16）public int lastIndexOf(int ch, int fromIndex)。

（17）public int lastIndexOf(String str)。

（18）public int lastIndexOf(String str, int fromIndex)。

（19）public int length()：这个方法返回字符串常量的长度，这是最常用的一个方法。其用法如下：

```
String s="abc";
int result=s.length();             // result 的值为 3
```

（20）public char[] toCharArray()：这个方法将当前字符串常量转换为字符数组，并返回。其用法如下：

```
String s="Who are you?";
char z[]=s.toCharArray();
```

（21）public static String valueOf(boolean b)

（22）public static String valueOf(char c)

（23）public static String valueOf(int i)

（24）public static String valueOf(long l)

（25）public static String valueOf(float f)

（26）public static String valueOf(double d)

以上（21）～（26）6 个方法可将 boolean、char、int、long、float 和 double 六种类型的变量转换为 String 类的对象。用法如下：

```
String r1=String.valueOf(true); //r1 的值为"true"
String r2=String.valueOf('c');  //r2 的值为"c"
float ff=3.1415926;
String r3=String.valueOf(ff);   //r3 的值为"3.1415926"
```

【任务 4-6】 统计某字符串 str 中'A'或'a'出现的次数

（一）任务描述

假设有个字符串 str，内容为“I am a student, a good student, a excellent student”，现在希望统计出该字符串中字母'A'和'a'出现的总次数。

（二）任务分析

用一个循环，将 str 的每个字符，从第一个字符（下标为 0）开始，到最后一个字符（下标为 str.length( )-1）依次取出来，判断是否为'A'或者'a'，如果是，则让一个整型变量 count 加 1（该变量在循环外被初始化为 0），循环结束后，count 变量中保存的就是字母'A'和'a'出现的总次数。

（三）任务实施

```
//统计某个字符串中大小写字母 A 或 a 出现的次数
public class CountA{
    public static void main(String args[]){
        String str="I am a student, a good student, a excellent student";
        int i=0;
        int count=0;
        while(i<str.length()){
            if((str.charAt(i)=='a')||(str.charAt(i)=='A')){
                count++;
            }
            i++;
        }
        System.out.println("count="+count);
    }
}
```

程序输出结果为：

```
count=4
```

注 意

这里 str.length( )是调用 String 类的 length 方法求得字符串 str 的长度。

4.2.4 StringBuffer 类

String 类只能用来处理不变字符串的操作，String 类是不可更改字符串常量。对于需要改变内容并有许多操作的字符串，可使用 StringBuffer 类，StringBuffer 类是字符串变量，它的对象是可以扩充和修改的。

1. StringBuffer 类的字符串构造函数

（1）public StringBuffer()创建一个空的 StringBuffer 类的对象。例如：

```
StringBuffer str=new StringBuffer();
```

（2）public StringBuffer(int length)创建一个长度为参数 length 的 StringBuffer 类的对象。例如：

```
StringBuffer str=new StringBuffer(5);
```

注 意

如果参数 length 小于 0，将触发 NegativeArraySizeException 异常。

（3）public StringBuffer(String str)用一个已存在的字符串常量来创建 StringBuffer 类的对象。例如：

```
StringBuffer str=new StringBuffer("aaa");
StringBuffer str=new StringBuffer(new String("aaa"));
```

2. StringBuffer 类的常见方法

（1）public String toString()：转换为 String 类对象并返回。由于大多数类中关于显示的方法的参数多为 String 类的对象，所以经常要将 StringBuffer 类的对象转换为 String 类的对象，再将它的值显示出来。其用法如下：

```
StringBuffer sb=new StringBuffer("How are you?");
String st=sb.toString();
```

（2）public StringBuffer append(boolean b)。

（3）public StringBuffer append(char c)。

（4）public StringBuffer append(int i)。

（5）public StringBuffer append(long l)。

（6）public StringBuffer append(float f)。

（7）public StringBuffer append(double d)。

以上（2）～（7）6 个方法可将 boolean、char、int、long、float 和 double 六种类型的变量追加到 StringBuffer 类的对象的后面。用法如下：

```
double d=123.4567;
StringBuffer sb=new StringBuffer();
sb.append(true);
sb.append('c').append(d).append(99);     //sb 的值为 truec123.456799
```

（8）public StringBuffer append(String str)：将字符串常量 str 追加到 StringBuffer 类的对象的后面。

（9）public StringBuffer append(char str[ ])：将字符数组 str 追加到 StringBuffer 类的对象的后面。

（10）public StringBuffer append(char str[ ], int offset, int len)：将字符数组 str，从第 offset 个开始取 len 个字符，追加到 StringBuffer 类的对象的后面。

（11）public StringBuffer insert(int offset, boolean b)。

（12）public StringBuffer insert(int offset, char c)

（13）public StringBuffer insert(int offset, int i)。

（14）public StringBuffer insert(int offset, long l)。

（15）public StringBuffer insert(int offset, float f)。

（16）public StringBuffer insert(int offset, double d)。

（17）public StringBuffer insert(int offset, String str)。

（18）public StringBuffer insert(int offset, char str[])。

以上（11）～（18）8 个方法将 boolean、char、int、long、float、double 类型的变量，String 类的对象或字符数组插入到 StringBuffer 类的对象中的第 offset 个位置。

【任务 4-7】 颠倒字符串 str 的内容

（一）任务描述

假设有个字符串 str 内容为“I am fine”，现在希望将该字符串的内容颠倒，输出“enif ma I”。

（二）任务分析

写一个循环，将 str 字符串的字符从第一个（下标为 0）到最后一个（下标为 str.length( )-1）依次取出，追加一个 StringBuffer 类字符串 dest 末尾（用 dest.append( )方法），循环结束后，dest 字符串中的内容为 str 字符串的颠倒次序的字符串。

（三）任务实施

下面的代码段先创建一个 StringBuffer 类对象：字符串 dest，然后将内容为“I am fine”的字符串 str 中的字符按照从尾到头的顺序逐个取出，追加到 dest 末尾，最后形成的字符串 dest 就是与字符串 str 的顺序相反的字符串，内容为“enif ma I”。

```
//将字符串反转
public class StringsDemo{
    public static void main(String[] args){
        String str="I am fine";
        int len=str.length();
        StringBuffer dest=new StringBuffer(len);
        for(int i=(len-1);i>=0;i--){
          dest.append(str.charAt(i));
        }
        System.out.println(dest.toString());
    }
}
```

程序输出结果为：

```
enif ma I
```

4.2.5 字符串数组及 main()方法的参数

Java 的应用程序中均有 main( )方法，main( )方法可以不带参数，也可以带参数。main( )

方法的参数为由 String 元素组成的数组。下面的代码段演示如何获取 main( )方法所带的字符串参数。

```
//输出 main()方法带的参数
class mainArgs{
    public static void main (String args[]){
        System.out.println("带的参数数量为"+args.length);
        for(int i=0;i<args.length;i++){
            System.out.println("第"+i+"个参数为"+args[i]);
        }
    }
}
```

输入命令:

```
java mainArgs 9 10
```

运行结果为:

```
带的参数数量为 2
第 0 个参数为 9
第 1 个参数为 10
```

该例说明 main( )方法要求输入参数为一个字符串数组,而且一定要写成 String args[]的格式,否则 Java 程序就不能执行。

4.2.6 字符串比较

两个字符串比较时，从首字符开始逐个向后比较每个字符，一旦发现两个字符串的某个位置上的字母不相同，则比较过程结束；只有当两个字符串所包含的字符个数相等且对应位置的字符也相同（包括大小写），两个字符串才相等。

在比较两个字符串是否相等时，可使用 equals(Object obj)方法，其用法如下：

```
String s = "student";
boolean b=s.equals("Student");
```

第二行代码的 b 将会得到 false 值，因为“student”与“Student”的首个字母大小写不相同。但是如果用另外一个函数 equalsIgnoreCase(String str)则返回 true 值，因为该函数是忽略大小写的。

特别注意：字符串不能用“==”比较。例如，以下代码段的结果将返回 false：

```
String a=new String("a");
String b=new String("a");
if(a==b)
  System.out.println(true);
else
  System.out.println(false);
```

这是因为在 Java 中用“==”比较字符串时，其实是在比较这两个字符串的地址，每个 String 类对象所占用的内存地址是不同的，所以这样得出的比较结果是 false，说明字符串 a 和 b 所占内存地址不同，而并不代表它们所包含内容不相同，如果希望比较它们内容是否相同，应该使用语句“a.equals(b)”。试分析下面代码的输出结果。

```
String a="a";
String b="a";
if(a==b)
    System.out.println(true);
```

```
else
    System.out.println(false);
```

相同的字符串常量所占用的空间是一样的，所以上面代码段的输出结果是 true。(参考“4.2.2 字符串常量”)

4.2.7 字符串和其他类型数据的相互转换

可以将 String 类型的数据与 int、float、long、double、boolean 等类型数据相互转换。

将其他类型数据转换为 String 类型的方法是 String.valueOf(基本类型数据)，举例如下：

```
String str1=String.valueOf("boolean");
String str2=String.valueOf(23);
String str3=String.valueOf(908.788);
```

将字符串类型转换为其他类型数据并不统一用一种方法，而是遵循一定的规律，举例如下：

```
boolean b=Boolean.getBoolean("false");
int i=Integer.parseInt("345");
long l=Long.parseLong("897876");
float f=Float.parseFloat("78.098");
double d=Double.parseDouble("23839.03839393");
```

4.3 综 合 实 训

实训 1：一维数组的初始化和访问

假设某同学的分数为“加权总分”，每门课程权重代表他们在总分中的比重，请按照表 4-2 所示的关系计算出该同学的“加权单科分”（得分 × 权重），保存在数组 d 中，将所有“加权单科分”相加为“加权总分”，“加权总分”保存在变量 sum 中。将数组 d 和加权总分 sum 的内容都打印出来。

表 4-2 成 绩 计 算

课程名称	得　分	权　重	加权单科分（=得分 × 权重）
高等数学	78	1.2	d[0]
使用英语	80	1.2	d[1]
思想政治	89	0.8	d[2]
计算机基础	78	0.8	d[3]
C 语言	75	1.2	d[4]
计算机原理	85	1.2	d[5]
体育	80	0.8	d[6]
总分			加权总分 sum

实训 2：switch 语句和数组的综合运用

请统计该班本学期所有同学成绩每个等级的人数，并计算出不及格人数占全班的百分比和全班平均分，输出如下格式的内容：

100 分：__________人
90～99 分：________人
80～89 分：________人
70～79 分：________人
60～69 分：________人
不及格：__________人
不及格百分比：_____%
全班平均分：_______分

实训 3：字符串若干函数的使用

已知某学生学号为“2009090312”，学号的组成成分如表 4-3 所示。

表 4-3　学 号 组 成

2009	09	03	12
入学年份	系代码	班级代码	班内编号

请用字符串的方式，计算出该学生的入学年份、所在系代码、班级代码和班内编号，分别保存在字符串 str1、str2、str3、str4 中，并打印出来。

小　　结

本章介绍了一维、二维数组的定义和使用方法，通过若干个任务演示了数组的用途，可方便地保存、处理和输出多个同种类型的数据。

本章还介绍了字符串 String 类和 StringBuffer 类的常用方法及一些常见的应用。可以通过思考与练习和实训用数组和字符串实现一些实际的任务。

思考与练习

一、选择题

1. 在一个应用程序中定义了数组 a：int[ ] a={1,2,3,4,5,6,7,8,9,10};，为了打印输出数组 a 的最后一个数组元素，下面正确的代码是（　　）。

A. System.out.println(a[10]);

B. System.out.println(a[9]);

C. System.out.println(a[a.length]);

D. System.out.println(a(8));

2. 下面关于数组定义语句不正确的是（　　）。

A. int[ ] a1,a2;

B. int a0[ ]={11,2,30,84,5};

C. double[ ] d=new double[8];

D. float f[ ]=new {2.0f,3.5f,5.6f,7.8f};

3. 设有定义语句 int a[ ]={3,9,-9,-2,8};，则以下对此语句的叙述错误的是（　　）。

A. a 数组有 5 个元素

B. 数组中的每个元素是整型

C. a 的值为 3

D. 对数组元素的引用 a[a.length-1]是合法的

4. 设有定义 OP 语句 int a[ ]={66,88,99};，则以下对此语句的叙述错误的是（　　）。

A. 定义了一个名为 a 的一维数组

B. a 数组有 3 个元素

C. a 数组的元素的下标为 1～3

D. 数组中的每个元素是整型

5. 为了定义 3 个整型数组 a1、a2、a3，下面声明正确的语句是（　　）。

A. intArray[ ] a1,a2;　　　int a3[ ]={1,2,3,4,5};

B. int[ ] a1,a2;　　　int a3[ ]={1,2,3,4,5};

C. int a1,a2[ ];　　　int a3={1,2,3,4,5};

D. int[ ] a1,a2;　　　int a3=(1,2,3,4,5);

6. 如想定义一个 3×2 的数组，并对每个元素赋值，下面的语句正确的是（　　）。

A. int a[ ][ ]={{2,3},{1,5},{3,4}};

B. int a[ ][ ]={2,3;1,5;3,4};

C. int a[ ][ ]={{2,3}{1,5}{3,4}};

D. int a[3][2]={2,3,1,5 ,3,4};

7. 设有定义 int[ ] a=new int[4];，a 的所有数组元素是（　　）。

A. a0, a1, a2, a3　　　B. a[0], a[1], a[2], a[3]

C. a[1], a[2], a[2], a[4]　　　D. a[0], a[1], a[2], a[3], a[4]

二、填空题

1. 设有整型数组的定义：int a[ ]=new int[8];，则 a.length 的值为________。

2. 定义数组，需要完成以下 3 个步骤，即________、________和________。

3. 在 Java 语言中，所有的数组都有一个________属性，这个属性存储了该数组的元素的个数。

4. 若有定义 int[ ] a=new int[8];，则 a 数组的元素中第 7 个元素和第 8 个元素的下标分别是________和________。

三、简答题

思考如何用 Java 代码实现以下 4 题的功能：

1. 将某个数组元素的顺序颠倒并输出。

2. 判断某字符串下标为奇数的字符所组成的字符串与下标为偶数的字符所组成的字符串是否相等。

3. 输入一行英文，判断中间有多少个单词，单词间以空格隔开，连续出现多次空格视作出现一次空格。

4. 用字符串的方式，统计出某一段文字中大写字母、小写字母、数字、空格出现的次数。

第5章 类和对象

面向对象程序设计（Object Oriented Programming，OOP）与结构化程序设计相比，具有提高代码的复用程度和软件开发效率、便于维护、提高软件质量等优点，若将Java与C、Pascal、BASIC等语言相比，便能更快了解到Java等OOP语言的优点。

例如，在结构化程序设计语言中，数据和对数据的操作方法是分开的，在处理数据时，要先传数据给操作方法，然后用一个变量来接收操作方法所传回的处理结果。这些变量被传来传去，增加了各个函数或过程之间不必要的联系，而且容易在非预期的情况下丢失，这种错误很难被发现，并且当程序越来越大时，这些变量会越来越多，使整个程序之间的关系显得错综复杂，很不便于维护。

面向对象程序设计针对结构化程序的缺点进行改进，将数据和对数据的操作方法放在同一个对象中，这就是所谓的封装，它巧妙地改进了结构化程序语言的缺点。

Java是一种面向对象程序设计语言，类和对象是学习面向对象编程的基础。读者通过本章的学习，应该达到以下目标：

学习目标	☑ 初步理解面向对象的概念； ☑ 通过private关键字、static关键字了解Java语言的封装性； ☑ 熟悉类的定义及该类的对象的生成； ☑ 使用某个对象的方法或变量以及类方法和类变量； ☑ 熟悉数组与对象的结合等扩展应用。

5.1 面向对象的概念

现实生活中的任何物体都可以被看做是对象，对象可以是有生命的，也可以是没有生命的物体，如某个人、某个动物、某辆汽车、某栋建筑都可以是一个对象；同时，对象也可以是一个抽象的概念，如气候发生的变化、鼠标所产生的事件等。图5-1所示为现实生活中的部分对象。

在程序设计中，软件对象的概念由真实世界的对象而来。在Java中，将对象的状态保存在变量（也称数据字段）中，而对象的行为则用方法来实现，如图5-2所示。

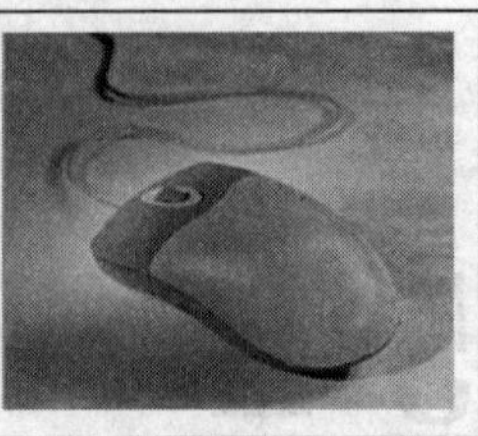

图 5-1　现实生活中对象

以人物为例，可定义其状态和方法如图 5-3 所示。

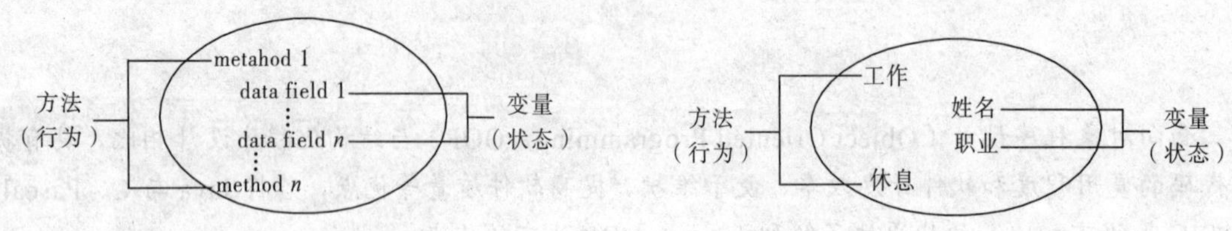

图 5-2　对象的变量和方法　　　　图 5-3　“人”类对象的变量和方法

中国古代有一句成语叫“物以类聚，人以群分”，意思是说同类的东西常聚在一起，志同道合的人相聚成群，反之就分开。在自然界中，同类的鸟儿大都聚在一起飞翔，同类的野兽大都聚在一起行动。

Java 中的类也大体是这个意思，类是从众多类似对象中抽象出来的模型，是同一类对象的模板，它描述同类对象的属性和行为。对象是类的实例（instance），同一类的各个对象具有不同的对象名和属性值，但具有相同的行为。例如，图 5-4 是从现实生活中的众多对象中归纳出来的几个类。

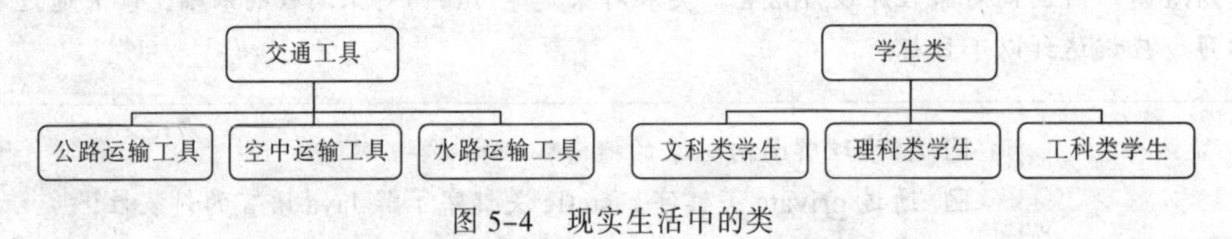

图 5-4　现实生活中的类

5.1.1　类的定义

类是组成 Java 程序的基本要素，在 Java 程序里，将要表达的概念封装在某个类中。它封装了一类对象的状态和方法，是这一类对象的原型。

根据上面的例子，理解了定义类的实现方法，下面将 Java 中类的定义格式给出：

```
[修饰符] class 类名[extends 父类名][implements 接口]{
    [修饰符] 类型 成员变量 1;
    [修饰符] 类型 成员变量 2;
     …
    [修饰符] 类型 成员变量 n;
    [修饰符] 类型 成员方法 1{
      方法体 1
    }
    [修饰符] 类型 成员方法 2{
         方法体 2
    }
       …
```

```
    [修饰符] 类型 成员方法n{
        方法体n
    }
}
```

其中，class是关键字，表明class后面定义的是一个类。类名是一个合法的标识符。class前的修饰符可以有多个，用来限定所定义的类的使用方式。

类中所定义的变量和方法都是类的成员，称为成员变量、成员方法（函数），分别表示其变量的状态和行为。对类的成员可以用修饰符来设置对它的访问权限，类成员的访问权限将在后面详细讨论。

【任务5-1】 定义一个学生类Student

（一）任务描述

在新生开学时，班主任手里有一份花名册，花名册中有每个同学的学号和姓名。每当有新同学来报到，说明自己的学号和姓名后，班主任就为该同学分配一个宿舍，并记录该同学的联系电话，以便于以后的学生管理工作。为了帮助该班主任，请设计一个学生类，用于描述该过程中学生的状态和行为。

（二）任务分析

首先，学生类Student的状态和行为可以通过下面内容来描述：

属性（描述状态）

```
    学号: int No
    姓名: String name
    宿舍: String dorm
    联系电话: String tel
```

方法（描述行为）

```
    报到（提供自己的学号和姓名）:          void checkIn(String a,int b)
    分配宿舍（老师为每个学生分配宿舍）:    void assignDorm(String a)
    提供联系电话:                          void provideTel(String b)
```

（三）任务实施

```
public class Student{
    String name;
    int No;
    String dorm;
    String tel;
    void checkIn(String a,int b){
        name=a;
        No=b;
    }
    void assignDorm(String a){
        dorm=a;
    }
    void provideTel(String b){
        tel=b;
    }
}
```

该类目前没有main()方法，所以不能运行，只能被其他类使用。

5.1.2 对象的生命周期

把类实例化，可以生成多个对象，这些对象通过消息传递来进行交互（消息传递即激活指定的某个对象的方法以改变其状态或让它产生一定的行为），最终完成复杂的任务。一个对象的生命期包括三个阶段：生成、使用和清除。下面解析这些阶段的原理。

1. 对象的生成

Java 对象的生成中包括声明、实例化和初始化 3 方面的内容。通常的格式如下：

```
type objectName=new type([paramlist]);
```

（1）type objectName 声明了一个类型为 type 的对象。其中 type 是组合类型（包括类和接口），objectName 称为对象的引用。对象的声明并不为对象分配内存空间，此时 objectName 的值为 null。

（2）运算符 new 为对象分配内存空间，实例化一个对象。new 调用对象的构造函数，返回对该对象的一个引用（即该对象所在的内存地址）。用 new 可以为一个类实例化多个不同的对象。这些对象分别占用不同的内存空间，因此改变其中一个对象的状态不会影响其他对象的状态。

（3）生成对象的最后一步是执行构造函数，进行初始化。系统通过不同个数或类型的参数分别调用不同的构造函数。以任务 5-1 中所定义的类 Student 为例，生成类 Student 的对象：

```
Student zhang=new Student();
Student li=new Student();
```

这里，为类 Student 生成了两个对象 zhang、li，它们分别对应于不同的内存空间，它们的值是不同的，可以完全独立地分别对它们进行操作。

当然，对象的声明与对象实例化、初始化可以分开进行。例如：

```
Student zhang=new Student();
```

与

```
Student zhang;
zhang=new Student();
```

是等价的。

> **提 示**
>
> 初学者往往由于不太理解生成对象的原理，而容易犯的错误是在创建对象时写成：Student zhang=new zhang( );，此时编译器就会提示“zhang 无法解析为类型”错误，这里要明白 zhang 是一个 Student 类的对象，而非一个定义好的类。

2. 对象的使用

对象的使用包括引用对象的成员变量和方法，通过运算符“.”可以实现对变量的访问和方法的调用，变量和方法可以通过设置一定的访问权限来允许或禁止其他对象对它的访问。

（1）引用对象的变量。例如：用 Student 类创建对象 zhang 后，可以用“.”运算符来访问该的对象的变量，代码如下：

```
zhang.dorm="12-101房";          //设置学生 zhang 的联系电话
```

（2）调用对象的方法。要调用对象的某个方法，其格式为：

```
objectName.methodName([paramlist]);
```

例如，要调用学生类对象 zhang 的分配宿舍即 assginDorm 方法，可以用：

```
zhang.assginDorm("12-101 房");
```

（3）尽量使用对象的方法而非变量。虽然可以直接访问对象的变量 zhang.dorm、zhang.tel 来访问学生 zhang 的基本信息，但是通过方法调用的方式来实现能更好地体现面向对象的特点，建议在可能的情况下尽可能使用方法调用。通过 zhang.assginDorm("12-101 房"); 和 zhang.provideTel("13012345678");来访问学生 zhang 的 dorm 变量和 tel 变量更符合面向对象程序设计的特点。

3. 对象的清除

有些面向对象语言保持对所有对象的跟踪，所以需要在对象不再使用的时候将它们从内存中清除。Java 平台允许程序员创建任意个对象（当然会受到系统资源的限制），Java 是在当对象不再使用时自动将其清除，所以程序员不必动手将它清除，因为管理内存是一件很沉闷的事情，而且容易出错。对象的清除过程就是所谓的“垃圾收集”。

当对象不再被引用的时候，对象就会被清除，即作为垃圾收集的对象。保留在变量中的引用通常在变量超出作用域的时候被清除，或者可以通过设置变量为 null 来清除对象引用。这里要注意，程序中同一个对象可以有多个引用，对象的所有引用必须在对象被作为垃圾收集对象清除之前清除。

Java 有一个垃圾收集器，它周期性地将不再被引用的对象从内存中清除。这个垃圾收集器是自动执行的，用户不需要参与这个过程。当然，有时候可以通过调用系统类的 gc 方法 system.gc() 来显式运行垃圾收集程序。例如，可能会想在创建大量垃圾代码之后或者在需要大量内存代码之前运行垃圾收集器。

5.1.3　由类的定义产生对象

类和对象的相互关系可以用图 5-5 来表示。

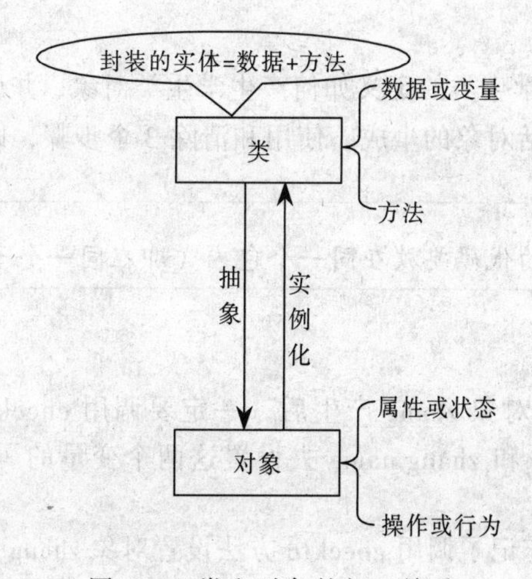

图 5-5　类和对象的相互关系

【任务 5-2】 使用 Student 类

（一）任务描述

使用任务 5-1 中已定义好的 Student 类模拟开学报到过程，通过该类实现同学报到、分配宿舍、提供电话号码等。

（二）任务分析

可以再新建一个类 TermBegins，在该类的 main()方法中使用定义好的 Student 类生成若干个对象模拟有新同学来报到的情况。

当有新同学来报到时，产生一个 Student 类对象，然后再调用该对象的 CheckIn、assignDorm、provideTel 方法，并将该对象的所有信息打印出来，说明该同学的信息记录完毕。

（三）任务实施

实现的代码如下：

```
public class TermBegins{
    public static void main(String[] args){
        Student zhang;
        zhang=new Student();
        zhang.checkIn("张三",001);
        zhang.assignDorm("A-101");
        zhang.provideTel("13012345678");
        System.out.println("姓名: "+zhang.name);
        System.out.println("学号: "+zhang.No);
        System.out.println("宿舍: "+zhang.dorm);
        System.out.println("联系电话: "+zhang.tel);
    }
}
```

输出结果为：

```
姓名: 张三
学号: 001
宿舍: A-101
联系电话: 13012345678
```

任务 5-2 中说明了根据学生类的定义如何产生学生类对象，并调用这些对象的方法，直至最后程序结束，其实就是包括对象的生成、使用和清除 3 个步骤，即对象的生命周期。

注 意

任务 5-2 和任务 5-1 的代码要放在同一个包内（即在同一个子目录内）。

5.1.4 类的构造函数

在任务 5-2 中看到，当对象 zhang 产生后，一定要调用 checkIn 方法去设置它的基本信息，或者通过访问 zhang.No 和 zhang.name 去设置这两个变量的属性，学生的学号和姓名才会有内容。

有时，程序员如果粗心忘记了调用 checkIn 方法设置对象 zhang 的姓名和学号，因为没有记录该同学的姓名和学号，那么随后的分配宿舍和提供联系电话也都变得没有意义了。

所以，在设计Java程序时，希望对象一旦产生，它的基本信息也就随之确定，不用再调用任何方法或者访问该对象的变量设置信息。这时需要学习构造函数的作用。

类中含有很多变量和方法，但是除了一般方法之外，还有一种特殊的方法称为构造函数。构造函数的作用是在创建对象时将被调用的对象进行初始化操作，它具有如下特点：

- 构造函数名与类名相同。
- 构造函数没有返回类型，也不是void。
- 构造函数的主要作用是对类对象进行初始化。如果没有定义构造函数时，成员变量将被初始化为各种类型的默认值（数值为0，对象为null，布尔值为false，字符为“/0”）。
- 一个类可以定义多个构造函数，可根据参数的不同决定执行哪一个。
- 如果没有定义构造函数，则会默认有一个不带参数的构造函数；如果定义了一个构造函数，则默认函数不存在，需要自己定义。

构造函数是对类进行初始化操作的特殊方法，如果没有构造函数，就要使用其他方法对对象的变量进行初始化操作，而构造函数简化了此操作。

使用new操作符创建对象时，在类名后的参数表中根据需要给出相应的参数，系统会自动根据参数的多少和类型去调用对象对应的构造函数。

所以，可以给任务5-1中的类Student加上一个构造函数：

```
Student(String aName,int aNo){
    name=aName;
    No=aNo;
}
```

【任务5-3】　为Student类定义构造函数

（一）任务描述

班主任有时发现，虽然分配了宿舍给某个同学，记录他的联系电话，却没有让他报上自己的姓名和学号，所以在报到过程中产生一些不必要的麻烦。因此，希望学生一来报到必须马上提供学号和姓名，否则不给他分配宿舍和记录联系电话。

（二）任务分析

在任务5-1定义的Student类的基础上，加上一个构造函数，用于在该类对象初始化时给变量name和No赋值。那么，在生成Student类对象的时候，就一定要带两个参数：姓名和学号，否则就不能生成一个 Student 类对象。由于每个学生报到时马上就提供了姓名和学号，所以原来的checkIn方法就没有必要存在，所以可以把它删除。

（三）任务实施

将该构造函数加到任务5-1中，并且在任务5-1中增加main()方法，在main()方法中创建一个Student对象并调用它的方法，代码如下：

```
public class Student{
    String name;
    int No;
    String dorm;
    String tel;
```

```
    Student(String aName,int aNo){
        name=aName;
        No=aNo;
    }
    void assignDorm(String a){
        dorm=a;
    }
    void provideTel(String b){
        tel=b;
    }
    public static void main(String[] args){
        Student zhang=new Student("张三",001);
        zhang.assignDorm("A-101");
        zhang.provideTel("13012345678");
    }
}
```

该程序运行没有输出结果。

【任务 5-4】 为 Student 类定义多个构造函数

（一）任务描述

在报到过程中，班主任发现，很多同学不记得自己的学号，但是通过花名册上的名字就可以找到他的学号，所以希望把任务 5-3 修改一下，让新同学报到时只提供姓名也可以分配宿舍（假设班上没有同名学生）。

（二）任务分析

任务 5-3 中的 Student 类只提供了一种构造函数 Student(String aName,int aNo)，显然不满足实际情况的需要，所以再添加两种构造函数 Student(int aNo)、Student(String aName)，即让学生报到时只要提供学号或者姓名两者之一就可以分配宿舍。

（三）任务实施

实现代码如下：

```
//eg5_4 多个构造函数
public class Student{
    String name;
    int No;
    String dorm;
    String tel;
    Student(String aName,int aNo){
        name=aName;
        No=aNo;
    }
    Student(int aNo){
        No=aNo;
    }
    Student(String aName){
        name=aName;
    }
```

```
    void assignDorm(String a){
        dorm=a;
    }
    void provideTel(String b){
        tel=b;
    }
    public void setName(String name){
        this.name=name;
    }
    public void setNo(int no){
        this.No=no;
    }
    public static void main(String[] args){
        Student zhang=new Student("张三");
        zhang.setNo(001);
        zhang.assignDorm("A-101");
        zhang.provideTel("13012345678");
        System.out.println("姓名: "+zhang.name);
        System.out.println("学号: "+zhang.No);
        System.out.println("宿舍: "+zhang.dorm);
        System.out.println("联系电话: "+zhang.tel);
        System.out.println("******************");
        Student li=new Student(002);
        li.setName("liqin");
        li.assignDorm("A-102");
        li.provideTel("13000008888");
        System.out.println("姓名: "+li.name);
        System.out.println("学号: "+li.No);
        System.out.println("宿舍: "+li.dorm);
        System.out.println("联系电话: "+li.tel);
        System.out.println("******************");
        Student wang=new Student("王五",003);
        wang.assignDorm("A-103");
        wang.provideTel("13000009999");
        System.out.println("姓名: "+wang.name);
        System.out.println("学号: "+wang.No);
        System.out.println("宿舍: "+wang.dorm);
        System.out.println("联系电话: "+wang.tel);
    }
}
```

在该类的main( )方法中，分别使用了构造函数Student(int aNo)和Student(String aName)建立Student类对象zhang和li，并输出了相应信息。输出结果如下：

```
姓名: 张三
学号: 001
宿舍: A-101
联系电话: 13012345678
******************
姓名: liqin
学号: 002
```

```
宿舍: A-102
联系电话: 13000008888
******************
姓名: 王五
学号: 003
宿舍: A-103
联系电话: 13000009999
```

5.2 封 装 性

面向对象最基本的特征在于封装性和继承性。封装是一种信息隐蔽技术，用户只可以看到对象封装界面上的信息，而对象的内部对用户是隐蔽的。封装的目的在于将对象的使用者和设计者分开。使用者不必知道对象内部的实现细节，只需要使用设计者提供的消息来访问该对象即可。

为了更好地理解封装性，下面以大家熟悉的电视机为例进行说明。作为电视机的使用者来说，根本不需要关心电视机内部是如何实现的，只需要知道电视机上不同按钮的功能分别是什么就可以了，封装界面上的信息就类似于电视机上的操作按钮。而作为电视机的设计者来说，对电视机内部结构非常清楚，这样就将使用者和设计者分开，如图 5-6（a）所示。

封装的定义包括以下几个方面：

（1）一个清晰的边界，所有对象的内部软件范围限定在这个边界之内。

（2）一个接口，该接口描述当前对象和其他对象之间的交互作用。

（3）内部实现，对象内部的实现是受保护的，这个实现给出了软件对象功能的细节，定义当前对象的类的外面不能访问这些实现细节。

例如，设计一个学校教务系统时，将会定义一个学生类，那么学生的基本信息可以作为属性保存，学生在学校进行的一系列活动可以作为方法来实现，如图 5-6（b）所示。

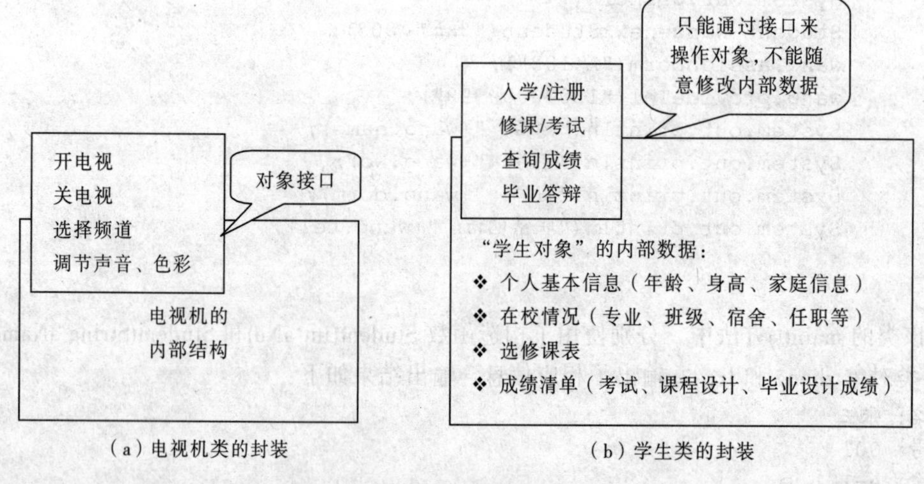

（a）电视机类的封装　　（b）学生类的封装

图 5-6　封装举例

封装的用意是避免数据成员被不正当地存取，从而达到信息隐藏的目的。封装相关的变量及方法到一个软件包里，是一种简单但是很有效的理念，此方法对软件开发者提供两个好处：

（1）模块化：一个对象的原始文件可以独立地被撰写及维护而不影响其他对象，而且对象（包括数据和方法）可以轻易在系统中传来传去，就好像开汽车的人不需要知道车的内部细节就可以开动它一样。

（2）信息隐藏：一个对象有公开的方法可供其他对象调用，但对象仍然可以维持私有的信息和方法，这些信息和方法在任何时间被修改，都不影响那些依赖此对象的其他对象。

注 意

封装需要注意的是接口的稳定。因为既然采取了封装获得两个好处：模块化和信息隐藏，那么相应的被封装的类与其他程序耦合性增强了，所以一定要注意接口的稳定，因为接口的修改将影响到其他程序。

5.2.1　类变量和类方法

在前面的任务中，变量和方法都是实例变量和实例方法。一定要产生某个类的实例，即一个具体的对象，才能引用的变量和方法，称为实例变量和实例方法。

有时，有些属性和方法属于整个类，在不产生该类的实例时也可以被引用，这种变量被称为类变量，类似的方法被称为类方法。

图 5-7 表明了类变量和实例变量在计算机中存储方式的区别。

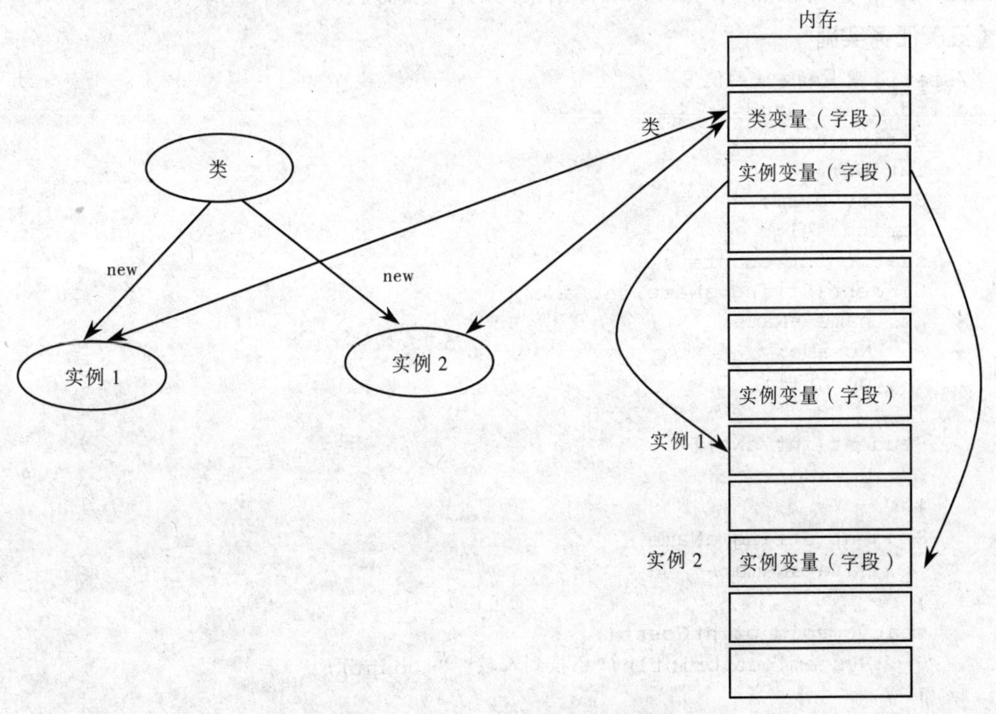

图 5-7　类变量和实例变量的区别

在类的定义中，根据成员变量和成员方法前面是否带有修饰符 static 而将其区分为类变量（方法）还是实例变量（方法）。带有 static 的为类变量（方法）；不带 static 的为实例变量（方法）。

类变量类似于一个全局变量，在内存中只存在它的一个备份，该类的所有对象都共享它。

对于类属性，不管实例化多少个对象，均只初始化一次，故可用类属性作为所有同类对象的公共变量，如用于计数。

类属性是在类装入时进行初试化的，在没有实例化之前也可以使用，其引用方式是“<类名>.成员变量名”。

类方法与类属性一样，可以在对象未实例化之前被使用，其引用方式是“<类名>.成员方法名”。

【任务 5-5】 用 static 变量统计 student 类对象个数

（一）任务描述

在开学报到的时候，班主任发现需要及时统计所有已经报到的同学的人数。希望设计一个学生类程序来实现这个功能。

（二）任务分析

在学生报到时，每来一个同学，班主任就将总人数加 1，所以用来记录总人数的整型变量 count 应该设置为 static 变量，即用类变量才能达到此效果。所以，可以在任务 5-3 定义的学生类的基础上，在 Student 类中加上一个静态变量 count，让该变量在每次学生报到（即 Student 类构造函数中）的时候加 1，就可以统计出报到的学生总人数。

（三）任务实施

```
//static 变量和方法的使用
public class Student {
    String name;
    int No;
    String dorm;
    String tel;
    static int count=0;
    Student(String aName,int aNo){
        name=aName;
        No=aNo;
        count++;
    }
    Student(int aNo){
        No=aNo;
    }
    Student(String aName){
        name=aName;
    }
    static void printCount(){
        System.out.println("已报到人数: "+count);
    }
    public static void main(String[] args) {
        Student.printCount();
        Student zhang=new Student("张三",001);
        Student li=new Student("李四",003);
        System.out.println(Student.count);
    }
}
```

输出结果是：

已报到人数：0

已报到人数：2

在 main()方法中，最开始调用 Student 类的类方法 printCount()打印报到人数，结果为 0，在有两个同学报到后，再打印 Student 类的类变量 count（效果等同于 printCount( )），结果为 2，说明统计学生报到人数成功。

与类属性和类方法相比较，实例属性和实例方法必须在实例化变量之后才能使用，如果在 main( )方法的最后加上一句“System.out.println(Student.Tel);”就会出错，因为 Tel 不是类变量，所以不能使用“<类名>.成员方法名”的格式引用。也可以理解为 Student 类本身并没有电话号码，而只有一个具体的学生，即一个 Student 类的对象才有电话号码。

类和包都是封装的手段，类是数据及代码的容器，包是类和其他子包的一种容器。

5.2.2　使用 private 将变量封装起来

一组相关的类和接口的集合称为包。包的概念体现了 Java 面向对象编程特性中的封装机制，Java 中的 API 就全部封装在若干包中。

两个文件是否在“同一个包”指的是这两个文件是否在同一个目录下，如图 5-8 所示。Student.java 中定义了一个类 Student，文件 useStudent.java 是与 Student.java 在同一个包中的，其他文件如 useStudent1.java、useStudent2.java、useStudent3.java 都不是与 Student.java 在同一个包中，所以不能访问 Student 类中默认修饰符修饰的变量和方法。

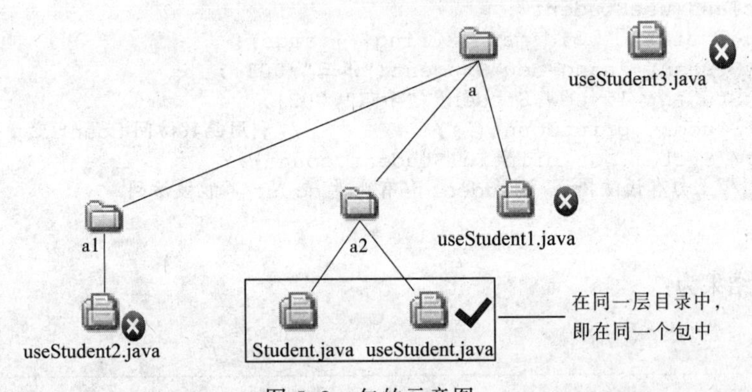

图 5-8　包的示意图

Java 语言的开发人员常将完成相关功能的一组类及接口放在一个包内。设计若干个不同的包，可以避免大量类的重名冲突。使用包可以限定某些类允许或不允许其他包访问，还可以定义类成员是否允许其他包访问。

【任务 5-6】　用 private 修饰符让 Student 类的数据更安全

（一）任务描述

在任务 5-5 实现的 Student 类中的 count 变量可以被同一包中其他类所修改。为了避免 count 变量被随意修改而引发统计人数错误，班主任希望将该变量隐藏起来，只提供一个查询的方法，可以返回已经报到的总人数。

（二）任务分析

这里需要将 Student 类的 count 变量设置为私有，即加上修饰符 private，这样，任何其他类都不能访问该变量，而只有 Student 类自身的方法可以访问。count 变量将在 Student 类的构造函数中自动增加，在其他类中只能调用 Student 类的 printCount( )方法来取得 count 变量的值，而不能直接访问 Student 类的 count 变量。

（三）任务实施

一共有两个文件，分别为 Student.java 和 useStudent.java 来完成该任务。

```
//设置 private 变量
public class Student{
    String name;
    int No;
    String dorm;
    String tel;
    private static int count=0;
    Student(String aName,int aNo){
        name=aName;
        No=aNo;
        count++;
    }
    static void printCount(){
        System.out.println("总人数: "+ count);
    }
}
public class useStudent{
    public static void main(String[ ] args){
        Student zhang=new Student("张三",001);
        Student li=new Student("李四",003);
        Student.printCount( );          //利用函数访问 count 变量
        //System.out.println(Student.count);
        //上句有语法错误，Student 私有变量 count 不能被访问
    }
}
```

程序输出结果为：

```
总人数: 2
```

注 意

该任务的两个类分别放在 Student.java 文件和 useStudent.java 文件中，这两个文件要放在同一个包内，在本书以后的任务中，没有特别说明的都按照这种方式存放代码。

5.3 扩 展 应 用

5.3.1 数组与对象

【任务 5-7】 用数组处理多个学生对象

（一）任务描述

已知 Student 类实现如下：

```
public class Student{
    String name;
    int no;
    int score;
    void printInfo(){
        System.out.println(name+"\t"+no+"\t"+score);
    }
}
```

试用数组来表示10个Student对象，并用一个循环将每个Student类对象数据打印出来。

（二）任务分析

声明一个长度为10的一维数组，每个数组元素是一个Student类对象（包含姓名、学号、成绩、打印方法），先为每个元素分配数组空间，然后在一个循环中调用Student类对象，将10个同学的学号、姓名和成绩赋值给数组的每个对象。

（三）任务实施

```
public class useStudent{
    public static void main(String[] args){
        Student[] netClass=new Student[10];
        int[]  score={90,67,78,90,65,45,67,89,76,67,};
        String[] name={"susan","tom","jerry","jack","rose",
                    "maggie","elisha","Dick ","Harry","John"};
        for(int i=0;i<=9;i++){
            netClass[i]=new Student();//为每个数组元素分配空间
            netClass[i].no=i+1;
            netClass[i].name=name[i];
            netClass[i].score=score[i];
        }
        System.out.println("name"+"\t"+"no"+"\t"+"score");
        for(int i=0;i<=9;i++){
            netClass[i].printInfo();
        }
    }
}
```

在该任务中，声明数组netClass后一定要记得用new关键字给该数组分配空间，然后在循环中，用netClass[i]=new Student( );语句给每个数组元素分配一个Student类对象所需要的空间，否则程序就会出错。

程序输出结果如下：

```
name     no  score
susan    1   90
tom      2   67
jerry    3   78
jack     4   90
rose     5   65
maggie   6   45
elisha   7   67
Dick     8   89
Harry    9   76
John     10  67
```

5.3.2 对象作为方法的参数和返回值

【任务 5-8】 输入和返回参数为学生类对象

（一）任务描述

某班开学时选举班长，如果上台演讲的同学可以获得同学们的选票，班主任希望将所有候选人两门课程的成绩以及得票率（权重各占 0.2、0.3、0.5）依次比较，找出综合指数最高的同学当选班长。请设计一个方法，名字为 pk，输入为两个竞选班长的学生，即两个 Student 类对象，输出为综合指数较高的学生，即一个 Student 类对象，经过多次调用 pk 方法两两比较竞选的学生，最后的结果就是当选的班长。

（二）任务分析

设计学生类，包含姓名 name、学号 no、成绩 score1、成绩 score2 和得票率 sustainers。

在测试程序类 useStudentPk 中写一个方法，static Student pk(Student a,Student b)，用该方法比较两个学生对象的综合信息，返回一个学生类的对象作为班长。

在测试类的 main()方法中，生成 4 个学生类的对象后，就可以调用 3 次 pk 方法，返回的对象就是当选的班长。

（三）任务实施

```
public class Student{
    String name;
    int no;
    double score1;              //成绩 1
    double score2;              //成绩 2
    int sustainers;             //支持者
    public  Student(String  name,int  no,double  score1,double  score2,int
sustainers){
        super();
        this.name=name;
        this.no=no;
        this.score1=score1;
        this.score2=score2;
        this.sustainers=sustainers;
    }
}
//比较两个学生的信息，输出综合指数高的同学作为班长
public class useStudentPk {
    static Student pk(Student a,Student b){
        double aEx=a.score1*0.2+a.score2*0.3+a.sustainers*0.5;
        double bEx=b.score1*0.2+b.score2*0.3+b.sustainers*0.5;
        if(aEx>bEx){
            return a;
        }else{
            return b;
        }
    }
    public static void main(String[] args){
```

```
        Student zhang=new Student("zhangsan",001,90,90,15);
        Student li=new Student("lisi",002,89,90,20);
        Student wang=new Student("wangwu",007,98,92,10);
        Student zhao=new Student("zhaoliu",012,89,70,25);
        Student tmp=pk(zhang,li);
        Student monitor=pk(tmp,wang);
        monitor=pk(monitor,zhao);
        System.out.print("取胜者为: "+monitor.name);
    }
}
```

程序输出结果为:

```
取胜者为: lisi
```

该任务说明了如何将对象作为方法的参数及返回结果的使用方法。

5.3.3 对象作为类的成员

设计类的时候也可以包含其他的类对象作为自身的成员，因为对象与基本数据类型一样，也可以作为类的成员变量。合理地将对象作为类的成员变量，可以使类的结构更加清晰，更有利于信息的封装和操作。

【任务 5-9】 将联系方式类作为学生类的成员变量

(一) 任务描述

随着信息技术的发展，同学们的联系方式越来越多，在设计学生类时，可能需要保留两个以上的电话号码，还可能有电子邮件、QQ 号码等内容，所以应该把联系方式设计为一个类，再让该类的对象成为学生类 Student 的一个成员变量，这样 Student 类的结构更加清晰明了，而且可以方便地获取和修改某学生对象的联系方式。

(二) 任务分析

首先，设计一个联系方式类 Communication，该类包含所有的联系方式信息。

再设计一个学生类 Student，该类包含一个 Communication 类的对象作为成员变量。

在测试类的 main()方法中，如果要建立一个 Student 类对象，必须先建立一个 Communication 类对象作为 Student 类对象构造函数的输入参数，这样才符合 Java 的语法要求。

(三) 任务实施

```
public class Communication{
    double mobliePhone;                 //移动电话
    String eMail;                       //电子邮件
    double qq;                          //qq 号码
    String telephone;                   //宿舍电话
    public Communication(double mobliePhone,String mail,double qq,
                              String telephone){
        super();
        this.mobliePhone=mobliePhone;
        this.eMail=mail;
        this.qq=qq;
        this.telephone=telephone;
```

```
    }
}
 public class Student{
     String name;
     int no;
     Communication com1;
     public Student(String name,int no,Communication com1){
         super();
         this.name=name;
         this.no=no;
         this.com1=com1;
     }
}
public class TestStudent{
     public static void main(String[] args){
         Communication com=new Communication(1311115566,"aa@163.com",
         123456,"020- 88888888");
         Student zhang=new Student("zhangsan",001,com);
     }
}
```

该任务没有输出，通过这 3 个类的关系说明了如何将某个类对象作为成员变量使用。

5.4 综合实训

实训 1：类的定义、对象的生成及使用

（1）编写一个位置类 Position，包含两个成员变量：横坐标 *x*、纵坐标 *y*，还有一个方法 printInfo，用于打印出横坐标和纵坐标。

（2）编写 Position 类的测试程序，创建一个点 *a*(3,4)，要求输出点 *a* 的相关信息。

（3）将 Position 类的两个成员变量改为私有，并添加相应的 set 和 get 方法，用 set 方法为点 *a* 赋值为(5,7)，用 get 方法取出 *a* 点的坐标并打印出来。

（4）为 Position 类添加一个不带参数的构造函数，将横坐标纵坐标初始化为原点，在测试程序中新增一个原点。

（5）为 Position 类添加一个带参数的构造函数，传两个参数用于初始化坐标。在测试程序中新增一个点 *b*(8,9)。

（6）为 Position 类添加一个静态变量 TotalNum，用于统计创建的 Position 对象数，在测试程序中输出总的点数量。

实训 2：数组与对象的综合使用

（1）Position 类包含两个成员变量：横坐标 *x*，纵坐标 *y*；一个构造函数 Position(int aX,int aY)。

（2）创建一个一维数组（长度为 5），每个数组元素是一个 Position 类对象。

（3）要求用一个循环将 5 个点的坐标全部初始化并打印出来。

实训3：将对象作为方法的输入/输出参数

（1）为测试程序添加一个static double distance(Position a Position b)方法，输入为两个Position类对象 *a* 和 *b*，返回为这两个Position对象 *a*、*b* 两点的距离。

（2）在main()方法中调用distance(a,b)方法，并打印出 *a*、*b* 两点的距离。

实训4：将对象作为类的成员

（1）定义一个Point类，包含 *x* 和 *y*，分别为横坐标和纵坐标。

（2）设计一个beeline类（直线），包含的变量为：两个Point类的对象，名字分别为begin（起点）和end（终点）；一个方法distance( )，用来计算直线起点和终点之间的长度。

（3）编写一个测试类，在其main( )方法中，生成一根直线line1，起点和终点分别为(2,3)和(4,5)，并调用line1的distance( )方法求出该直线的长度，并输出到屏幕。

小 结

面向对象编程是Java语言的最大特征，本章介绍了类的对象的基本概念，并通过若干个任务讲解了构造函数、类变量和实例变量、私有变量等原理以及数组和对象结合等多种应用。读者可以通过课后习题和实训练习如何定义类、定义类的对象，访问某对象的变量和方法，定义和访问类变量、类方法，初步了解面向对象编程的概念。

思考与练习

一、选择题

1. 以下说法不正确的是（　　）。

A. 类是同种对象的集合和抽象　　B. 类是抽象的数据类型

C. 类是复合数据类型　　D. 类是一个对象

2. 定义类的类头时可以使用的关键字是（　　）。

A. private　　B. protected　　C. final　　D. static

3. 下列选项中，用于在定义子类时声明父类名的关键字是（　　）。

A. interface　　B. package　　C. extends　　D. class

4. 下列类头定义中，错误的是（　　）。

A. public x extends y {...}

B. public class x extends y {...}

C. class x extends y implements y1 {...}

D. class x {...}

5. 设A为已定义的类名，下列声明A类的对象a的语句中，正确的是（　　）。

A. float A a;　　B. public A a=A( );

C. A a=new int( );　　D. static A a=new A( );

6. 设 A 为已定义的类名，下列声明 A 类的对象 a 的语句中正确的是（　　）。

A. public A a=new A( );　　B. public A a=A( );

C. A a=new class( );　　D. a A;

7. 设 X、Y 均为已定义的类名，下列声明类 X 的对象 x1 的语句中正确的是（　　）。

A. public X x1= new Y( );　　B. X x1= X ( );

C. X x1=new X( );　　D. int X x1;

8. 设 i，j 为类 X 中定义的 int 型变量名，下列 X 类的构造函数中不正确的是（　　）。

A. void X(int k){ i=k; }　　B. X(int k){ i=k; }

C. X(int m, int n){ i=m; j=n; }　　D. X( ){i=0;j=0; }

二、填空题

1. 一个对象的 3 个生命周期是________、________、________。

2. 使用一个对象前，必须声明并________它。

3. 创建类对象的运算符是________，创建的目的是________。

4. 通过类 MyClass 中的不含参数的构造函数，生成该类的一个对象 obj，可通过以下语句实现：________。

5. 通过________运算符与类的对象连接，可以访问此类的成员。

6. 定义类就是定义一种抽象的________，它是所有具有一定共性的对象的抽象描述。

7. ________是一个特殊的方法，用于对类的变量进行初始化。

8. 面向对象的软件开发方法用________把数据和基于数据的操作封装在一起。

三、简答题

1. 一个类对象一旦被声明并创建后就可以使用吗？如何引用对象的变量和调用它的方法？

2. 一个对象一定要属于某个类吗？

3. 一般的，一个类的类体应由哪两部分组成？

4. 在一个类定义中，用什么描述对象的状态？用什么描述对象的行为？

5. 一个源程序文件中，能有多于一个的 public 类吗？

6. 定义在方法体中的变量能与定义在方法体外的变量同名吗？

7. 构造函数的方法名可由编程人员任意命名吗？

8. 类的构造函数名必须和类名相同吗？

9. 构造函数有返回值吗？

10. 构造函数可以重载吗？

第6章 继承和多态机制

面向对象语言的三大特征是封装、继承和多态，通过本章的学习，读者应该达到以下目标：

学习目标	☑ 理解继承和多态的的原理； ☑ 用代码实现子类对父类的继承； ☑ 使用方法的覆盖和重载实现多态性； ☑ 实现子类和父类对象之间的类型转换。

6.1 继　承　性

继承性是一种机制，通过该机制，可以自动实现类之间方法和数据的共享，实现代码的复用。通过继承新产生的类称为子类，又称派生类；被继承的类称为父类，又称基类。父类包括所有直接或间接被继承的类。

一个类可以继承其父类的所有成员变量和方法，而且继承具有传递性，如果 A 继承 B，B 继承 C，则 A 间接地继承了 C。因此，一个类实际上继承了层次结构中在其上面的所有类的成员变量和方法。

当 A 继承 B 时，表明 A 类是 B 类的子类，而类 B 是类 A 的父类，类 A 可以由两部分组成，即从类 B 继承得到的部分和自身增加的部分。图 6-1 给出了类之间继承关系示意图。

当 A 类继承 B 类时，由继承性可知 A 具备 B 的全部特性，因此，只要是 B 类对象使用的地方，A 类对象也可以使用在该地方。此外，子类可能包含父类中没有的特性，因而比父类具有更多的特性。

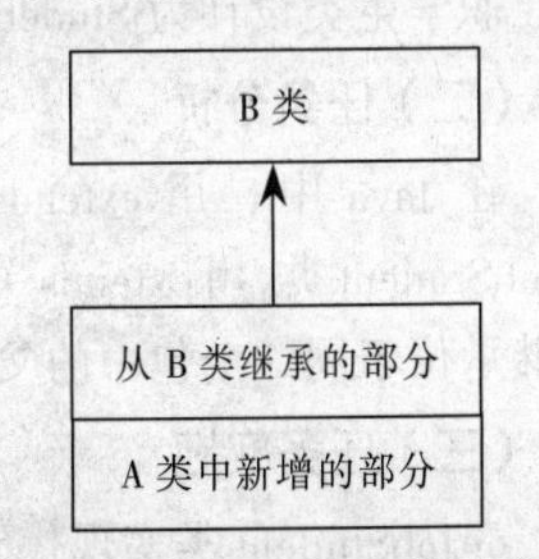

图 6-1　类 A 继承 B 的示意图

一个类可以有多个子类，也可以有多个父类，即直接继承多个类，通常称这种继承方式为多重继承。图 6-2（a）中的类层次关系反映的就是多重继承，因为学生党员类有两个父类：党员类和学生类。如果一个类至多只能直接继承一个类，也就是说，最多只能有一个直接父类，则称这种继承方式为单一继承或者简单继承，如图 6-2（b）中的类层次关系所示。

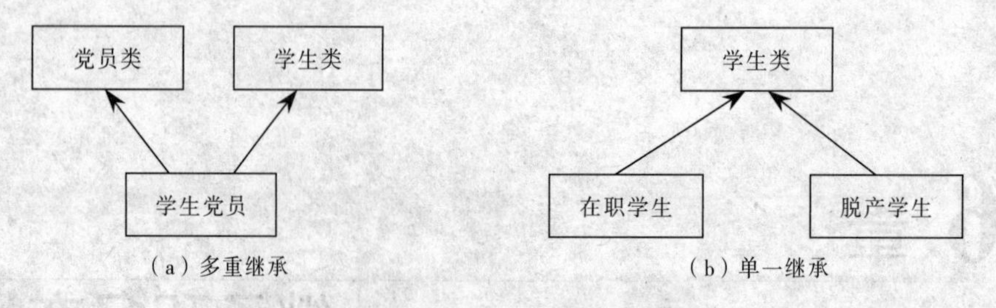

图 6-2　多重继承和单一继承示意图

值得注意的是，Java 中只支持类的单继承，不支持多重继承。但是可以通过接口实现多重继承的形式。

类之间的继承关系的存在，提高了系统的可重用性和可扩充性。子类继承父类的状态和行为，同时也可以修改从父类继承而来的行为和状态，并添加自己需要的行为和状态，这使得在实际系统的开发中可以迅速建立原型，提高效率，因此继承性具有十分重要的意义。

在设计继承关系时，涉及父类和子类，假设希望将 B 设计为 A 的子类，一个很好的经验是判断"B 是一个 A 吗？"，如果是则让 B 做 A 的子类。常犯的错误是判断"A 有一个 B 吗？"例如让汽车轮子成为汽车的子类是错误的，而小轿车成为汽车的子类则是正确的。子类与父类的关系是一般与特殊的关系，而非整体与部分的关系。

6.1.1　extends 关键字

【任务 6-1】　为 Student 类产生子类 onJobStudent

（一）任务描述

设某个学生类的定义及使用方法如下：

```
public class Student{
    String name;//姓名
    int No;//学号
    String Info(){
        return  "姓名: "+name+"     学号: "+No;
    }
}
```

另外，对于成人教育的在职工作人员，也是学生的一种，只是一类特殊的学生，现在希望将在职学生类设计为 Student 类的子类。

（二）任务分析

在 Java 中，用 extends 关键字来实现子类与父类的继承关系。可以先产生一个新的 onJobStudent 类，用 extends 关键字让 onJobStudent 类成为 Student 类的子类，那么子类 onJobStudent 将继承位于同一个包中的父类 Student 的非私有变量和方法。

（三）任务实施

onJobStudent 类实现代码如下：

```
public class onJobStudent extends Student{
}
```

为了说明子类 onJobStudent 将继承父类 Student 的变量和方法，可以编写测试类如下：

```
public class testOnJobStudent{
    public static void main(String[] args){
        onJobStudent li=new onJobStudent();
        li.name="李丽";
        li.No=20080101;
        System.out.println(li.Info());
    }
}
```

运行 testOnJobStudent 类，其输出为：

```
姓名: 李丽      学号: 20080101
```

可见，虽然在 onJobStudent 类中没有定义任何变量和方法，但是在 testOnJobStudent 类中的 main()方法中调用 li.name 是合法的，因为 li 是一个 onJobStudent 类的对象，而 onJobStudent 是 Student 类的子类，它继承了 Student 类的变量 name，所以可以访问。同理，li.No、li.Info()都是合法的。

6.1.2　子类对父类的扩展

【任务 6-2】　在 onJobStudent 类中增加自身的属性和方法

（一）任务描述

既然在职学生是一类特殊的学生，他们肯定有不同于普通学生类的特征。例如，在职学生一般都有单位，有职称。现在希望在任务 6-1 的基础上，在 onJobStudent 类中保存单位和职称的信息，并提供一个方法打印这些信息。已知 Student 类代码如下：

```
public class Student{
    String name;            //姓名
    int No;                 //学号
    String Info(){
        return  "姓名: "+name+"    学号: "+No;
    }
}
```

（二）任务分析

在职学生自身特有的变量和方法可以在子类 onJobStudent 类中声明，可以将单位和职称用两个变量来表示，放在 onJobStudent 类中，同时提供一个打印的方法。

（三）任务实施

```
public class onJobStudent  extends Student{
  String title ;            //职称
  String company;           //所在单位
  void  printWorkMsg ( ){
     System.out.println("职称:"+title+"       单位:"+company);
  }
}
```

为了使用在职学生类新增加的变量和方法，修改测试程序，代码如下：

```
public class testOnJobStudent{
    public static void main(String args[]){
```

```
        onJobStudent zhang=new  onJobStudent();
        zhang.name="张三";
        zhang.No=20081002;
        zhang.company="广州宝杰公司";
        zhang.title="工程师";
        System.out.println(zhang.Info());
        zhang. printWorkMsg ();
    }
}
```

该程序输出如下：

```
姓名: 张三      学号: 20081002
职称:工程师     单位:广州宝杰公司
```

在代码中，在职学生 zhang 是一个 onJobStudent 类的对象，他的变量 name 和 No 是从父类 Student 继承而来的，而变量 company 和 title 则是自身所在的类 onJobStudent 中声明的。类似地，zhang.Info( )是调用父类 Student 定义的方法，而方法 zhang. printWorkMsg()则是调用对象 zhang 本身所属类 onJobStudent 类所定义的方法。

Student 类和 onJobStudent 类的继承关系如图 6-3 所示。

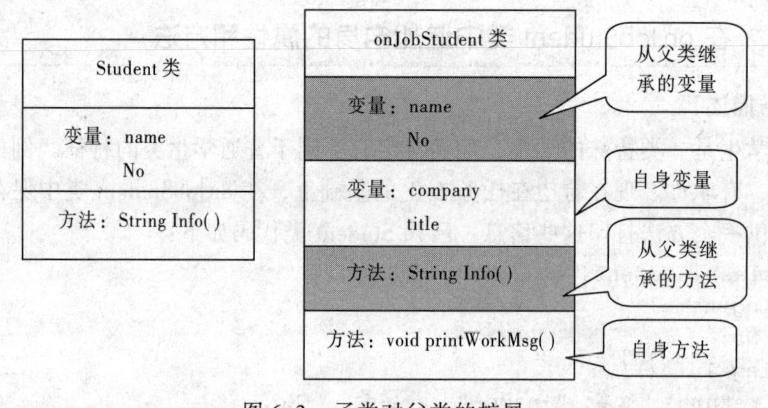

图 6-3　子类对父类的扩展

6.1.3　子类与父类属性同名：屏蔽

【任务 6-3】　在子类中定义与父类变量同名的变量

（一）任务描述

假设某个学校某个班的同学的通信地址都为学校，将 Student 类改进，加入一个 address 变量表示学生所在学校地址，并给出一个初始值为“广州精英学院”，代码如下：

```
public class Student{
    String name;                              //姓名
    int No;                                   //学号
    String address="广州精英学院";            //学校地址
    String Info(){
        return  "姓名: "+name+"      学号: "+No;
    }
}
```

如果设计 onJobStudent 类时，又定义了一个变量 address，为该学生的单位地址，并给出一个初始值为“广州工业大道1001号”。

```
//子类对父类同名变量的覆盖
public class onJobStudent extends Student{
    String company;                              //工作单位
    String title;                                //职称
    String address="广州工业大道1001号";          //单位地址
    void printAddress(){
        System.out.println("单位地址:"+address);
    }
}
```

假设有onJobStudent类的对象zhang时，如果访问对象zhang的address变量；代码如下所示，得到的结果是onJobStudent类自身定义的address还是从父类继承而来的address呢?

```
public class testStudent{
    public static void main(String[] args){
        onJobStudent zhang=new onJobStudent();
        zhang.printAddress();
    }
}
```

(二) 任务分析

在Java中，子类继承父类后，如果定义了与父类相同的成员变量，则在子类或子类对象被引用时，将使用子类定义的成员变量，而忽略父类定义的成员变量，即子类变量将屏蔽(shadow)父类同名变量。

所以testStudent类运行输出为:

```
单位地址:广州市工业大道1001号
```

(三) 扩展知识

如果要引用父类的address属性，使用super.address就可以了。

改进onJobStudent类的printAddress函数如下:

```
void printAddress(){
    System.out.println("单位地址:"+address);
    System.out.println("学校地址:"+super.address);
}
```

运行testStudent类，得到输出结果如下:

```
单位地址:广州工业大道1001号
学校地址:广州精英学院
```

6.1.4 子类与父类方法同名：覆盖

覆盖，这里是针对方法而言的。如果子类中定义方法所用的名字、返回类型和参数表和父类中方法使用的完全一样，称子类方法覆盖了父类中的方法，即子类中的成员方法将隐藏父类中的同名方法。利用方法覆盖，可以重定义父类中的方法。要注意的是，覆盖的同名方法中，子类方法不能比父类方法的访问权限更严格。例如，如果父类中方法 method()的访问权限（参考7.3）是public，子类中就不能含有private的method()，否则，会出现编译错误。

在子类中，若要使用父类中被隐藏的方法，可以使用super关键字。

正是利用方法的覆盖实现了多态性。这里举例进行说明。

【任务 6-4】 在子类中定义与父类方法同名的方法

（一）任务描述

假设在 onJobStudent 类中也定义一个 String Info( )方法，能够将所有信息都返回为一个字符串类型的参数，则实现代码如下：

```
public class Student{
    String name;            //姓名
    int No;                 //学号
    String Info(){
        return "姓名: "+name+"\t 学号: "+No;
    }
}
public class onJobStudent  extends Student{
     String title;    //职称
     String company;     //所在单位
     String  Info(){
           return "姓名: "+name+" \t 学号: "+No +
                   "\n 职称: "+title+"\t 单位: "+company;
     }
}
```

那么在使用 onJobStudent 类的对象 zhang 时，如果访问对象 zhang 的 Info 方法，得到的是 onJobStudent 类 Info 方法的输出还是从父类 Student 类继承而来的 Info 方法的输出呢?

```
public class testStudent{
    public static void main(String[] args){
        onJobStudent zhang=new onJobStudent();
        zhang.name="张三";
        zhang.No=20081002;
        zhang.company="广州宝杰公司";
        zhang.title="工程师";
        System.out.println(zhang.Info());
    }
}
```

（二）任务分析

在 Java 中，子类继承父类后，如果定义了与父类相同的成员方法，则在子类或子类对象的方法被引用时，将调用子类定义的成员方法，而忽略父类定义的成员方法，即子类方法将覆盖（override）父类同名方法。

所以 testStudent 类运行输出为：

```
姓名: 张三          学号: 20081002
职称: 工程师        单位: 广州宝杰公司
```

（三）知识拓展

可用 super 关键字，调用父类的 Info 方法。改进 onJobStudent 类的 String Info( )方法如下：

```
String  Info(){
      return super.Info()+
                    "\n 职称:"+title+"\t 单位:"+company;
```

}

输出结果与原来的 String Info()是一样的。

6.1.5　子类与父类构造函数之间的关系

在继承机制中，子类与父类关于构造函数的继承机制比较复杂，可以根据子类是否有构造函数、子类是否调用父类构造函数、父类是否只有带参数的构造函数 3 种情况来区别对待，可以用图 6-4 来表示。

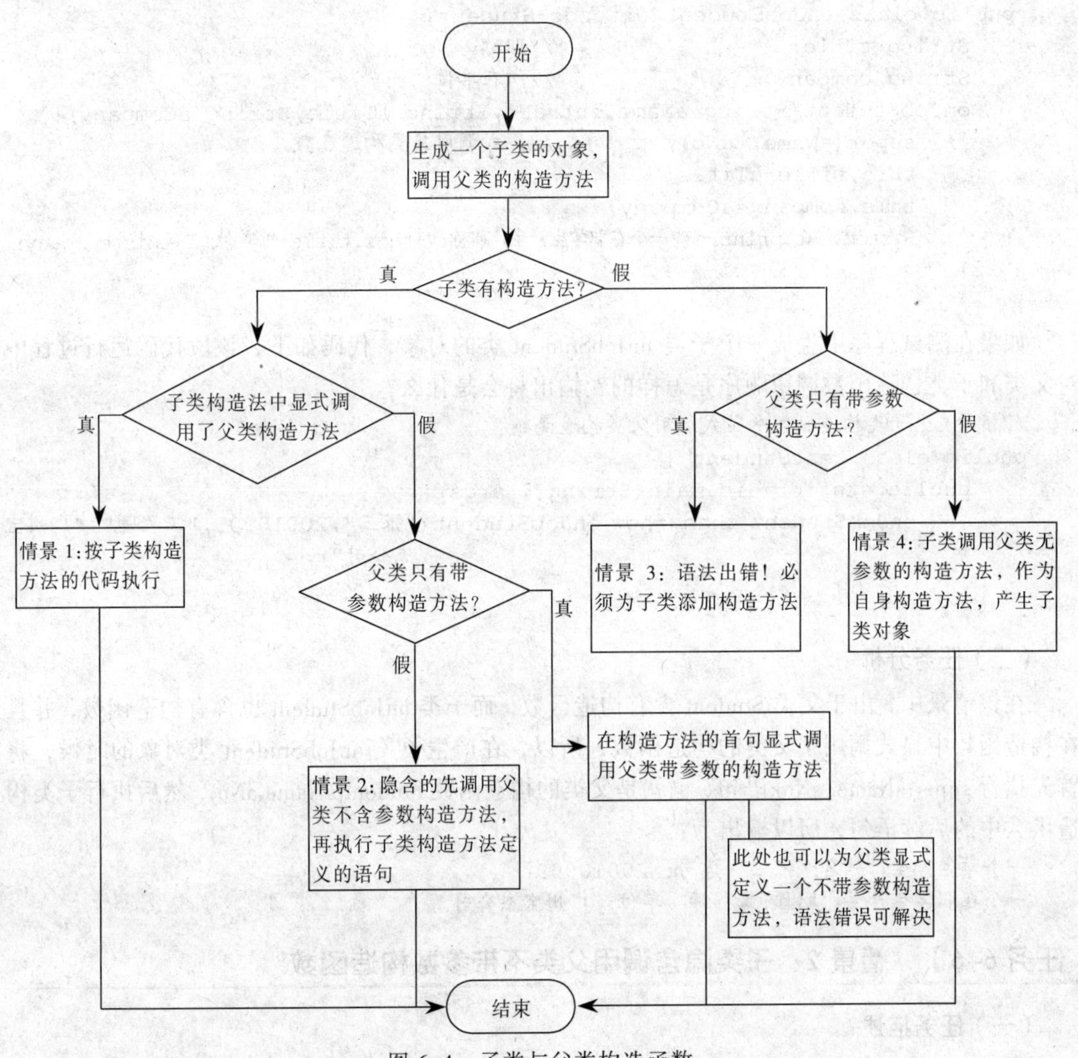

图 6-4　子类与父类构造函数

【任务 6-5】　情景 1：在子类构造函数中显式调用父类构造函数

（一）任务描述

现有一个包含构造函数的 Student 类，还有一个 Student 类的子类 onJobStudent（在职学生类），并在该类的构造函数中显式调用了父类的构造函数，代码如下：

```
public class Student{
    String name;                    //姓名
    int No;                         //学号
    Student(String aName,int aNo){
    name=aName;
    No=aNo;
    System.out.println("一个学生产生，姓名: "+this.name+"\t 学号: "+this.No);
    }
}
public class onJobStudent extends Student{
    String title;                   //职称
    String company;                 //所在单位
    onJobStudent(String aName,int aNo,String aTitle,String aCompany){
        super(aName, aNo);          //显式调用父类构造函数
        this.title=aTitle;
        this.company=aCompany;
        System.out.println("一个在职学生产生，职称:"+this.title+" 单位: "+this.company);
    }
}
```

如果在测试程序中生成一个子类 onJobStudent 类的对象，代码如下，该段代码运行过程中对父类和子类构造函数调用顺序是怎样的？输出将会是什么？

```
//情景 1: 子类构造函数中显式调用父类构造函数
public class testStudent {
    public static void main(String[] args){
        onJobStudent zhang=new onJobStudent("张三",20010909,"工程师","广州宝
                                            杰公司");
    }
}
```

（二）任务分析

在该情景中，由于父类 Student 含有构造函数，而子类 onJobStudent 也含有构造函数，并且在构造函数中显式调用了父类的构造函数，所以，在产生子类 onJobStudent 类对象的时候，将首先执行 super(aName, aNo);语句，也就是父类的构造函数 Student(aName,aNo)，然后执行子类构造函数中的后续语句，所以输出为：

```
一个学生产生，姓名: 张三   学号: 20010909
一个在职学生产生，职称:工程师   单位: 广州宝杰公司
```

【任务 6-6】 情景 2：子类隐含调用父类不带参数构造函数

（一）任务描述

现有一个父类 Student 包含一个无参数的构造函数，Student 的子类 onJobStudent 也包含一个无参数的构造函数，测试程序中产生了一个子类 onJobStudent 的对象，代码如下，请给出测试程序运行时的输出结果。

```
public class Student{
    String name;          //姓名
    int No;               //学号
        Student(){
```

```
            System.out.println("一个学生产生");
        }
}
public class onJobStudent extends Student{
    String title ;      //职称
    String company;     //所在单位
    onJobStudent(){
        System.out.println("一个在职学生产生");
    }
}
//情景 2: 子类隐含调用父类不带参数构造函数
public class testStudent {
    public static void main(String[] args){
        onJobStudent li=new onJobStudent();
    }
}
```

(二)任务分析

该情景中，子类有构造函数，父类也有构造函数，并且是无参数的构造函数，但是子类的构造函数中没有显式调用父类的构造函数，所以，根据 Java 的规则，在产生子类对象时，将在子类的构造函数中首先自动调用父类不带参数的构造函数，然后执行子类构造函数的语句。所以测试类 testStudent 运行输出为：

```
一个学生产生
一个在职学生产生
```

【任务 6-7】 情景 3：父类只有带参数构造函数，在子类的构造函数中必须显式调用

(一)任务描述

现有一个只有带参数构造函数的 Student 类和一个不带构造函数的子类 onJobStudent，在测试类 testStudent 中产生一个 onJobStudent 类对象，代码如下，请给出测试类 testStudent 的运行结果。

```
public class Student{
    String name;            //姓名
    int No;                 //学号
    Student(String aName,int aNo){
        name=aName;
        No=aNo;
        System.out.println("一个学生产生，姓名: "+this.name+"\t 学号: "+this.No);
    }
}
public class onJobStudent extends Student{
    String title ;          //职称
    String company;         //所在单位
}
//情景 3: 父类只有带参数构造函数，子类必须显式调用
public class testStudent {
    public static void main(String[] args) {
        onJobStudent li=new onJobStudent();
    }
}
```

（二）任务分析

这样的程序语法会有错误，因为父类 Student 只有带参数的构造函数，根据 Java 语法规定，子类应该在自身的构造方法中显式调用父类带参数的构造函数，而这里的子类 onJobStudent 却根本没有构造函数，更别提调用父类的构造函数，所以语法上就会有错误。

如果强行运行测试类程序 testStudent，会出现以下错误提示：

```
Exception in thread "main" java.lang.Error: 无法解析的编译问题:
    构造函数 onJobStudent ( ) 不可视
    at ch6.eg6_7.testStudent.main(testStudent.java:7)
```

改正的方法有两种：

【方法 1】先给子类 onJobStudent 添加一个构造函数，并且在构造函数的第一句话就调用父类带参数的构造函数。

改正 onJobStudent 类代码如下：

```
public class onJobStudent extends Student {
    String title;                //职称
    String company;              //所在单位
    onJobStudent(String aName,int aNo){
        super(aName,aNo);
    }
}
```

再修改测试程序 testStudent 中相应代码如下：

```
public class testStudent {
    public static void main(String[] args){
        onJobStudent li=new onJobStudent("王武",20080909);
    }
}
```

输出结果：

```
一个学生产生，姓名：王武   学号：20080909
```

【方法 2】为父类显式定义一个不带参数的构造函数，即使里面一句代码都不写也可以。

改正 Student 类代码如下：

```
public class Student{
    String name;                 //姓名
    int No;                      //学号
    Student(String aName,int aNo){
        name=aName;
        No=aNo;
        System.out.println("一个学生产生,姓名: "+this.name+"\t 学号: "+this.No);
    }
    Student(){
        System.out.println("一个学生产生");
    }
}
```

子类和测试程序不用改变，运行结果如下：

```
一个学生产生
```

请读者仔细分析这两种改正方法的区别，可以更好地理解构造函数的继承。

【任务 6-8】 情景 4：子类无构造函数，则生成子类对象将隐含调用父类无参构造函数

（一）任务描述

现有一个含无参数构造函数的 Student 类和一个不含构造函数的子类 onJobStudent，另有测试类 TestStudent 的 main( )方法中产生了一个子类的对象，代码如下：

```
public class Student{
    String name;            //姓名
    int No;                 //学号
    Student(){
        System.out.println("一个学生产生");
    }
}
public class onJobStudent extends Student{
     String title ;         //职称
     String company;        //所在单位
}
//情景 4: 子类无构造函数，隐含调用父类无参构造函数
public class testStudent {
    public static void main(String[] args) {
        onJobStudent li=new onJobStudent();
    }
}
```

请读者分析测试程序运行结果。

（二）任务分析

该情景中，子类没有构造函数，所以在产生子类对象时，就会自动调用父类的构造函数作为子类的构造函数来产生子类对象，测试程序运行结果如下：

```
一个学生产生
```

6.1.6　Java 的单继承结构和 Object 类

目前，已经了解了 Java 的继承技术，现在来思考一下 Java 继承的总体结构。Java 类的继承机制是一种单继承，如图 6-5 所示。

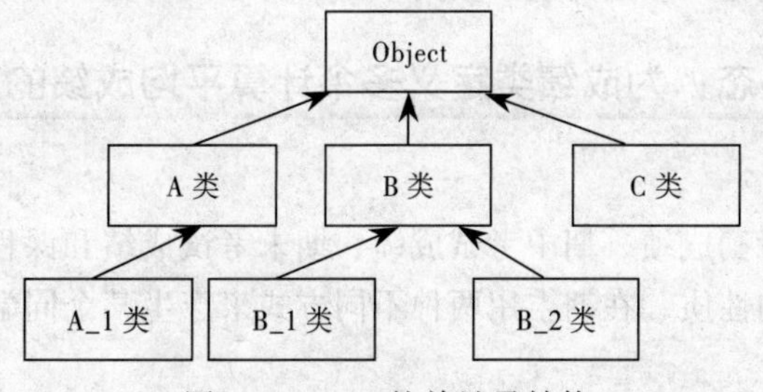

图 6-5　Java 的单继承结构

Java 中每个类最多只能有一个父类，当在定义类时如果没有声明父类，则默认为继承 Object 类。Object 是 Java 中的超级类，即唯一没有父类的类。

继承关系具有传递性，图 6-5 中，B_1 类将具有从 Object 类和 B 类继承下来的属性和方法以及自己新增的方法。

6.1.7 this 和 super

在类的继承中，关键字 this 和 super 经常被用到，this 表示的是当前对象本身或者说是当前对象的一个引用。

如 A 类派生出子类 B，那么 A 类是 B 类的直接父类。super 表示当前对象的直接父类对象，是当前对象直接父类的引用。

如果方法体内部定义的变量与成员变量名字相同或方法的入口参数与成员变量名相同，可以用"this.成员变量"来表示该类中某成员变量。

如下面的代码段表示可以用 this 区分形式参数 r、g、b 与 TestColor 类的成员变量 r、g、b：

```
class TestColor{
    int r,g,b;
    TestColor(int r,int g,int b){
       this.r=r;
       this.g=g;
       this.b=b;
    }
}
```

表达式"this.r=r"中左边的 r 代表 TestColor 类的成员变量 r，而右边的 r 代表从 TestColor(int r,int g,int b)函数头传进来的第一个实际参数 r。

6.2 多 态 性

多态性是面向对象程序设计的重要特征之一，它与封装性和继承性构成面向对象程序设计的三大特征。"多态"按字面的意思就是"一个名字，多种形态"。具体表现在两个方面：静态多态性和动态多态性，下面将通过两个任务详细介绍。

6.2.1 静态多态

如果需要在同一类中写多个同名的方法，让它们对不同的变量进行同样的操作，就需要重载方法名。例如，多个构造函数可以同时存在，就是一种方法重载的技术。任务 5-4 中的多个构造方法名称相同，但是输入参数列表不相同，所以可以同时在一个类中存在。

【任务 6-9】 静态多态：为成绩类定义多个计算平均成绩的方法

（一）任务描述

课程的成绩由平时考勤成绩、期中考试成绩、期末考试成绩和课程设计成绩等项目组成。老师可以根据课程的不同性质，在期末用两种不同方式来产生某个同学的课程学期成绩，如下所示：

课程学期成绩=0.2×平时考勤成绩+0.3×期中考试成绩+0.5×期末考试成绩

课程学期成绩=0.5×课程设计成绩+0.5×期末考试成绩

请设计一个成绩类 Score 来完成该任务。

（二）任务分析

可以用多态的技术来实现该任务。

设计一个 Score 类，包含的变量有：checkOnScore、midTermScore、finalTermScore、designScore，都为 double 类型，分别代表平时考勤成绩、期中考试成绩、期末考试成绩和课程设计成绩。

包含的方法有：

- 带所有参数的构造函数；
- double getResult(double checkOnScore,double midTermScore,double finalTermScore)；
- double getResult(double designScore,double finalTermScore)。

这两个方法虽然名称相同，都为 getResult，但是它们的输入参数列表不相同，所以可以在同一个类中存在。在类的对象调用它们的时候，也可以根据输入参数列表来区分到底是调用哪个方法。

在测试程序中，可以先生成一个 Score 类的对象 s1，在构造函数中将几种成绩都赋值完毕后，调用 s1 的两种 getResult 方法分别计算期末成绩。

（三）任务实施

```
public class Score{
    //示例：包含两个重载方法的类
    int checkOnScore;            //平时考勤成绩
    int midTermScore;            //期中考试成绩
    int finalTermScore;          //期末考试成绩
    int designScore;             //课程设计成绩
    public Score(int checkOnScore,int midTermScore,int finalTermScore,
            int designScore){
        super();
        this.checkOnScore=checkOnScore;
        this.midTermScore=midTermScore;
        this.finalTermScore=finalTermScore;
        this.designScore=designScore;
    }
    //cPower、mPower、fPower 分别为平时考勤、期中考试、期末考试成绩所占比重
    double getResult(double cPower,double mPower,double fPower){
        return cPower*checkOnScore+mPower*midTermScore+fPower*
              finalTermScore;
    }
    //dPower.fPower 分别为课程设计、期末考试成绩比重
    double getResult(double dPower,double fPower){
        return dPower*designScore+fPower*finalTermScore;
    }
}
public class TestScore{
    //演示调用对象的重载方法
    public static void main(String[] args){
        Score s1=new Score(60,70,80,90);  //生成一个成绩类对象
        System.out.println("第一种计算方法: "+s1.getResult(0.5,0.5));
        System.out.println("第二种计算方法: "+s1.getResult(0.2,0.3,0.5));
    }
}
```

运行 TestScore 类的 main( )方法输出为：

```
第一种计算方法: 85.0
```

```
第二种计算方法: 73.0
```

任务 6-9 说明了方法重载的使用，在同一类 Score 中写了两个同名的方法 getResult，这两个方法根据输入的变量个数来区分。在使用方法重载时也可以根据输入变量的类型不同来区分。

6.2.2 动态多态

对象之间需要进行交互，这种交互是通过消息（即方法调用）来实现的。一个对象能够接收不同形式、不同内容的多个消息，相同形式的消息也可以发送给不同的对象：不同对象对形式相同的消息可以有不同的解释，做出不同的响应。Java 中把这种消息相同、而在运行时表现出不同形态的现象称为“运行时多态”，也称动态多态性。

多态是面向对象编程中一个非常重要的概念，在程序中利用多态技术，能使代码组织和可读性都得到改善。要利用多态性技术编程的基本前提为：

（1）要存在一个继承层次结构（父类也可由接口或抽象类代替）。

（2）要通过父类引用访问子类对象。

简而言之，“动态多态”即允许将子对象赋值给父对象，赋值之后，父对象就可以根据当前赋值给它的子对象的特性以不同的方式运作。

【任务 6-10】 通过父类引用指向不同子类对象实现“动态多态”

（一）任务描述

假设有学生类 Student 及 Student 类的两个子类：在职学生类 OnJobStudent 和全日制学生类 FullTimeStudent 定义如下：

```
 public class Student{
    String name;            //姓名
    int No;                 //学号
    Student(String aName,int aNo){
        name=aName;
        No=aNo;
    }
    void study(){
    }
}
public class OnJobStudent extends Student{
//在职学生
    OnJobStudent(String aName,int aNo){
        super(aName,aNo);
    }
    void study(){
        System.out.println(this.name+"每周末学习 10 小时，每个学期学习 20 周");
    }
}
public class FullTimeStudent extends Student{
//全日制学生
    public FullTimeStudent(String aName,int aNo){
        super(aName,aNo);
    }
    void study(){
```

```
        System.out.println(this.name+"工作日学习 20 学时，每个学期学习 20 周");
    }
}
```

现在希望将在职学生类和全日制学生类都放在一个数组中保存，然后用一个循环来调用这两个类的所有对象 study()方法，打印出所有学生的学期情况。

（二）任务分析

这里可以用到运行时多态的技术。首先，声明一个 Student 类的数组，每个数组元素都声明为 Student 类的对象，然后，再次将每个数组元素初始化为在职学生或全日制学生。

在循环中，调用每个元素的 study()方法，Java 编译器将根据每个数组元素实际指向的对象决定调用哪一个子类（FullTimeStudent 还是 OnJobStudent）的 study()方法。

（三）任务实施

```
//父类对象指向不同子类对象实现运行时多态
public class test{
    public static void main(String[] args){

        Student[] s=new Student[5];
        s[0]=new OnJobStudent("jack",001);
        s[1]=new OnJobStudent("tom",002);
        s[2]=new FullTimeStudent("张三",003);
        s[3]=new FullTimeStudent("李四",004);
        s[4]=new FullTimeStudent("王五",005);
        for(int i=0;i<5;i++){
            s[i].study();
        }
    }

}
```

输出结果为：

```
Jack 每周末学习 10 小时，每个学期学习 20 周
tom 每周末学习 10 小时，每个学期学习 20 周
张三工作日学习 20 小时，每个学期学习 20 周
李四工作日学习 20 小时，每个学期学习 20 周
王五工作日学习 20 小时，每个学期学习 20 周
```

这说明：虽然方法调用的形式一样，都是 s[i].study( );，但是实际调用的是不同子类对象的 study()方法。

6.3 类型转换

类和类之间的类型转换只能用在父类和子类之间，不能用在兄弟类之间，更不能用在根本不相关的两个类之间。这样当在类之间转换时，才不会迷失方向。

类型转换的规则是：子类向父类转换时，属于自动类型转换；而父类要转换成子类时，就必须要使用强制类型转换了。强制类型转换的语法与一般基本数据类型转换的语法一样，用小括号运算符配合转换操作。

【任务 6-11】 父类与子类对象之间的转换

（一）任务描述

有如下两个类：

```
public class Animal{
    String name;
    int age;
}
public class Fish extends Animal{
    public void swim(){
        System.out.println("swim");
    }
}
```

要怎样实现这两个类之间的相互转换？

（二）任务分析

如果要实现子类对象到父类对象的转换，先要回答一个问题：鱼是一种动物吗？当然，毫无疑问，所以子类对象转换成父类对象为自然转换。而要实现父类对象到子类对象的转换，则相当于问：动物一定是鱼吗？答案是不一定。所以，父类对象到子类对象转换时需要强制转换，前面要加上(Fish)修饰才行。

（三）任务实施

在下面的测试程序中，定义了父类 Animal 和子类 Fish 对象若干，它们的转换可以由下面代码实现。

```
public class test {
    public static void main(String[] args){
        Animal a1=new Animal();
        Fish f1=new Fish();
        Fish f2=new Fish();
        //子类到父类的转换：自然转换，显式和隐式都可以
        a1=(Animal)f1;        //显式转换
        a1=f1;                //隐式转换
        //父类到子类的转换：强制转换，一定要显式转换
        f2=(Fish)a1;
        //f2=a1;//语法错误提示：不能从 Animal 转换成 Fish
    }
}
```

（四）任务拓展

如果在任务 6-11 的基础上再增加一个类 Bird 作为 Animal 的子类，那么 Bird 类可以看做是 Fish 类的兄弟类，那么兄弟类的对象之间是否可以相互转换呢？

```
public class Bird extends Animal{
    public void fly(){
        System.out.println("fly");
    }
}
```

有测试程序如下，经过代码验证，Java 的兄弟类对象是不能相互转换的。

```
//兄弟类不能相互转换
public class test1{
    public static void main(String[] args){
        Bird b1=new Bird();
        Fish f1=new Fish();
        Animal a1=new Animal();
        //直接转换显然不行
        //b1=(Bird)f1;    //错误提示：不能从Fish强制转换为Bird
        //f1=(Fish)b1;    //错误提示：不能从Bird强制转换为Fish
        //通过父类Animal转换，语法可通过，运行出错！
        a1=b1;
        f1=(Fish)a1;
    }
}
```

运行 test1 的 main()方法，将出现以下错误提示：

```
Exception in thread "main" java.lang.ClassCastException:
ch6.eg6_10.Bird
    at ch6.eg6_10.test1.main(test1.java:14)
```

即提示类型转换出现异常。因为不论以怎样的方式在程序中转换，Java 编译器最终会发现对象 f1 和 b1 是兄弟类的对象，它们是不能相互转换的。

6.4 综合实训

实训 1：类的多层继承

（1）设计一个 Point 类，包含横坐标 x 和纵坐标 y。

（2）设计一个 Circle 类，继承 Point 类，并添加 int 类型的变量 radius（半径），求面积方法 double area( )和求周长方法 double perimeter( )。

（3）设计一个 Cylindar 类，继承 Circle 类，并添加 int 类型的变量 height（高度），求体积方法 double volumn( )。

（4）编写测试程序 test 类，实现下列功能：

① 在 main( )方法中生成两个点 p1(3,4)和 p2(5,6)。

② 生成一个圆 c1，圆心在(0,0)，半径为 3，计算并输出圆 c1 的面积和周长。

③ 生成一个圆柱 cy1，底面的圆心在(0,0)，半径为 3，高度为 4，计算并输出圆柱 cy1 的体积。

实训 2：类的重载与多态性

（1）设计一个雇员类 Employee，该雇员类有两种计算工资的方法。

（2）第一种：正常工作时间为 80 元/天，加班工作时间为 100 元/天。

（3）第二种：正常工作时间为 100 元/天，加班工作时间为 0 元/天。

（4）某个月，有个雇员正常工作 22 天，加班工作 6 天，请读者帮他计算出两种工资的结果，并输出较大的工资。

实训 3：覆盖与多态

（1）设计一个圆柱体 Cylinder 类继承 Circle 类，添加 int 类型变量 height（圆柱体高）并覆盖 Circle 类的求面积 double area( )方法。

（2）设计一个球体 Sphere 类继承 Circle 类，并覆盖 Circle 类的求面积 double area( )方法。

（3）在测试类的 main( )方法中，生成两个对象，分别为一个圆柱体 cy1 和一个球 sp1，并分别初始化、计算并输出这两个对象的面积。

小　　结

封装、继承、多态是面向对象编程的三大特征。本章介绍了继承和多态的原理及 Java 的实现方法，通过若干个任务演示了通过父类产生子类、子类对父类的扩展、子类同名的方法和变量屏蔽父类的方法和变量等继承方面的原理，另外，还通过 3 个任务讲解了静态多态和动态多态的实现方法。

思考与练习

一、选择题

1. Java 语言的类间的继承关系是（　　）。

A. 多重的　　B. 单重的　　C. 线程的　　D. 不能继承

2. 下面是有关子类继承父类构造函数的描述，其中正确的是（　　）。

A. 如果子类没有定义构造函数，则子类无构造函数

B. 子类构造函数必须通过 super 关键字调用父类的构造函数

C. 子类必须通过 this 关键字调用父类的构造函数

D. 子类无法继承父类的构造函数

3. 现有两个类 A、B，以下描述中表示 B 继承自 A 的是（　　）。

A. class A extends B　　B. class B implements A

C. class A implements B　　D. class B extends A

4. 下列说法正确的是（　　）。（选两项）

A. Java 语言只允许单一继承

B. Java 语言只允许实现一个接口

C. Java 语言不允许同时继承一个类并实现一个接口

D. Java 语言的单一继承使得代码更加可靠

二、填空题

1. 子类可以继承父类的________成员。构造函数也能被继承和重载。

2. 如果子类中的某个变量的变量名与它的父类中的某个变量完全一样，则称子类中的这个变量________了父类的同名变量。

3. 属性的隐藏是指子类重新定义从父类继承来的________。

4. 如果子类中的某个方法的名字、返回值类型和________与它的父类中的某个方法完全一样，则称子类中的这个方法覆盖了父类的同名方法。

5. 抽象、封装、________和多态是Java语言的四大特性。

6. Java仅支持类间的________重继承。

7. Java中所有类都是类________的子类。

8. 父类的成员在子类中的访问权限由________决定。

9. 对象的使用包括引用对象的成员变量和方法。通过________运算符就能实现对对象成员变量的访问和对象

10. Java是面向对象语言，对象是客观事物的________，对象与之是一一对应的，它是很具体的概念。

三、简答题

1. 有A类、B类和测试类testAB分别如下定义：

```
public class A{
    A(){
        System.out.println("a");
    }
}
public class B extends A{
}
public class testAB {
    public static void main(String args[]){
        B b1=new B();
    }
}
```

请问testAB类的输出是什么？这说明什么问题？

2. 子类的成员变量能与其父类的成员变量同名吗？

3. 什么是方法覆盖？

4. 一个子类可以重新定义从父类那里继承来的同名方法。但是，允许它们有不同类型的返回值吗？

5. 保留字this代表什么？

第7章 抽象方法和抽象类、接口和包

Java 实现多继承的方式是接口。另外，为了达到更好的封装效果，Java 引入了包的概念。读者在学习本章内容后，应该达到以下目标：

学习目标	☑ 了解抽象方法和抽象类的原理，并用抽象类实现子类对父类的继承； ☑ 了解接口的原理，并用接口和继承性实现多继承； ☑ 了解包的原理和访问控制权限的使用，更好地理解封装性。

7.1 抽象方法和抽象类

7.1.1 抽象类

Java 中提供了一种特殊的机制，能让继承的子类一定要覆盖某个特殊的方法才能创建实例运行，这种机制就是抽象方法和抽象类。

在一个类中，可以在某个方法前加上关键字 abstract 将其指定为抽象方法；而一个抽象的方法不需要编写方法的内容，也就是说，当方法声明完后，就直接以分号“;”来结束，不用加上左右大括号。这一点要非常注意，因为加上了大括号，即使其中没有任何程序代码，它还是完成了方法的实现。抽象类的定义如下：

```
abstract class  类名称
{
    成员变量;
    方法(){                    //定义一般方法
       方法体
};
    abstract  方法();         //定义抽象方法
```

抽象类有 3 个最重要的特点：

（1）抽象类体中，可以包含抽象方法，也可以不包含抽象方法。但包含抽象方法的类必须要声明为抽象类。

（2）抽象类不能被实例化，即使抽象类中没有抽象方法，也不能被实例化。

（3）抽象类的子类只有在覆盖父类的每一个抽象方法后，才能创建子类对象。否则，子类也必须声明为抽象类，也不能被实例化。

抽象类不能生成实例对象。原因很简单，因为抽象类包含了未实现的抽象方法。如果可以生成对象，当调用该对象的抽象方法时却没有方法体，无法实现。抽象方法实现的工作由继承这个抽象类的子类来完成。

【任务 7-1】　用抽象类实现多个形状求面积

（一）任务描述

对任意封闭的二维形状都可以求面积，但矩形、圆形和三角形求面积的方法各不相同。如果将二维形状作为一个 Shape 类，那么矩形 Rectangle、圆形 Circle 和三角形 Triangle 都可以作为 Shape 类的子类。而 Shape 类是可以求面积的，所以它的子类矩形、圆形和三角形都可以求面积，但是三个子类求面积的方法却各不相同，所以怎样编写代码描述 Shape 类和 3 个子类的这种关系？

（二）任务分析

可以先定义一个 Shape 类为抽象类，在该类中定义一个抽象方法 double area()，该方法没有方法体。

再定义 Shape 类的 3 个子类：Circle 类、Triangle 类和 Rectangle 类。

这 3 个子类都必须根据自身求面积的特点来实现父类 Shape 类中定义的抽象方法 double area()。示意图如图 7-1 所示。

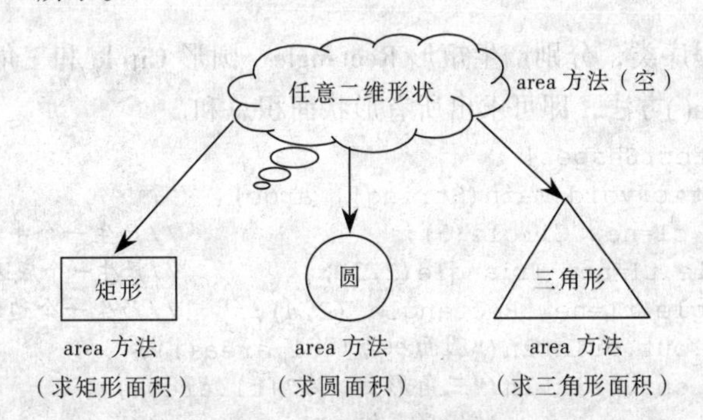

图 7-1　抽象类示意图

（三）任务实施

先定义一个抽象类 Shape，中间包含一个抽象方法 area()：

```
public abstract class Shape{
    public abstract double area();          //求面积的抽象方法
}
```

接下来，就可以定义二维形状 Shape 类的子类 Circle 类（圆）、Triangle 类（三角形）和 Rectangle 类（矩形）。

```
public class Circle extends Shape{
    int r;                                  //半径
    Circle(int aR){
        this.r=aR;
    }
```

```
    //覆盖父类的抽象方法
        public double area(){
            return 3.14*r*r;
        }
    }
    public class Rectangle extends Shape{
        int x,y;                        //矩形的底边和高
        Rectangle(int a,int b){
            this.x=a;
            this.y=b;
        }
        public double area(){
            return x*y;
        }
    }
    public class Triangle  extends Shape{
        int s,h;                        //三角形的底边和高
        Triangle(int a,int b){
            this.s=a;
            this.h=b;
        }
        public double area(){
            return 0.5*s*h;
        }
    }
```

再编写一个测试程序类，分别产生矩形 Rectangle、圆形 Circle 和三角形 Triangle 三个类的对象，调用它们的 area( )方法，即可求出所有形状面积总和。

```
public class testShapes{
    public static void main(String[] args){
        Circle c1=new Circle(5);                //产生一个半径为 5 的圆
        Triangle t1=new Triangle(2,3);          //产生一个底边长为 2、高为 3 的三角形
        Rectangle r1=new Rectangle (2,4);       //产生一个边长为 2 和 4 的矩形
        System.out.println("圆面积为"+c1.area());
        System.out.println("三角形面积为"+t1.area());
        System.out.println("矩形面积为"+r1.area());
        double totalArea=c1.area()+t1.area()+r1.area();
        System.out.println("总面积为"+totalArea);.
    }
}
```

testShapes 类运行结果为：

```
圆面积为 78.5
三角形面积为 3.0
矩形面积为 8.0
总面积为 89.5
```

通过任务 7-1 定义了一个包含抽象方法 area 的抽象类 Shape，并定义了该抽象类的 3 个子类，这 3 个子类分别覆盖了父类的抽象方法 area( )，所以在调用 3 个子类对象的 area( )方法时，它们的执行代码是不相同的。

7.1.2　用抽象类实现运行时多态

抽象类提供了方法声明与方法实现相分离的机制，使各子类表现出共同的行为模式。抽象方法在不同的子类中表现出多态性。

【任务 7-2】　用数组存储各种形状并求面积

（一）任务描述

假设有若干个二维形状，这些形状可能为圆形、矩形、三角形，现在希望计算它们的总面积，直截了当的做法是将它们分别放到这 3 个类对应的对象中，再依次累加，但这种做法是不漂亮的，如果还有其他形状，例如正方形、椭圆等，上述方法显得“累赘”，此时希望有一种统一的表示，例如用一个数组 shape[ ]，接受所有的形状，然后用下列语句：

```
for (i=0;i<shape.length;i++)
area_total+=shape[i].area();
```

就可以求出所有二维形状的面积和。

（二）任务分析

通过父类和子类关系的转变，目前已经知道可以先声明一个 Shape 类的对象 s1，再将该对象 s1 初始化成为 Shape 类的子类的一个对象，如下所示：

```
Shape s1;
s1=new Circle(3);
```

所以，可以先声明一个 Shape 类的数组 Shape[ ] shapes，再将数组 shapes 的元素逐个初始化成为 Shape 类的每个子类的对象，例如：shapes[0]=new Circle(3);。

（三）任务实施

例如，用一个数组来实现求两个圆、一个矩形和两个三角形面积，代码如下：

```
public class testShapes1{
    public static void main(String args[]){
        Shape[] shapes=new Shape[5];
        shapes[0]=new Circle(1);
        shapes[1]=new Circle(2);
        shapes[2]=new Rectangle(2,3);
        shapes[3]=new Triangle(3,5);
        shapes[4]=new Triangle(6,5);
        double totalArea=0;
        for(int i=0;i<=4;i++){
        totalArea=totalArea+shapes[i].area();
        System.out.println("第"+i+"个形状面积为"+shapes[i].area());
        }
    System.out.println("面积总和为"+totalArea);
    }
}
```

testShapes1 类的 main()方法运行输出为：

```
第 0 个形状面积为 3.14
第 1 个形状面积为 12.56
第 2 个形状面积为 6.0
第 3 个形状面积为 7.5
第 4 个形状面积为 15.0
```

```
面积总和为 44.2
```

任务 7-2 说明了数组与抽象类的结合使用，非常有代表意义，读者可以通过该任务更好地理解 Java 中为什么要提供抽象类的机制。

7.2 接 口

Java 中类的定义并不支持多重继承，但它可以通过接口机制实现多重继承的功能。一个类可以实现多个接口，使得接口提供了比多重继承更简单但更强大的功能。

7.2.1 接口的定义

接口是方法定义和常量值的集合，只包含常量和方法的定义，没有变量和方法的实现。

接口定义格式如下：

```
[public] interface 接口名 [extends 父类名]
{
      （常量）成员变量表
      （抽象）成员方法表
}
```

说明如下：

（1）在上面的接口声明中，public 表明任意类都可以使用该接口，如果没有 public 限定词修饰，就只有与该接口定义在同一个包中的类才可以访问该接口。

（2）extends 子句表示该接口有父接口，与类 extends 子句不同的是，一个类只能有一个父类，而一个接口可以有多个父接口，父接口之间用逗号隔开。一个接口将继承父接口中声明的常量和抽象方法。接口与类不同，接口没有最高层。

（3）在接口中定义的常量可以被多个类共享，具有 public、final 和 static 的属性，也就是任意类可以访问该常量，final 表示这是一个常量。public、final 和 static 都可以省略。

（4）在接口中声明的方法具有 public 和 abstract 属性。修饰方法的 public 和 abstract 关键字可省略。

7.2.2 接口的使用

接口中声明了常量和抽象方法，接口中的抽象方法需要实现接口的类来实现。

类实现接口时应该使用 implements 子句，一个类实现某接口声明形式如下：

```
[修饰符] class 类名 [extens 父类名] implements 接口名表
{
   类体
}
```

说明如下：

（1）一个类可以实现多个接口，各个接口名之间用逗号分隔。

（2）在类体中可以使用接口中定义的常量，但是必须实现接口中定义的所有方法。

（3）在实现抽象方法时，需要指定 public 权限，否则会产生访问权限错误。

（4）当实现接口的类中不需要接口中的某一个抽象方法时，通常用返回默认值为 0 的语句或空方法体来实现它。

【任务 7-3】　定义和使用一个兼职工作的接口

（一）任务描述

某班级有一部分同学利用周末做兼职，他们同时具备学生和工作人员的特点。现在希望写一个类来描述做兼职工作的学生。

（二）任务分析

可以定义一个“学生类”，表示普通学生，再定义一个“兼职工作”接口，然后定义一个“兼职学生类”，该类继承“学生类”，同时实现“兼职工作”接口。

（三）任务实施

实现“学生类”如下：

```
public class Student {
    int no;
    int grade;
    void exam(){
        grade=(int)(Math.random()*100);
    }
    int qeury(){
        return grade;
    }
}
```

定义“兼职工作”接口如下：

```
public interface PartTimeJob{
    int salaryPerDay=50;
    int getSalary(int x);
}
```

定义“兼职学生类”如下：

```
public class PtStudent extends Student implements PartTimeJob{
    static int count=0;
    public PtStudent(){
        count++;
    }
    public int getSalary(int x){
        return salaryPerDay*x;
    }
}
```

在测试类的 main( )方法中使用“兼职学生类”如下：

```
public class Test{
    public static void main(String[] args){
        PtStudent  s1=new PtStudent();
        s1.no=001;
        System.out.println("s1 的工资:"+s1.getSalary(10));
        s1.exam();
        System.out.println("s1 考试得分:"+s1.qeury());
        PtStudent s2=new PtStudent();
        s2.no=002;
```

```
            System.out.println("s2 的工资:"+s2.getSalary(5));
            s2.exam();
            System.out.println("s2 考试得分:"+s2.qeury());
            System.out.println("考试人数"+PtStudent.count);
        }
    }
```

输出结果为：

```
s1 的工资: 500
s1 考试得分: 49
s2 的工资: 250
s2 考试得分: 59
考试人数 2
```

在测试类中，定义了两个兼职学生，分别为 s1 和 s2，他们分别做了 10 天和 5 天的兼职工作，考试得分分别为 49 分和 59 分。

7.2.3 接口和抽象类的比较

接口与抽象类有很多相似之处，它们的相同点如下：

（1）都包含抽象方法，声明多个类公用方法的返回值和输入参数列表。

（2）都不能被实例化。

（3）都是引用数据类型，可以声明抽象类及接口变量，并将子类的对象赋值给抽象类变量，或将实现接口的类的变量赋值给接口变量。（参考任务 7-3）

接口与抽象类的不同点如下：

（1）一个类只可以继承一个抽象类，是单继承，而一个类可以实现多个接口，具有多继承的特点。接口本身也可以继承多个父接口。

（2）抽象类及成员都具有与普通类一样的访问权限，而接口的访问权限有 public 和默认权限，接口成员的访问权限都是 public。

（3）抽象类中可以声明变量，而接口中只能声明常量。

（4）抽象类中可以声明抽象方法、普通成员方法及构造函数，而接口中只能声明抽象方法。

7.3 包

7.3.1 包的创建和使用

当一个软件项目非常大，文件名可能会有重名的现象，为解决重名的问题，Java 用包的机制来管理文件。

创建一个包非常简单，仅需在 Java 源文件最开始的语句之前，包含一条 package 语句。包的定义格式如下：

```
package pk1[pk2.[pk3…]];
```

关键字 package 之后的 pk1 是包的名称。在 pk1 包之下允许有次一级的子包 pk2，pk2 之下允许有更次一级的子包 pk3，它们之间用圆点运算符（.）隔开。

包是分层次管理的，包的名称与目录名称相同。包内的 Java 源程序也分层次地存放在不同目录下。例如，pk1 包的程序文件存放在 pk1 子目录中，pk1.pk2 包的内容存放在 pk1/pk2 子目录中，pk1.pk2.pk3 包的内容存放在 pk1/pk2/pk3 子目录中。

在 Java 程序中需要使用某些包中的类或接口，仅需在程序文件的最开头写一行 import 语句，指出要引入哪个包的哪些类。

【任务 7-4】　引用其他包中的类

（一）任务描述

目前，所有源文件都放在同一个包中，如果源文件放在不同包中，怎么引用包中的类呢？例如，图 7-2 中的 test.java 希望使用 B 包中的 x1.java 和 x2.java，有几种方法可以实现呢？

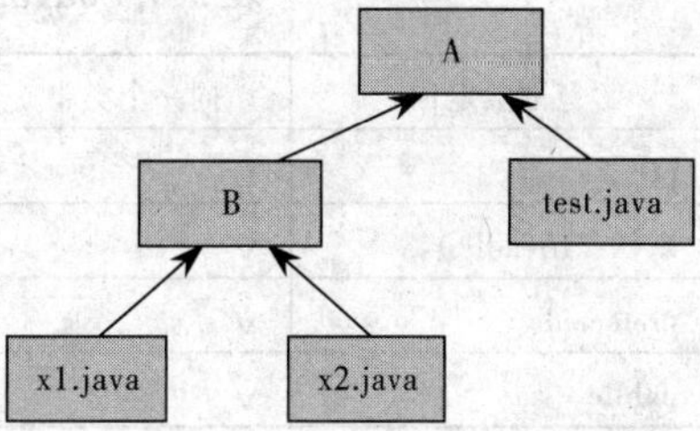

A
B
test.java
x1.java
x2.java

图 7-2　程序存放位置

```
package A.B;
public class X1{
    public void show(){
        System.out.println("This class is
                                a x1");
    }
}
package A.B;
public class X2{
    public void show(){
        System.out.println("This class is a x2");
    }
}
```

（二）任务分析

有两种方法可以实现：

（1）将 x1.java 和 x2.java 文件所在的包引入，即在 test.java 前面加上一句：import A.B.*;

（2）每次使用 x1 和 x2 类的时候都使用全称，例如 A.B.x1 aObject= new A.B.x1( );，但是这种方式在类名频繁出现的情况下不太方便，所以一般不提倡使用。

（三）任务实施

方法 1 的实现如下：

```
package A;
import A.B.*;
public class test{
    public static void main(String args[]){
        x1 aa=new x1();
        aa.show();
        x2 bb=new x2();
        bb.show();
    }
}
```

7.3.2　类及类成员的访问权限

类是 Java 抽象的最小单位，Java 将类的成员变量和成员方法可见性划分为 4 种情况：仅在

本类内可见、在本类的子类可见、在同一包内可见、在所有包内可见。类的成员可见性即可访问性，是用以下 4 个修饰符说明的：public、protected、private 和默认（friendly）。

（1）被声明为 private 的类成员仅能在本类内被访问。

（2）被声明为 protected 的类成员可以在本类、本类的子类及在本包内被访问。

（3）被声明为 public 的类成员在整个 Java 世界内被访问，即能在各个包内被访问。

（4）定义类的成员时未用修饰符，也就是等同于用 friendly 修饰符，则隐含为在当前类及其子类内可被访问。

表 7-1 对 Java 中类方法和类变量的权限限定词的作用范围进行了总结。

表 7-1 Java 中类方法和类变量权限限定词的作用范围

范围限定词	同一个类中	同一个包中	不同包中的子类	不同包中的非子类
private	√			
默认（friendly）	√	√		
protected	√	√	√	
public	√	√	√	√

类仅有两种访问级别：默认的和公共的。当类被声明为 public 时，可以被任何包的代码访问。当类的访问控制为默认时，可以被同一包的其他代码访问。

7.4 综 合 实 训

实训 1：抽象类的使用

（1）创建类 Shape，定义抽象方法 perimeter()，即求周长的方法。

（2）创建 Circle 类继承 Shape 类并添加新成员 radius，并实现方法抽象方法 perimeter( )计算圆的周长。

（3）创建 Square 类继承 Shape 类，添加新成员 length，并实现方法 perimeter( )计算方形的周长。

（4）创建类 ShowPerimeter，该类包含 main( )方法，产生一个圆和一个正方形，并分别计算和打印它们的周长。

实训 2：接口与继承的综合使用

（1）编写一个 Animal 类，包含：

```
属性: private String Type;                    //动物类型
方法: public String toString()                //返回动物类型的信息
方法: public void sound()                     //输出动物的叫声
```

（2）编写一个 Flyable 接口，包含：

```
方法: double flyspeed();                      //返回飞行的最大速度
```

（3）编写 Glede（老鹰）类和 Pigeon（鸽子）类，具有属性 private double flyspeed，并让 Glede（老鹰）类和 Pigeon（鸽子）类分别继承 Animal 类并实现 Flyable 接口。

（4）编写测试类，产生一只老鹰 glede1 和一只鸽子 pigeon1，打印出老鹰和鸽子的叫声和最大飞行速度。

实训 3：同一个包和不同包中的类之间的相互访问

在图 7-3 所示的包结构中，如果在 useStudent3.java 中希望访问 Student 类，可用哪些方法？请在开发环境中建立图 7-3 所示的文件结构，并实现 useStudent3.java 访问 Student 类的代码。

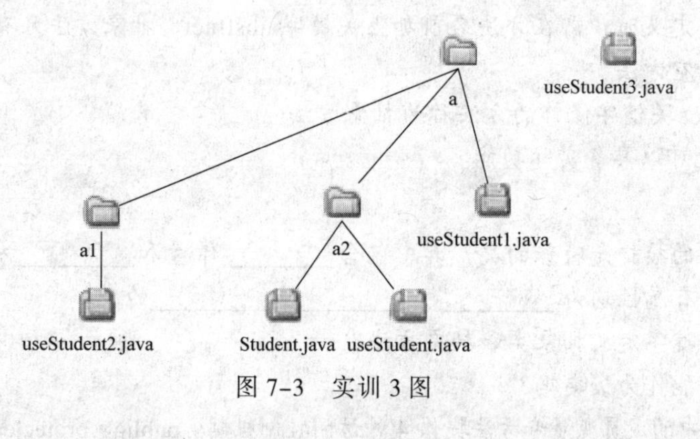

图 7-3 实训 3 图

小　结

本章介绍了抽象类、接口和包的原理及 Java 实现方法，通过若干任务演示了用抽象类实现运行时多态、用接口和父类来实现多继承、不同包之间的类的相互访问等，读者通过课后练习和实训可以更具体地掌握这些知识点。

思考与练习

一、选择题

1. 为了使包 sos 中的所有类在当前程序中可见，可以使用的语句是（　　）。

A. import sos.*;　　　　B. package sos.*;

C. sos import;　　　　D. sos package;

2. 关于抽象类，说法不正确的是（　　）。

A. 抽象类是专门设计来让子类继承的类

B. 抽象类通常都包含一个或多个抽象方法

C. 抽象类的子类必须实现其父类定义的每一个抽象方法，除非该子类也是抽象类

D. 抽象方法可以有方法体

3. 类 B 是一个抽象类，类 C 是类 B 的非抽象子类，下列创建对象 x1 的语句中正确的是（　　）（选两项）。

A. B x1= new B( );　　　　B. B x1=new C( );

C. C x1=new C( );　　　　D. C x1=new B( );

4. 关于抽象类，说法正确的是（　　）。

A. 抽象类中不可以有非抽象方法

B. 某个非抽象类的父类是抽象类，则这个子类必须重载父类的所有抽象方法

C. 不能用抽象类去创建对象

D. 接口和抽象类是同一个概念

5. 下面说法错误的是（　　）。

A. 抽象方法：抽象方法即不包含任何功能代码的方法。

B. 抽象方法定义时，需在方法名前加上关键字 abstract，抽象方法只有方法声明，没有代码实现的空方法

C. 用 abstract 关键字修饰的方法称为抽象方法

D. 抽象类也可以具备实际功能

二、填空题

1. Java 语言的接口是特殊的类，其中包含________常量和________方法。

2. 接口中所有属性均为________、________和________的。

3. 用哪个关键字定义抽象类和抽象方法？

4. 抽象类只能作为父类吗？

5. Java 为类中的成员变量和方法提供 4 种访问控制机制：public，protected，________，________。

三、简答题

1. Java 语言中定义接口的关键字是什么？接口的继承应如何实现？接口支持多继承吗？

2. Java 中，一个子类可以有多个父类吗？可以为一个（父）类定义多个子类吗？

3. 什么是 S 抽象类？为什么要引入抽象类的概念？

4. 什么是抽象方法？如何定义、使用抽象方法？

第8章 异常

在程序运行中，由于程序员粗心或者用户使用的疏忽，很容易导致程序出错。在Java虚拟机看来，这些错误通常是一种异常情况。因此，异常是JDK中定义好的一些错误类的集合，是可以在程序中捕获和处理的。读者在学习完本章后，应该可以达到以下目标：

学习目标	☑ 了解异常的概念和分类、异常处理方式； ☑ 捕获程序中可能会出现的异常，并做相应处理； ☑ 将某方法中出现的异常抛出，让调用该方法的程序去处理该异常； ☑ 能用Java自定义一种异常，并在该异常出现时捕获并做处理。

异常指程序运行中的非正常现象，例如当Java程序需要打开一个文件，而该文件并不存在，或者需要连接数据库，而数据库本身并没有启动，或者程序输入时需要输入一个正整数，而用户输入了一个负数，或者除数为0导致溢出等，这些都属于异常情况。异常总是难以避免，良好的应用程序应该充分考虑各种异常情况，使程序具有较强的纠错能力。

Java有非常强大的异常处理功能，可以预防错误代码造成的不可预期的后果发生。通过异常处理机制，可以使程序更加健壮，用户界面更加友好，同时提高程序员的工作效率。

8.1 异常的概念和分类

一个程序在执行时期可能会遇到一些非预期的情况或错误。Java的异常处理机制能处理执行时期的错误，功能强大且使用方便。

8.1.1 什么是异常

在Java的异常处理机制中，引进了很多用来描述和处理异常的类，称为异常类，每个异常类反映一类运行错误，类定义中包含了该类异常的信息和对异常进行处理的方法。

每当程序运行过程中发生了异常类现象，系统将产生一个相应的异常类对象，并交给系统中的相应程序进行处理，这样可以避免死机、死循环或其他对系统有害的结果发生，保证程序运行的安全性。

一个Java异常，是一个继承自Throwable类的实例。Throwable类有两个子类：Exception与Error，它们都被放在java.lang包中。再往下的子类，则被放在不同的包中。

8.1.2 异常与错误的区别

Exception 称为“异常”，用来描述一些由程序本身及环境产生的错误。Exception 可以被程序员捕获并处理。

而 Error 被称为“错误”，描述一些较少发生的内部系统错误。Error 发生时，程序员通常不能做什么，只能通知用户关闭程序。

8.1.3 异常类的继承结构

因为在程序运行时会有很多种异常，彼此之间有很多相关联的内容，Java 把它们归类成表 8-1 所示的继承关系。

表 8-1 异常类的继承结构及说明

Exception
ClassNotFoundException：程序欲加载某类，找不到该类
ClassNotSupportedException
IllegalAccessException
InstantiationException
InterruptedException
NoSuchMethodException
RuntimeException
ArithmeticException：算术错误产生的异常
ArrayStoreException
ClassCastException
IllegalArgumentException
IllegalThreadStateException
NumberFormatException：将所输入字符串转换成数值时所产生的异常
IllegalMonitorStateException
IndexOutOfBoundsException：索引值超出范围异常
ArrayIndexOutOfBoundsException：数组索引值超出数组大小边界
StringIndexOutOfBoundsException：字符串索引值超出范围产生的异常
NegativeArraySizeException
NullPointerException：空指针异常（注意对象是否没初始化）
SecurityException

8.2 异常处理方式

当运行程序发生异常时，可以自己处理该异常，也可以不处理，而将该异常抛出，等待调用此程序的其他程序来处理抛出的异常。

比如一个考点正在考试，某老师在某考场监考，他如果发现有学生作弊，就认为考场有异常情况发生，他可能自己处理，也可能必须通知更高一级的巡考员来处理，前一种方式被称为

"捕获—处理异常"，后一种称为"抛出异常"。

8.2.1 捕获、处理异常

异常处理过程如图 8-1 所示。

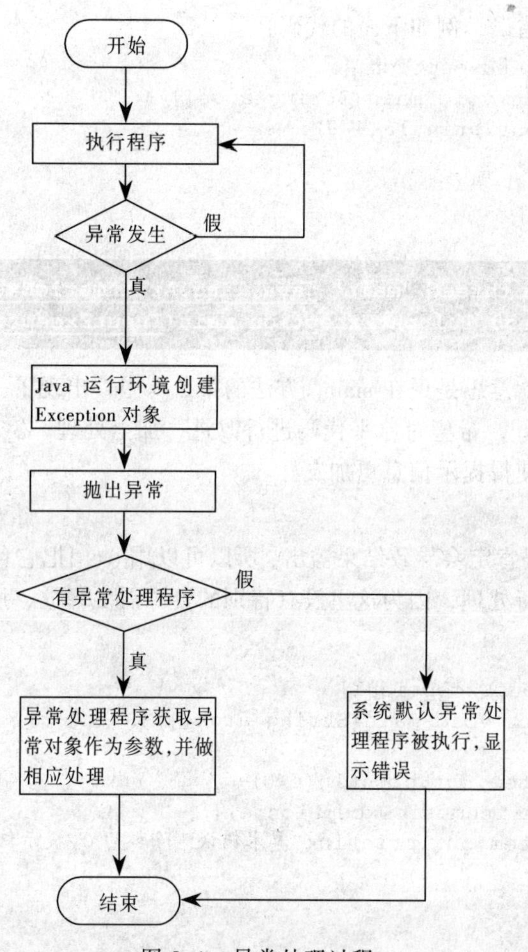

图 8-1 异常处理过程

在 Java 中，可以通过 try...catch...finally 语句对异常进行捕获和处理，其结构如下：

```
try{
   //可能会发生异常的程序块:
}
catch(异常类1  异常参考名称){
    异常处理程序 1
}
catch(异常类2  异常参考名称){
    异常处理程序 2
}
...
finally{
    最终处理程序
}
```

【任务 8-1】 处理除数为 0 异常

（一）任务描述

程序员在写程序时，在代码中可能会出现被除数为 0 的情况，例如“System.out.println(4/0);”运行这句代码时会出现错误，例如下面的代码：

```
public class InputException {
    public static void main(String args[]){
        System.out.println(4/0);
    }
}
```

程序输出结果为：

```
Exception in thread "main" java.lang.ArithmeticException: / by zero
    at ch8.eg8_1.InputException.main(InputException.java:5)
```

这是一段错误提示，意思是说在 main( )方法的第 5 行中，出现了一个被除数为 0 的算术异常。这种提示信息不友好，希望对原来代码进行改进，加上处理“System.out.println(4/0);”引发的算术异常的语句，使得提示信息更加友好。

（二）任务分析

0 作为被除数的代码肯定会导致结果溢出，所以可以用 try{ }把它包围起来，在 catch{ }中对这句代码导致的异常进行处理，因为这里没有特别的资源需要释放，所以 finally 可以省略。

（三）任务实施

```
public class InputException1{
    public static void main(String args[]){
        try{
            System.out.println(4/0);
        }catch(ArithmeticException e){
            System.out.println("算术错误：除数为 0,提示信息为"+e.toString());
        }
    }
}
```

修改后的程序输出结果为：

```
算术错误：除数为 0,提示信息为 java.lang.ArithmeticException: / by zero
```

通过任务 8-1 可以发现，程序中间产生的异常对象是可以被捕获到并且进行处理的。

有时，程序中间可能会产生多个异常，在 Java 的异常处理机制中，可以将它们一一捕获然后分别处理，例如任务 8-2 就提供了这种情况的处理方式。

【任务 8-2】 同时处理多个异常

（一）任务描述

有 a 和 b 两个一维整型数组，数组 a 是从键盘输入的，数组 b 的内容为{1,2,3,4,0}，写一段循环将数组 a 和数组 b 的元素依次相除，捕获所有可能出现的异常。

（二）任务分析

如果数组 a 的长度没有数组 b 长，用 a[4]/b[4]会出现数组越界类异常（ArrayIndexOutOf

Bounds Exception)。

如果数组 a 有 5 个元素，那么 a[4]/b[4]会出现算术类异常（ArithmeticException）。

所以需要在程序中的 catch 块中需要对这两类异常进行处理。

（三）任务实施

```
public class ArrayException{
    public static void main(String args[]){
        int x=args.length;
        int[] a=new int[x];
        for(int i=0;i<=x-1;i++){
            a[i]=Integer.parseInt(args[i]);
        }
        int b[]={1,2,3,4,0};
        try{
            for (int i=0;i<5;i++){
             System.out.println(a[i]/b[i]);
            }
        }
        catch(ArrayIndexOutOfBoundsException e1){
            System.out.println("异常:数组越界");
        }
        catch(ArithmeticException e2){
            System.out.println("异常:算术错误");
        }
        finally{
            System.out.println("程序结束");
        }
    }
}
```

当输入的参数为 1，2，3，4 时，程序输出为：

```
1
1
1
1
异常:数组越界
程序结束
```

因为程序执行到“System.out.println(a[4]/b[4]);”时，就发现 a[4]是不存在的，所以出现了 ArrayIndexOutOfBoundsException 异常，程序将执行第一个 catch 子句中的语句，所以打印出“异常：数组越界”，再执行 finally{}中的语句，打印出“程序结束”。

当输入的参数为 1，2，3，4，5 时，，程序输出为：

```
1
1
1
1
异常:算术错误
程序结束
```

因为程序在执行到“System.out.println(a[4]/b[4]);”的时候，就发现 b[4]为 0，所以出现了 ArithmeticException 异常，程序将执行第二个 catch 子句中的语句，所以打印出“异常：算术错误”，再执行 finally{}中的语句，打印出“程序结束”。

8.2.2 throws 和 throw 语句

通常情况下，异常是由系统自动捕获的，但有时，程序员也可以根据需要自己通过 throw 语句抛出某类异常。其格式为：

```
throw new 异常类名(信息);
```

其中，异常类名是系统定义或用户自定义的异常类；“信息”是可选的，如果提供了信息，那么异常对象的 toString()方法将返回该信息。

【任务 8-3】 抛出异常

（一）任务描述

写一个程序，该程序从键盘接收一个正整型的参数，并计算出可以优惠的金额。要求考虑到以下 3 种异常情况：没有参数输入、参数不为整数和输入参数为负整数。

（二）任务分析

写一个名为 discount 的方法，该方法的输入参数为一个 int 类型的参数 n，discount 方法如发现 n 小于 0，则用 new 关键字定义一个 IllegalArgumentException 类的对象（也就是一个异常），并用 throw 关键字将此异常抛出，给出提示信息“n 应该为正整数”。

可以用以下代码实现：

```
throw new IllegalArgumentException("n 应该为正整数");
```

然后，在 main()方法中调用 discount 方法计算这笔消费的折扣，并且处理 discount 方法抛出的 IllegalArgumentException 类异常对象。

在 main()方法中还要考虑处理数组越界异常（ArrayIndexOutOfBoundsException）、数据格式异常（NumberFormatException）等。

（三）任务实施

```
public class Deposit{
    public static double discount(int n){
        if(n<0){
            throw new IllegalArgumentException("n 应该为正整数");
        }
        return n*0.08;
    }
    public static void main(String args[]){
        try{
            int i=Integer.parseInt(args[0]);
            System.out.println("用户消费"+i+"元，可优惠"+discount(i)+"元");
        }
        catch(ArrayIndexOutOfBoundsException e1){
            System.out.println("异常：没有输入参数");
        }
        catch(NumberFormatException e2){
            System.out.println("异常：参数不能转换为整型");
        }
        catch(IllegalArgumentException e3){
            System.out.println("自定义异常:"+e3.toString());
```

```
        }
        finally{
            System.out.println("程序结束");
        }
    }
}
```

该程序运行，如果输入参数为空则输出结果为：

```
异常：没有输入参数
程序结束
```

该程序运行，如果输入参数为字符串“str”等不能转换为整型的内容，则输出结果为：

```
异常：参数不能转换为整型
程序结束
```

该程序运行，如果输入参数为负整数-80，则输出结果为：

```
自定义异常:java.lang.IllegalArgumentException: n 应该为正整数
程序结束
```

该程序运行，如果输入参数为正整数 800，则输出结果为：

```
用户消费 800 元，可优惠 64.0 元
程序结束
```

（四）知识扩展

如果 discount()函数想进一步明确表明自己不处理 IllegalArgumentException 类异常，也可以在函数声明部分加上 throws IllegalArgumentException，即把任务 8-3 的 discount 函数声明改为：public static double discount(int n) throws IllegalArgumentException

完整的 throws 格式如下，稍后介绍的任务 8-4 就符合这类格式：

```
<方法名称>(<参数行>)[throws<异常类 1>,<异常类 2>…]
{
    if(异常条件 1 成立)
        throw new 异常类 1();
    if(异常条件 1 成立)
        throw new 异常类 2();
    …

}
```

8.3　自定义异常

有时，Java 定义好的异常种类可能还不能满足程序千变万化的需要，程序员可以自定义异常的种类。自定义的异常类必须是 Throwable 类的子类，通常是从 Exception 类或其子类继承。

【任务 8-4】　在程序中自定义一个异常类并使用它

（一）任务描述

写一个程序，让用户设置密码，要求密码长度不能小于 6 位，否则就提示用户不能设置该密码。

（二）任务分析

在程序中自定义一个异常类 PasswdException，该类是 Exception 类的子类，在 Passwd

Exception 的构造函数中提示用户密码长度不能小于 6 位。

（三）任务实施

```
import javax.swing.JOptionPane;
 class PasswdException extends Exception{
     PasswdException(){
         System.out.println("密码不能小于6位");
     }
 }
public class Passwd{
     public static int x=10000;
     public static boolean checkpasswd(String passwd) throws PasswdException{
         if(passwd.length()<6){
             throw new PasswdException();
         }
         else return true;
     }
     public static void main(String args[]){
         try{
             String passwd=JOptionPane.showInputDialog("请设置初始密码");
             checkpasswd(passwd);
             System.out.println("密码已经设置");
         }
         catch(PasswdException e){
             System.out.println(e);
         }
         finally{
             System.out.println("程序结束");
         }
     }
}
```

运行该程序，如果输入“9090”，则输出为：

```
密码不能小于6位
ch8.eg8_4.PasswdException
程序结束
```

运行该程序，如果输入“909090”，则输出为：

```
密码已经设置
程序结束
```

该任务中自定义了如下异常：

```
class PasswdException extends Exception{
    PasswdException(){
        System.out.println("密码不能小于6位");
    }
}
```

其中的 PasswdException 类是一个 Exception 类的子类，所以是一个程序员自定义的异常，在它的构造函数 PasswdException()中，打印了“密码不能小于 6 位”的信息，所以，在程序调用 throw new PasswdException();语句时，则会打印出“密码不能小于 6 位”。

8.4 对异常的进一步讨论

（1）对 Error 类及其子类的对象，程序不必处理，因为这类异常表示 Java 内部出现错误，而这类错误应该很少出现。

（2）对 RuntimeException 类及其子类，程序中可以不必处理，但这类异常表示程序员设计程序时有错误，而并不是用户操作或者环境原因引起的异常，所以程序员应该改正程序，消除这类异常。

（3）除此之外的异常都应该在程序中处理。有 3 种方式可以选择：用 try-catch-finally 语句进行捕获处理；明确表示不处理该异常，声明抛出异常（用 throws 语句）；先捕获处理，再抛出异常。

（4）Java 语言的异常处理机制将使 Java 程序结构不清晰，建议将正常的逻辑功能代码放在 try 块中，将所有感兴趣的异常及处理代码排列在 catch 语句中，使代码结构清晰。

8.5 综 合 实 训

实训：异常的综合使用

有一个银行类的程序如下所示：

```
public class Bank {
    String countNo;                  //账号
    String  address;                 //地址
    double  balance;                 //余额
    static  double min=10;           //最小存款
    String name;                     //储户姓名
    Bank (String aCountNo,String aName,String aAddress,double aBalance){
        countNo=aCountNo;
        name=aName;
        balance=aBalance;
        address=aAddress;
    }
    //存款
    void  save(double num) {
        balance=balance+num;
    }
    //取款
    boolean  take(double num){
        balance=balance-num;
        return true;
        }
    //查询
    double query(){
        return balance;
```

```
        }
    }
```

1. 创建异常 OverDrawnException——当取出钱后余额小于 10 的情况

该类继承 Excoption 类，并覆盖该类的 public String toString()方法，返回提示信息“该类继承 Excoption 类，并覆盖该类的 public String toString()方法，返回提示信息“账户余额最少保留 10 元”。

2. 创建异常 DepositException——当无效钱数（小于 0）存入时

该类继承 Excoption 类，并覆盖该类的 public String toString()方法，返回提示信息“存款不能为负数”。

3. 修改 Bank 类的 boolean take(double num)方法

如果发现余额 num≤10，则抛出一个 OverDrawnException 异常，并在 take 方法中进行捕获，捕获后打印异常的 toString 返回的信息。

4. 修改 void save(double num)方法

如果发现 num<0，则抛出一个 DepositException 异常，并在方法头中声明 take 方法自身不处理该异常，由调用它的函数处理（提示：由 TestBank1 类的 main()方法处理）。

5. 写一个测试程序，实现下列过程

新建一个账户，开户信息为“001”“张三”“天源路 789 号”，200 元，存入 90 元，再存入 -90 元，取款 290 元。捕获所有可能发生的异常。

小　结

本章介绍了异常处理机制的原理及在 Java 中异常处理的实现方法，通过若干个任务演示了单个和多个异常的捕获和处理、异常抛出、自定义异常及使用等，读者可以通过课后习题和实训做相应练习，掌握关于 Java 异常机制的知识点。

思考与练习

一、选择题

1. 下列描述正确的是（　　）。

A. 在 catch 代码段中可以使用 return 语句返回到异常抛出点

B. 异常机制可以用于流程控制

C. catch（Exception e）可以捕获异常的任何类型

D. 程序发生异常时，如无法进行合适的异常处理，则该程序恢复正常运行

2. 关于异常的含义，下列描述正确的是（　　）。

A. 程序编译错误　　B. 程序语法错误

C. 程序自定义的异常　　D. 程序编译或者运行时发生的异常事件

3. 抛出异常时，应该使用哪个子句？（　　）

A. throw　　B. catch　　C. finally　　D. throws

4. 自定义异常时，可通过下列哪一项进行继承？（　　）

A. Error 类　　B. Applet 类　　C. Exception 类　　D. AssertionError 类

5. 当方法产生无法确定如何处理的异常时，应该如何处理？（　　）

A. 声明异常　　B. 捕获异常　　C. 抛出异常　　D. 嵌套异常

6. 对于 try 和 catch 子句的排列方式，下列哪一项是正确的？（　　）

A. 子类异常在前，父类异常在后　　B. 父类异常在前，子类异常在后

C. 只能有子类异常　　D. 父类异常和子类异常不能同时出现在同一个类中

二、填空题

1. 异常类的最上层为________类，此类又有两个子类：________和________。

2. Java 在执行时期的错误处理功能，称为________。

3. Java 由内部系统所产生的错误，称为________，由程序本身或环境所产生的错误，称为________。

4. 处理异常分为两种情况：捕获异常和________。

三、简答题

1. 为什么要有自定义异常？

2. Java 程序中如何处理多种异常？

第9章 输入/输出流

流是一个很形象的概念，当程序需要读取数据的时候，就会开启一个通向数据源的流，这个数据源可以是文件、内存或网络连接。类似地，当程序需要写入数据的时候，就会开启一个通向目的地的流。这时就可以想象数据好像在“流”动一样。通过本章学习，读者应该达到以下目标：

学习目标	☑ 理解输入流和输出流的概念； ☑ 通过字符流和字节流读写文件内容； ☑ 掌握标准输入/输出流的使用； ☑ 熟悉文件类和文件 I/O 流的使用。

9.1 流

9.1.1 输入/输出流概念

Java 使用流（stream）来执行输入/输出（I/O）的功能，流是一种数据的源头和目的之间的通信途径。若用于从外设读入数据到程序中则称为输入流（input stream），若是用于从程序中写数据到外设则称为输出流（output stream）。示意图如图 9-1 所示。

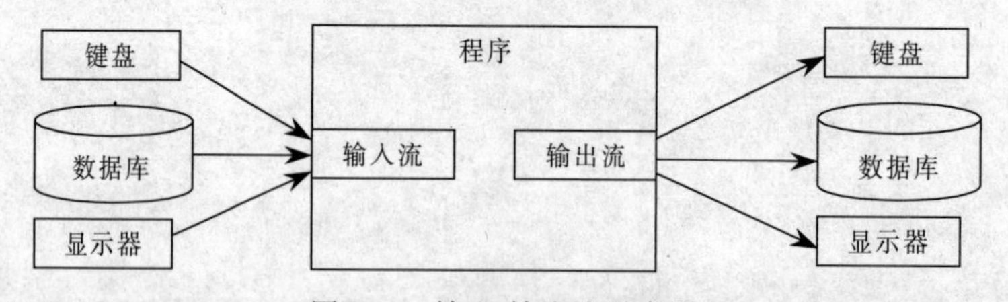

图 9-1　输入/输出流示意图

引入流的概念使得处理不同的数据或数据存储时更加统一，无论使用的是磁盘文件、内存缓冲区还是网络，都可以以同样的方式处理输入和输出。使用流时需要用到 java.io 包，该包通过数据流、序列化和文件系统提供系统输入和输出，因此在涉及数据流操作的程序中都要先导入 java.io 包。用下面语句可以导入 java.io 包。

```
import java.io.*;
```

Java 提供超过 60 个不同的流类型，这些流类包含在上面提到的 java.io 包中，其中有 4 个基本的抽象类：InputStream、OutputStream、Reader 和 Writer。

程序员不能创建这 4 个类型的对象，但是其他方法可以以它们为返回值。事实上，经常使用的是派生自它们的子类。

定义在 java.io 包中的结构流如图 9-2 所示。

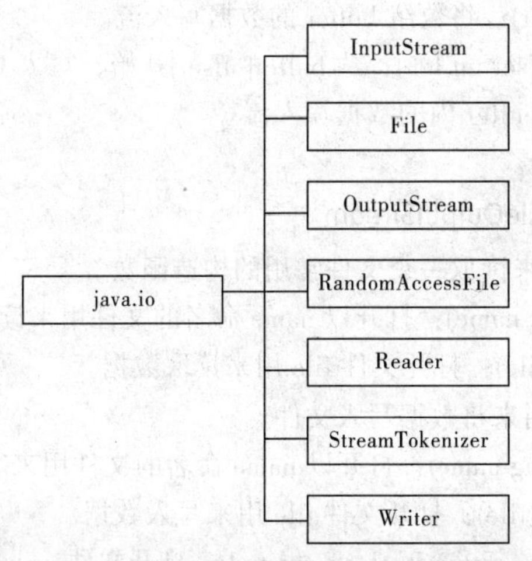

图 9-2　定义在 java.io 包中的流结构

9.1.2　字节流

字节流可以逐个读写 8 位（0 或 1）的数据，由于不会对数据作任何转换，因此可以用来处理二进制的数据。InputStream 和 OutputStream 分别为字节输入流和字节输出流，它们的子孙类如图 9-3 所示。

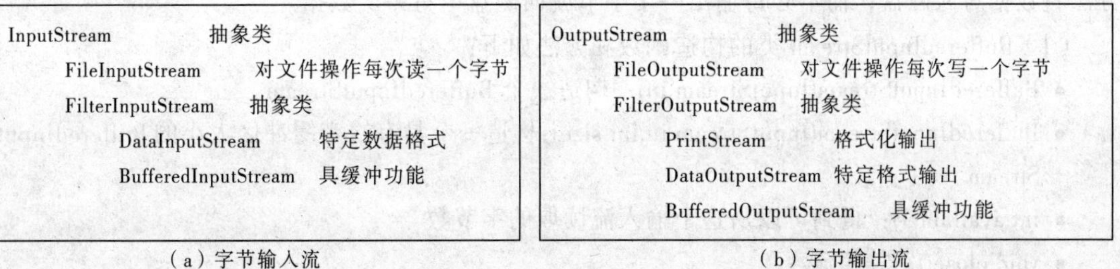

（a）字节输入流　　（b）字节输出流

图 9-3　字节流的类继承关系图

下面一一介绍其中的类及其关系。

1. InputStream 和 OutputStream

（1）InputStream 为所有的字节输入流的父类，因此所有源于它的类也会继承下列方法：

- int read()：读入一个字节的数据，如果已达到文件的末端，返回值为-1。
- int read(byte[ ] buffer)：读出 buffer 大小的数据，返回值为实际所读出的字节。
- int read(byte[ ] buffer,int offset,int len)：将读出的数据从 buffer[offset]开始，写入 len 个字节至 buffer 中，返回值为实际所读出的字节数。

- int available()：返回流内可供读取的字节数目。
- long skip(long n)：跳过 n 字节的数据，返回值为实际所跳过的数据数。
- void close()：关闭流。

（2）OutputStream 为所有的字节流输出流的父类，因此所有源自于它的类也会继承下列方法：

- void write(int b)：写入一个字节的数据。
- void write(byte[] buttfer)：将数组 buffer 的数据写入流。
- void write(byte[],int offset int len)：从 buffer[offset]开始，写入 len 字节的数据。
- void flush()：强制将 buffer 内的数据写入流。
- void close()：关闭流。

2. FileInputStream 和 FileOutputStream

（1）FileInputStream 用来读取一个文件常用的构造函数。

- FileInputStream(String name)：打开以 name 命名的文件用来读取数据。
- FileInputStream(File file)：打开文件 file 用来读取数据。

（2）FileOutPutStream 用来将数据写入文件。

- FileOutputStream(String name)：打开以 name 命名的文件用来写入数据。
- FileOutputStream(File file)：打开文件 file 用来写入数据。
- FileOutputStream(String name,Boolean append)：打开文件 name 用来写入数据，若 Append 为 true，则写入的数据会加到原有文件后面，否则，覆盖原有的文件。

3. BufferedInputStream 和 BufferedOutputStream

在处理来自输入流的数据时，有时希望能够重设流并回到较靠前的位置。这需要使用缓冲来实现，通过使用 BufferedInputStream 类，可以利用 mark 和 reset 方法在缓冲的输入流中往回移动；同时，通过使用 BufferedOutputStream 类，可以先将输出写到内存缓冲区，再使用 flush 方法将数据写入磁盘，而不必每输出一个字节就向磁盘中写一次数据。

（1）BufferedInputStream 类的构造函数和方法如下：

- BufferedInputStream(InputStream in)：构造一个 BufferedInputStream。
- BufferedInputStream(InputStream in,int size)：构造一个具有给定缓冲区大小的 BufferedInput Stream。
- int available()：得到可以从这个输入流读取的字节数。
- void close()：关闭流。
- void mark(int readlimit)：在这个输入流的当前位置作标记。
- boolean markSupported()：检查这个输入流是否支持 mark 和 reset 方法。
- int read()：读取数据的下一个字节。
- int read(byte[ ] b, int off, int len)：从这个字节输入流的给定偏移量处开始读取字节，存储到给定的字节数组。
- void reset()：将缓冲区重新设置到加标记的位置。
- long skip(long n)：跳过 n 字节的数据。

（2）BufferedOutputStream 类的构造函数和方法：

- BufferedOutputStream(OutputStream out)：构造一个 BufferedOutputStream。

- BufferedOutputStream(OutputStream out,int size)：构造一个具有给定缓冲区大小的 Buffered OutputStream。
- void flush()：刷新流。
- void write(byte[ ] b, int off, int len)：将给定的字节数组写到缓冲输出流。
- void write(int b)：将给定的字节写到缓冲输出流。

4. DataInputStream 和 DataOutputStream

DataInputStream 类和 DataOutputStream 类允许通过数据流来读写 Java 的基本数据类型，包括布尔型、整型、浮点型等。它们的构造函数如下：

- DataInputStream(InputStream inputstream);
- DataOutputStream(OutputStream outputstream);

（1）DataInputStream 类中处理 Java 基本数据类型的一些方法：

- byte readByte()：读入一个字节。
- long readLong()：读入一个长整型数。
- double readDouble()：读入一个双精度浮点型数。
- int readInt()：读入一个整型数。
- short readShort()：读入一个短整型数。
- float readFloat()：读入一个单精度浮点型数。
- boolean readBoolean()：读入一个布尔值型数。

（2）DataOutputStream 类写数据的一些方法：

- void writeByte(byte b)：写一个字节。
- void writeInt(int i)：写一个整型数。
- void writeShort(short sh)：写一个短整型数。
- void writeLong(long l)：写一个长整型数。
- void writeFloat(float f)：写一个单精度浮点型数。
- void writeDouble(double d)：写一个双精度浮点型数。
- void writeBoolean(boolean bl)：写一个布尔型数。

【任务 9-1】 利用字节流实现文件合并

（一）任务描述

希望用字节流 FileInputStream 和 FileOutputStream 将文件 a.txt 和 b.txt 的全部内容复制到 c.txt。

（二）任务分析

首先要对文件 a.txt 和 b.txt 建立文件输入流 FileInputStream 的对象 fin1 和 fin2，再对文件 c.txt 建立文件输出流 FileOutputStream 的对象 fout，用两次循环，分别从 a.txt 和 b.txt 逐个字节读出复制到 c.txt 中，示意图如图 9-4 所示。

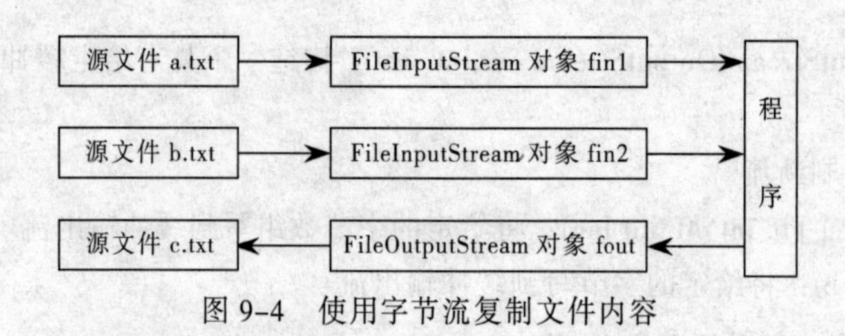

图 9-4　使用字节流复制文件内容

注 意

1. FileInputStream 流从文件读完一个字节后，文件的指针自动指向下一个字节。继续用 read( )方法可以读到下一个字节，读到文件结束时，read( )方法返回为-1。

2. 文件读入的字符为 int 类型，如果要显示给用户，应该用（char）符号做强制转换，才能看到原来的字符，否则看到的是每个字符的 Unicode 码。

3. 输入流 fin1、fin2 和输出流 fout 用完之后都要及时关闭，否则占用资源，并导致文件内容不能及时更新。

（三）任务实施

```
package ch9.eg9_1;
import java.io.*;
//使用字节流合并文件
public class merge{
    public static void main(String[] args){
        FileInputStream fin1,fin2;
        FileOutputStream fout;
        try{
            fin1=new FileInputStream("example\\eg9_1a.txt");
            fin2=new FileInputStream("example\\eg9_1b.txt");
            fout=new FileOutputStream("example\\eg9_1c.txt");
            int c=fin1.read();
            while(c!=-1){
                fout.write(c);
                System.out.print((char) c);//注意转换类型
                c=fin1.read();
            }
            fin1.close();
            c=fin2.read();
            while (c!=-1){
                fout.write(c);
                System.out.print((char) c);//注意转换类型
                c=fin2.read();
            }
            fin2.close();
            fout.close();
        } catch(FileNotFoundException e){
            e.printStackTrace();
        } catch(IOException e){
            e.printStackTrace();
        }
    }
```

```
}
```

由于很多任务都要对文本文件进行操作，所以在给出代码实现的时候，使用到的两个源文件和一个目的文件分别为 eg9_1a.txt、eg9_1b.txt、eg9_1c.txt。

该程序运行的效果是将 eg9_1a.txt 和 eg9_1b.txt 两个文件的内容合并到 eg9_1c.txt 中。

【任务 9-2】　将特定格式数据写入文件

（一）任务描述

将 4 个学生的信息，包括姓名（String 类型）、学号（int 型）和成绩（double 类型）依次写入指定文本文件，然后将所有学生的成绩读出来找出最大者输出。

（二）任务分析

（1）本任务中需要将特定格式的数据写入文件，需要用到 DataOutputStream 类，而 DataOutputStream 类只有一个构造函数：DataOutputStream(OutputStream out)，所以先要创建一个指向某个文件的输出流的对象才能构建一个 DataOutputStream 类对象。

可以通过下面的代码产生一个指向文件 eg9_2.txt 的 DataOutputStream 类对象 dout，然后用 dout 对象的 writeInt()方法将学号写入到文件。

```
fout = new FileOutputStream("eg9_2.txt");
DataOutputStream dout=new DataOutputStream(fout);
dout.writeInt(Nos[i]);
```

（2）类似地，要从文件读取特定格式数据，则用到 DataInputStream 类。也可以通过如下代码产生一个指向文件 eg9_2.txt 的 DataInputStream 类对象 din。

```
FileInputStream fin=new FileInputStream("eg9_2.txt");
DataInputStream din=new DataInputStream(fin);
din.readInt();
```

（3）对字符串的读和写要用 readUTF()和 writeUTF(String str)方法。

- void writeUTF(String str)：以与机器无关的方式使用 UTF-8 修改版编码将一个字符串写入输出流。
- String readUTF()：用 UTF-8 格式读取输入流中的字符串，返回一个字符串。

（三）任务实施

```
import java.io.*;
//将特定数据写入文件，并读出来比较最大值
public class DataToFile{
    static void Input(){
        FileOutputStream fout;
        try{
            //将 4 个同学的信息写入文件
            fout=new FileOutputStream("example\\eg9_2.txt");
            DataOutputStream dout = new DataOutputStream(fout);
            String[] names={"Tom","Jack","Rose","Susan"};
            int[] Nos={80901,20012,30056,90008};
            double[] scores={67.5,78.0,88.5,90.5};

            for(int i=0;i<4; i++){
                dout.writeUTF(names[i]);
                dout.writeInt(Nos[i]);
```

```
                dout.writeDouble(scores[i]);
            }
        } catch(FileNotFoundException e){
            e.printStackTrace();
        } catch(IOException e){
            e.printStackTrace();
        }
    }
    static void FindMax(){
        try{
            FileInputStream fin=new FileInputStream("example\\eg9_2.txt");
            DataInputStream din=new DataInputStream(fin);
            double score=0;
            for(int i=0;i<4;i++){
                din.readUTF();
                din.readInt();
                double tmp=din.readDouble();
                if(tmp>score)
                    score=tmp;
            }
            System.out.println("成绩最高分: "+score);
        }catch(FileNotFoundException e){
            e.printStackTrace();
        }catch(IOException e){
            e.printStackTrace();
        }
    }
    public static void main(String[] args){
        Input();
        FindMax();
    }
}
```

该程序运行结果为：

```
成绩最高分: 90.5
```

与该程序相对应的 eg9_2.txt 文件内容将包含 names、Nos、scores 三个数组的内容。

9.1.3 字符流

上面讨论了二进制的输入和输出（字节流）。尽管字节流更快更高效，但是人们读起来十分困难（因为是二进制）。接下来讲述文本格式的输入/输出，即字符流。字符流主要是用来支持 Unicode 的文字内容，绝大多数在字节流中所提供的类，都有相对应的字符流的类。

字符流的类继承关系如图 9-5 所示，下面依次介绍其中的类及其关系。

Writer	
PrintWriter	
BufferedWriter	具有缓冲功能的字符输出流
OutputStreamWriter	字节输出流和字符输出流的桥梁
FileWriter	写字符到文件的流

（a）输出流

Reader	
BufferedReader	具有缓冲功能字符输入流
InputStreamReader	字节输入流和字符输入流的桥梁
FileReader	从文件读入字符流

（b）输入流

图 9-5　字符流的类继承关系图

1. Reader 和 Writer

Reader 是所有输入字符流的基类，Writer 是所有输出字符流的基类。程序员可以使用从这两个类派生出的类来读写字符流，这两个类常用的方法与 InputStream、OutputStream 相类似，区别在于参数内的 byte[]需要改为 char[]。

2. InputStreamReader 和 OutputStreamWriter

为了从键盘读取按键，常常从 System.in 构造一个 InputStreamReader 流，然后使用 InputStreamReader 类的 read 方法读取用户输入的内容。而 OutputStreamWriter 与 InputStreamReader 相对，支持输出流。

（1）InputStreamReader 类的构造函数和方法：

① InputStreamReader(InputStream in)：构造一个 InputStreamReader。

② InputStreamReader(InputStream in, String enc)：使用命名的字符编码构造一个 InputStreamReader。

③ void close()：关闭流。

④ String getEncoding()：得到字符编码的名称。

⑤ int read()：读取一个字符。

⑥ int read(char[] cbuf, int off, int len)：将字符读到数组中。

⑦ boolean ready()：如果这个流已准备好，返回 True。

（2）OutputStreamWriter 类的构造函数和方法：

① OutputStreamWriter(OutputStream out)：构造一个 OutputStreamWriter。

② OutputStreamWriter(OutputStream out,String enc)：使用命名的字符编码构造一个 OutputStreamWriter。

③ void close()：关闭流。

④ void flush()：刷新流。

⑤ String getEncoding()：得到这个流使用的字符编码的名称。

⑥ void write(char[ ] cbuf, int off, int len)：写字符数组的一部分。

⑦ void write(int c)：写一个字符。

⑧ void write(String str, int off, int len)：写一个字符串的一部分。

（3）FileReader。程序员可以使用 FileReader 类创建一个字符流来读取一个文件，FileReader 类只具有从 InputStreamReader 继承的功能，但是它有自己的构造函数：

① FileReader(File file)：构造一个 FileReader。

② FileReader(FileDescriptor fd)：从一个文件描述符构造一个 FileReader。

③ FileReader(String filename)：从一个文件名构造一个 FileReader。

（4）FileWriter。FileWriter 与 FileReader 对应，用来将字符缓冲区中的数据写到文件中。这个类也只定义了构造函数，且只具有从 OutputStreamWriter 继承的功能。

① FileWriter(File file)：从 File 对象构造一个 FileWriter。

② FileWriter(FileDescriptor fd)：从文件描述符构造一个 FileWriter。

③ FileWriter(String filename)：从文件名构造一个 FileWriter。

④ FileWriter(String filename, boolean append)：构造一个附加的 FileWriter。

【任务 9-3】 利用字符流实现文件合并

（一）任务描述

希望用字符流方式实现文件合并，即不是一次读一个字符，而是尽可能多读些内容，将两个文件的内容合并到一个文件中。

（二）任务分析

只要将内容读出即可，不区分字节、字符或者某数据类型。

一次读得越多越好，可以用 BufferedReader 类的 readLine()函数。

一次写得越多越好，可以用 BufferedWriter 类的 write()和 newline()函数。

可以用如下关键代码将 br1 输入流对象指向的文件逐行复制内容到 bw1 输出流对象指向的文件中：

```
String aLine=br1.readLine();
while (aLine!=null){
    bw.write(aLine);
    bw.newLine();//另起一行
    aLine=br1.readLine();
}
```

（三）任务实施

```
import java.io.*;
//使用缓冲读者对象复制文件
public class copy{
    public static void main(String[] args){
        try{
            FileReader fin1=new FileReader("example\\eg9_3a.txt");
            BufferedReader br1=new BufferedReader(fin1);
            FileReader fin2=new FileReader("example\\eg9_3b.txt");
            BufferedReader br2=new BufferedReader(fin2);
            FileWriter fout=new FileWriter("example\\eg9_3c.txt");
            BufferedWriter bw=new BufferedWriter(fout);
            String aLine=br1.readLine();
            while(aLine!=null){
                bw.write(aLine);
                bw.newLine();
                aLine=br1.readLine();
            }
            br1.close();// 不关闭 br1，将看不到新写入文件内容
            aLine=br2.readLine();
            while(aLine!=null){
                bw.write(aLine);
                bw.newLine();
                aLine=br2.readLine();
            }
            br2.close();
```

```
            bw.close();//不关闭将看不到新写入文件内容
        }
        catch(FileNotFoundException e){
            e.printStackTrace();
        }
        catch(IOException e){
            e.printStackTrace();
        }
    }
}
```

9.2 System类及标准输入/输出

在System类中有3个静态域System.in、System.out和System.err。可以使用这3个系统流进行普通的键盘及显示器的输入/输出操作。

- public static InputStream in：读取字符数据的标准输入流。
- public static PrintStream out：显示或打印输出信息的标准输出流。
- public static PrintStream err：输出错误信息的标准错误流。

【任务9-4】 从键盘输入标准输入/输出流，输出到屏幕

（一）任务描述

希望从键盘输入若干个字符，全部输出到屏幕上。

（二）任务分析

循环利用System.in接收键盘输入，存入整型变量b，然后用System.out输出b，如果遇到文件结束（^Z）则终止循环。

（三）任务实施

```
import java.io.*;
public class IODemo{
    public static void main(String args[]) throws IOException{
        int b;
        int count=0;
        while((b=System.in.read())!=-1){
            count++;
            System.out.print((char)b);
        }
        System.out.println();
        System.out.println("program end");
    }
}
```

程序运行结果如下：

```
输入: a,b,c,d
输出: a,b,c,d
输入: ^Z （注: 输入组合键【Ctrl+Z】）
输出: program end
```

9.3 文件类 File 和文件 I/O 操作

File 对象可以用来生成与文件（及其所在的路径）或目录结构相关的对象。不同的系统可能会有不同的目录结构表示法，使用 File 类可以达到与系统无关的目的（使用抽象的路径表示法）。事实上，File 类和流还是有关系的，因为在对一个文件进行 I/O 操作之前，必须先获得这个文件的基本信息。类 java.io.File 提供了获得文件基本信息及操作文件的一些方法。

File 类的构造函数举例如下：

- File(String path)：将一个代表路径的字符串转换为抽象的路径表示法。
- File(String parent, String child)：parent 代表目录，child 代表文件（不可为空）。
- File(File parent, String child)：同上。

使用方法如下：

```
File  myFile;
myFile=new File("file.txt");
```

或

```
myFile=new File("/","file.txt");
```

或

```
File myDir=new File("/");
myFile=new File(myDir, "file.txt");
```

使用何种构造函数经常由其他被访问的文件对象来决定。例如，当应用程序中只用到一个文件时，那么使用第一种构造函数最为实用；但是如果使用了一个共同目录下的几个文件，则使用第二种或第三种构造函数更方便。

File 类一些常用的方法如下：

（1）boolean exists()：若该文件或目录存在，则返回 True。

（2）boolean isDirectory()：若为目录，则返回 True。

（3）File[] listFiles()：得到该对象所代表的目录下的 File 对象数组。

（4）String[] list()：同上。

（5）long length()：得到和该对象相关的文件大小，若不存在，返回 0L。

（6）String toString()：得到抽象路径表示法。

（7）String getParent()：得到抽象路径表示法的目录部分。

（8）String getName()：得到抽象路径表示法的最后一个部分。

（9）boolean renameTo(File newName)：将当前 File 对象所代表的路径名改为 newName 所代表的路径名。若成功，则返回 true。

（10）boolean mkdir()：生成一个新的目录。若成功，则返回 true。

（11）boolean mkdirs()：生成一个新的目录，包含子目录。若成功，则返回 true。

（12）boolean delete()：删除目前 File 对象代表的文件或目录，目录需为空。若删除成功，则返回 true。

【任务 9-5】　为某个文件建立 File 对象，并获取它的各种属性

（一）任务描述

希望获取某个已经存在文件的名称、大小等属性。

（二）任务分析

可以对该文件建立一个 File 类对象，再用 File 类的方法来获取该文件的各种属性。

（三）任务实施

```
//为某个文件建立 File 对象并获取属性
import java.io.*;
class fileAttributes{
    public static void main(String[] args){
        File fl=new File("example\\eg9_5.txt");
        System.out.println("The file is exist? "+fl.exists());
        System.out.println("The file can write? "+fl.canWrite());
        System.out.println("The file can read? "+fl.canRead());
        System.out.println("The file is a file? "+fl.isFile());
        System.out.println("The file is a directory? "+fl.isDirectory());
        System.out.println("The file's name is: "+fl.getName());
        System.out.println("The file's all path is: " + fl.getAbsolutePath());
        System.out.println("The file's length is "+fl.length());
    }
}
```

程序输出结果为：

```
The file is exist? true
The file can write? true
The file can read? true
The file is a file? true
The file is a directory? false
The file's name is: eg9_5.txt
The file's all path is: I:\08_2\java_Book\BookSource\example\eg9_5.txt
The file's length is 0
```

【任务 9-6】　根据文件头包含字符串归类

（一）任务描述

要求将目录 example\\file 下的所有以 a 开头的文件并粘贴到 example\\file1\\ectA 下，所有以 b 开头的文件剪切并粘贴到 example\\file1\\ectB 下，其他文件剪切并粘贴到 example\\file1\\out 下。

要求 a 和 ectA 等可以动态输入。

（二）任务分析

该任务要到目录的遍历操作，所以应该对目录 example\\file 建立一个 File 对象，然后用 File 对象的 list 方法，将该目录下的所有文件名称全部获得后放在一个 String 类型的数组中，逐个检查数组中的元素是否以某字符串开头，再进行处理。

在实现该任务的时候，可以分为 3 个模块：

（1）实现一个 void copyAFile(String sourceFile, String endFile)方法，该方法将 sourceFile 文件

的内容逐行复制到文件 endFile 中。

（2）实现一个 void copyDir(File dir, String beginStr, String targetDir)方法，该方法将 dir 目录中以 beginStr 字符串开头的所有文件复制到 targetDir 指向的目录中，并将原来的文件删除。

（3）在 main()方法中，调用 3 次 copyDir 方法，依次将以 a 开头的文件复制到 example\\file1\\ectA 下，所有以 b 开头的文件复制到 example\\file1\\ectB 下，其他文件复制到 example\\file1\\out 下。

（三）任务实施

```
import java.io.*;
public class FileCopy{
    public static void main(String args[]){
        File dir=new File("example\\file");
        //复制a开头的文件到targetDir目录中
        String beginStr="a";
        String targetDir="example\\file1\\etcA\\";
        copyDir(dir,beginStr,targetDir);
        //复制b开头的文件到targetDir目录中
         beginStr="b";
         targetDir="example\\file1\\etcB\\";
         copyDir(dir,beginStr,targetDir);
        //复制剩下的所有文件到targetDir目录中
         beginStr="";
         targetDir="example\\file1\\out\\";
         copyDir(dir,beginStr,targetDir);
    }
    static void copyDir(File dir,String beginStr,String targetDir){
        if(dir.isDirectory()){
            System.out.println("是一个目录");
            String[] fileNames=dir.list();
            for(int i=0;i<fileNames.length;i++){
               if(fileNames[i].startsWith(beginStr)){
                   System.out.println("源文件"+dir+"\\"+fileNames[i]);
                   System.out.println("目标文件"+targetDir+fileNames[i]);
                   copyAFile(dir+"\\"+fileNames[i],targetDir+fileNames[i]);
                   File tmpFile=new File(dir+"\\"+fileNames[i]);
                   tmpFile.delete();
               }
            }
        }else{
                 System.out.println("不是一个目录");
        }
    }
    static void copyAFile(String sourceFile, String endFile){
        //将sourceFile文件的内容逐行复制到文件endFile中
        try{
             BufferedReader f1=new BufferedReader(new FileReader(sourceFile));
             BufferedWriter f3=new BufferedWriter(new FileWriter(endFile));
             String s1=f1.readLine();
             while (s1!=null){
                 f3.write(s1);
```

```
                f3.newLine();
                s1=f1.readLine();
            }
            f1.close();
            f3.close();
        } catch(FileNotFoundException e){
            System.out.println(e);
        } catch(IOException e){

            System.out.println(e);
        } finally {
        }
    }
}
```

9.4　综 合 实 训

实训：练习输入/输出流类的使用

（1）在一个类 Student 中，定义 3 个成员变量 String name、int no、double score。

（2）写一个方法 input，从键盘输入姓名、学号（6 位数）、成绩，生成一个 Student 类对象 a。

（3）写一个方法 show，打印出学生 a 的姓名、学号、成绩。

（4）写一个方法 save，将学生 a 的姓名、学号、成绩保存到以学号命名的文本文件中。

（5）在 main()方法中定义一个数组，包含 10 个学生类对象，分别调用 input、show、save 方法，从键盘输入信息到程序，然后保存到文本文件中。

（6）用 File 类对象的 list 方法求出文件夹下所有文件的名称，从各文件中读取各学生的数据，并计算所有学生成绩的平均值、最大值和最小值。

（7）假设学号的前 2 位为班级代码，请参考任务 9-6，将不同班级的同学信息放在不同的文件夹（以班级代号命名）中。

小　结

本章介绍了 Java 中输入/输出流的原理及在 Java 中实现输入/输出流的方法，通过若干个任务演示了字节流和字符流读写文件、标准输入/输出、文件类 File 的使用等。读者可以通过课后习题和实训做相应练习掌握关于输入/输出流的知识点。

思考与练习

一、选择题

1. 下列数据流中，属于输入流的一项是（　　）。

A. 从内存流向硬盘的数据流　　B. 从键盘流向内存的数据流

C. 从键盘流向显示器的数据流　　D. 从网络流向显示器的数据流

2. 下列哪个流使用了缓冲区技术？（　　）

A. BufferedOutputStream　　B. FileInputStream

C. DataOutputStream　　D. FileReader

3. 要在磁盘上创建一个文件，可以使用哪些类的实例？（　　）

A. File　　B. FileOutputStream

C. AB 都可以　　D. AB 都不可以

4. 要创建一个新的含有父目录的目录，应该使用下列哪个类的实例？（　　）

A. File　　B. FileOutputStream

C. FileInputStream　　D. Dir

5. 构造 BufferedInputStream 的合适参数是下列哪一个类的对象？（　　）

A. BufferedOutputStream　　B. FileInputStream

C. FileOutputStream　　D. File

6. 关于流类和 File 类的说法错误的一项是（　　）

A. File 类可以重命名　　B. File 类可以修改文件内容

C. 流类可以修改文件内容　　D. 流类不可以创建新目录

7. 下列哪个类是 Java 系统的标准输入对象？（　　）

A. System.out　　B. System.exit(0)　　C. System.err　　D. System.in

8. 下面哪个语句能正确地创建一个 InputStreamReader 对象？（　　）

A. new InputStreamReader("aa");

B. new InputStreamReader(new FileReader("data"));

C. new InputStreamReader(new FileInputStream("data"));

D. new InputStreamReader(new BufferedReader("data"));

9. Java 的输入/输出功能必须借助于输入/输出类库（　　）包来实现，这个包中的类大部分是用来完成流式输入/输出的流类。

A. java.net　　B. java.io　　C. java.AWT　　D. java.sql

10. 以相对路径建立一个文件流的路径：File file1=new File("example\\11.txt");。如果该代码所在文件的工程属于 c:\myjava 目录，那么 file1 对象指向的文件是（　　）。

A. c:\myjava\ example\11.txt　　B. c:\example\11.txt

C. c:\myjava\11.txt　　D. c:\11.txt

二、填空题

1. System.in.read( )对应的输入设备是________。

2. 就流的运动方向而言，流可分为________和________。

三、简答题

1. Java 中的输入流是指对程序的输入吗？

2. Java 中的输出流是指输出到程序中还是输出到硬盘的文件中？

第10章 图形界面设计

图形界面设计是程序设计语言一个很重要的部分。在Java中，是通过使用JDK中的AWT包和 Swing 包中的相关类来完成图形界面设计的。本章将通过一个具体的案例向读者讲述AWT组件的应用、布局管理器及Java的事件处理模型。通过本章学习，读者应该达到以下目标：

学习目标	☑ 掌握图形界面设计原理； ☑ 熟悉AWT包中各种图形界面类及其相互关系； ☑ 掌握AWT版面配置类的使用； ☑ 了解Java中事件处理机制的原理，并实现相应事件处理功能。

10.1 AWT 概 述

10.1.1 AWT 简介

个人计算机上的软件人机交互方式主要分为命令行界面（Command Line Interface，CLI）和图形用户界面（Graphical User Interface，GUI）。在CLI中，用户通过命令行的方式与系统进行交互，例如以前的MS-DOS系统或者一些服务器的终端软件即使用这种方式。CLI具有执行效率高、用户端软件简单等特点，但是对用户要求比较高，需要熟记各种命令才能让系统正常工作。面对非专业的用户，往往提供图形界面更能让他们快速熟悉系统，因为在GUI中，用户只需要点击鼠标就可以完成很多操作。这也是Windows系统如此流行的原因。所以，图形用户界面也成为开发人员开发普通的应用程序的必要部分。

Java提供了两个包：AWT（Abstract Window Toolkit，抽象窗口工具包）包和Swing包，用于生成图形用户界面。

为了让写出来的程序可以跨平台运行，也就是“一次编写，随处运行”，Java在各种操作系统平台的图形用户界面上有突破性的设计。Java达到在图形界面上与操作系统无关的实现方法，初期是借助一种窗口开发类库——AWT的实现方法。AWT包含有许多用来设计GUI的类，如按钮、菜单、列表、文本框等组件类，还包含窗口、面板等容器类，另外也提供事件处理机制功能。AWT包由java.awt包提供，属于Java基础类（Java Foundation Classes，JFC）的一部分。

Java.awt包中最核心的类是Component类，该类是构成Java图形用户界面的基础，所有其他组件都是从 Component 类派生出来的。值得注意的是：Component 类是一个抽象类，不能直接使用。此外，在 Component 类中定义了 AWT 组件具有的一般功能，如下所示：

（1）大小和位置控制：一个组件的大小和位置可以通过组件提供的一些方法来指定，相应的方法包括 setSize()、setLocation()等。

（2）外形控制：可以通过 getFont()、setFont()、setForeground()等方法设置组件中的字体、颜色等。

（3）基本绘画支持：方法 repaint()、paint()、update()用于在屏幕上绘制组件，AWT 绘图系统通过一个单独的线程控制程序何时进行组件的绘制。

（4）组件的状态控制：提供的有关组件状态控制方面的方法有 setEnable()、isEnable()、isVisible()等。

10.1.2 容器、组件的关系

在 AWT 中，组件、容器、布局管理器之间的关系是 AWT 中最基本的关系，AWT 就像是一片森林，其中的各种资源关系有很多交互的部分，需要了解这些森林里有哪些可用资源，这些资源放在哪里，它们的关系又怎样，这样才可以学习到 Java 图形界面编程的精髓。

在学习 Java 的 GUI 编程时，容器类（Container）和组件类（Component）的概念及关系一定要理解清楚。它们的关系如图 10-1 所示。

该图中有 3 个类是虚线框，表示它们是抽象类。有一些不太重要或者不方便详细表示的类用省略号……表示。

以下是对 AWT 的几点必要的认识：

（1）组件的概念：Button（按钮）、ScrollBar（滚动条）、Checkbox（复选框）、TextField（单行文本框）、TextArea（多行文本框）、Label（标签）是包 java.awt 中的类，并且是 Java.awt 包中 Component 组件的子类，Java 称由 Component 类的子类或间接子类创建的对象为一个组件。

（2）容器的概念：Java 称由 Container 的子类或间接子类创建的对象为一个容器。

从 Component 类派生出来的 Container 类用于表示 GUI 中的容器，该类具有的功能是组件管理和布局管理。在组件管理中，包含的方法有 add()、remove()、getComponent()等，分别用于添加组件、删除组件和获得某个组件。

AWT 使用 Container 类来定义最基本的组件容器，它有两个子类：Window 类和 Panel 类。Window 类还有两个子类：Dialog 类和 Frame 类。定义对话框用 Dialog 子类；Java 还提供了一个 Dialog 的子类——FileDialog，用于生成文件对话框。如果是定义一般意义的窗口，则用 Frame 类。

（3）容器与组件的关系：

① 可以使用容器 Container 类的 add()方法将组件添加到该容器中。

② 容器调用 removeAll()方法可以去掉容器中的全部组件，调用 remove(Component c)方法可以移去参数 c 指定的组件。

③ 每当容器添加新的组件或移去组件时，应当让容器调用 validate()方法，以保证容器中的组件能正确显示出来。

④ 注意到容器本身也是一个组件，因此可以把一个容器添加到另外一个容器中实现容器的嵌套。

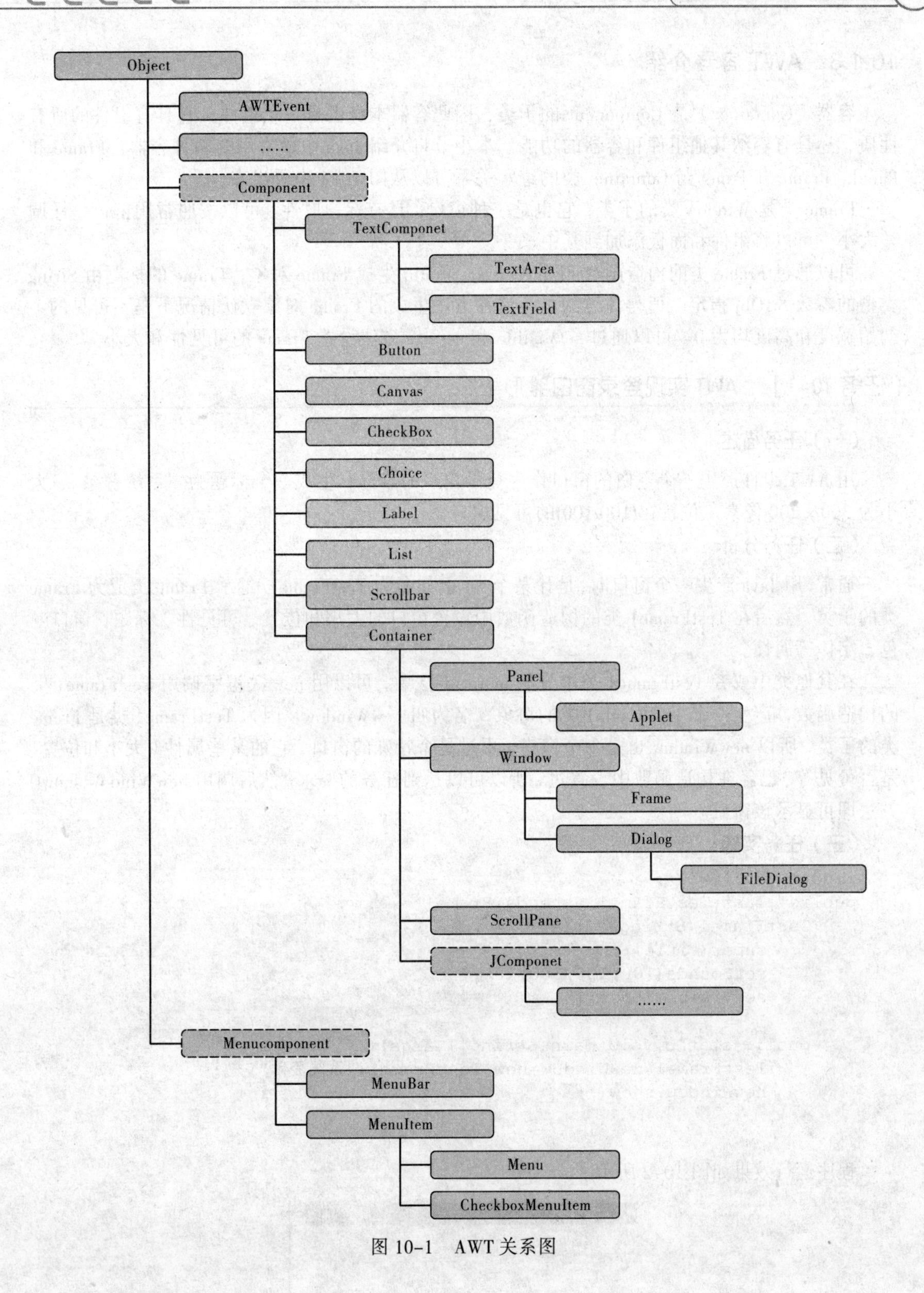
Object
AWTEvent
……
Component
TextComponet
TextArea
TextField
Button
Canvas
CheckBox
Choice
Label
List
Scrollbar
Container
Panel
Applet
Window
Frame
Dialog
FileDialog
ScrollPane
JComponet
……
Menucomponent
MenuBar
MenuItem
Menu
CheckboxMenuItem

图 10-1　AWT 关系图

10.1.3 AWT 容器介绍

容器（Container）是 Component 的子类，因此容器本身也是一个组件，它具有组件的所有性质，还具有容纳其他组件和容器的功能。本小节将介绍 Java 中最常用的两种容器：Frame 和 Panel。Frame 和 Panel 与 Container 类的继承关系可以从图 10-1 中看出来。

Frame 类是 Window 类的子类，它也是一种窗口，具有标题属性，可以按照常用窗口一样调整大小。可以将组件和面板添加到其中。

可以通过 Frame 类的构造函数 Frame(String strObj)生成 Frame 对象，Frame 的标题由 String 类型的参数 StrObj 指定。值得注意的是，这种方法生成的 Frame 对象默认情况下是不可见的，初始宽度和高度均为 0。可以通过 setVisible 和 setSize 方法设置 Frame 的可见性和大小。

【任务 10-1】 AWT 实现登录窗口雏形

（一）任务描述

用 AWT 组件产生一个空白的窗口作为登录窗口的雏形，生成一个标题为“系统登录”、大小为 300 × 200 像素、位置在(100,100)的可见窗口。

（二）任务分析

通常，用 Java 产生一个窗口时，是让某个类（例如名为 TestFrame1）继承 Frame 类成为 Frame 类的子类，然后在 TestFrame1 类的构造函数中设置窗口的大小和位置、可见性、标题、窗口颜色、字体等属性。

在其他类中或者 TestFrame1 类本身的 main()方法中，可以用 new 关键字调用 TestFrame1 类的构造函数，产生一个 TestFrame1 类的对象，名为叫 newWindow，因为 TestFrame1 类是 Frame 类的子类，所以 newWindow 也是一个窗口，不过是个特殊的窗口，它的某些属性（大小和位置、是否可见等）已经在构造函数中设置过，所以可以达到任务的要求。然后调用 newWindow.show() 方法即可显示该窗口。

（三）任务实施

```
import java.awt.*;
public class TestFrame1 extends Frame{
    TestFrame1(String title){
        super(title);
        setBounds(100,100,300,200);
        setVisible(true);
    }
    public static void main(String[] args){
        TestFrame1 newWindow=new TestFrame1("系统登录");
        newWindow.show();
    }
}
```

程序运行效果如图 10-2 所示。

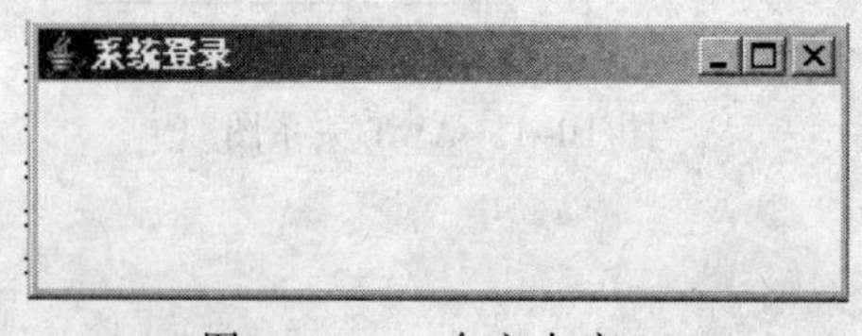

图 10-2 一个空白窗口

10.1.4　AWT 组件介绍

现在产生的登录窗口还是空白的，一般的登录窗口会包含有用户名和密码文本框以及相应的提示，还有“确定”“取消”的按钮，所以先介绍在 AWT 中如何将按钮、标签及文本框加入到窗口中。

1. 按钮（Button）

按钮是 AWT 中最常见的一种组件，如果希望按钮响应用户的单击操作，就需要实现相关的鼠标单击事件。

按钮组件的生成方式如下：

```
Button butobj=new Button("OK")
```

上面的语句生成了一个标记文字为 OK 的按钮。

2. 标签（Label）

标签可以说是最简单的一种组件，用于在界面上显示一行文字，生成方式如下：

```
Label labObj=new Label("Book name");
```

上面的语句生成了一个标记文字为 Book name 的标签。

3. 单行文本输入区（TextField）

单行文本输入区有下面几种生成方法：

```
TextField tfObj1=new TextField();
TextField tfObj2=new TextField(5);
TextField tfObj3=new TextField("name");
TextField tfObj4=new TextField("name",5);
```

TextField 只能显示一行，上面的第一条语句生成一个空的单行文本输入区，第二条语句生成一个列数为 5 的单行文本输入区，第三条语句生成一个文本内容为 name 的单行文本输入区，第四条语句生成一个文本内容为 name 且列数为 5 的单行文本输入区。

4. 文本输入区（TextArea）

TextArea 用于显示多行多列的文本信息，生成方式如下：

```
TextArea taObj=new TextArea("Hi",3,20);
```

在上面的语句中，第一个参数表示初始字符，第二个和第三个参数分别表示行数和列数。

其他常用的组件还有列表（List）、复选框（Checkbox）、单选按钮（Radio Button）、下拉式菜单（Choice）等，由于篇幅及以后还要学习 Swing 组件的原因，所以暂时忽略。

通过以上的介绍，现在来尝试在任务 10-1 的基础上加入登录时输入内容的组件。

【任务 10-2】　用 AWT 实现登录窗口添加组件

（一）任务描述

向任务 10-1 空白登录窗口中添加文本、标签和按钮，实现图 10-3 所示的效果。

（二）任务分析

产生一个类，名为 LoginUseAWT，继承 Frame 类成为 Frame 类的子类，那么 LoginUseAWT 就是一个窗口，然后在 TestFrame1 的构造函数中按照以下顺序操作：

（1）调用构造函数；

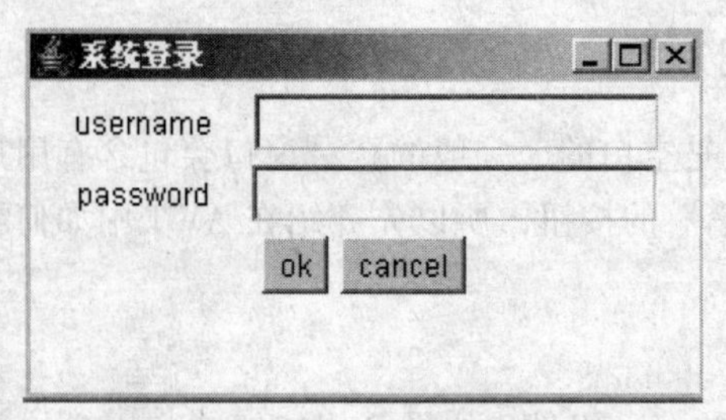

图 10-3　登录界面

（2）设置窗口大小和位置；

（3）设置布局管理器；

（4）生成新的组件；

（5）将新的组件添加到窗口；

（6）设置窗口可见属性。

对应举例如下：

```
super(title);
setBounds(500,300,280,150);
setLayout(new FlowLayout());
Label lab1=new Label("username");
add(lab1);
setVisible(true);
```

上面的 6 句代码如果放在 LoginUseAWT 的构造函数中，将为 LoginUseAWT 类的窗口增加一个标签，标签上显示的文字为“username”，同时窗口在(500,300)的位置，高 280 像素，宽 150 像素，窗口可见，窗口中的所有组件从左到右、从上到下排列（setLayout(new FlowLayout());设置了布局管理器，稍后将讲解）。

（三）任务实施

所以按照以上的原理，可以编码如下：

```
import java.awt.*;
public class LoginUseAWT extends Frame{
    LoginUseAWT(String title){
        super(title);
        setBounds(500,300,280,150);
        setLayout(new FlowLayout());
        Label lab1=new Label("username");
        add(lab1);
        TextField txt1=new TextField(20);
        add(txt1);
        Label lab2=new Label("password");
        add(lab2);
        TextField txt2=new TextField(20);
        add(txt2);
        Button but1=new Button("ok");
        add(but1);
        Button but2=new Button("cancel");
        add(but2);
```

```
        setVisible(true);
    }
    public static void main(String[] args){
        new LoginUseAWT("系统登录");
    }
}
```

10.2 版 面 配 置

在任务 10-2 中，读者看到的界面似乎将按钮、文本和标签都还排列得比较整齐，但是如果程序员修改文本的宽度或者窗口的大小就会发现界面很不整齐，这个问题由“布局管理器”来解决。

各种容器都有默认的布局管理器，如表 10-1 所示。

表 10-1　各种容器默认的布局管理器

容　器　类	默认布局管理器
Container	Null
Panel、Applet	FlowLayout
Window	BorderLayout
Frame	BorderLayout
Dialog	BorderLayout

下面将举例说明常见的几种布局管理器 BorderLayout（边框布局管理器）、FlowLayout（流布局管理器）、GridLayout（网格布局管理器）的使用。

10.2.1 BorderLayout

BorderLayout 也可称为边框布局管理器，它可以将组件安置在 5 个不同的区域，它们分为东、南、西、北、中，分别用常量 EAST、SOUTH、WEST、NORTH 和 CENTER 表示。需要注意的是，每个区域只能放置一个组件，若将组件置于已有组件的区域，则原组件将被取代。和流布局管理器不同的是，各区域的组件并不一定会维持原来定义的大小，而是会充满各区域所提供的空间。常用的构造函数如下：

- BorderLayout()：生成一个 BorderLayout 对象。
- BorderLayout(int hgap,int vgap)：生成一个 BorderLayout，并指定组件之间的水平和垂直间距。

下面的任务演示边框布局管理器的效果。

【任务 10-3】　使用边框布局管理器 BorderLayout

（一）任务描述

希望生成一个带有 BorderLayout 布局管理器的窗口，如图 10-4 所示。

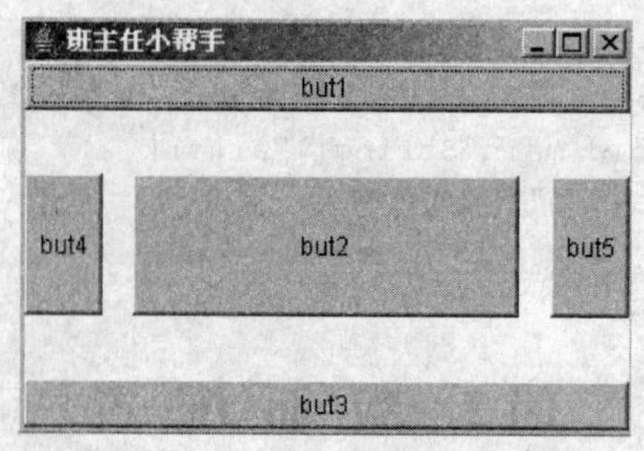

图 10-4　BorderLayout 布局管理器

（二）任务分析

利用 BorderLayout 的构造函数 BorderLayout mylayout=new BorderLayout(15, 30);可改变各个板块之间的距离，生成图 10-4 所示效果。

（三）任务实施

```
import java.awt.*;
class InputMsg extends Frame{
    InputMsg(){
        setBounds(10,10,300,200);
        BorderLayout mylayout= new BorderLayout(15,30);
        this.setLayout(mylayout);
        this.add(new Button("but1"),BorderLayout.NORTH);
        this.add(new Button("but2"),BorderLayout.CENTER);
        this.add(new Button("but3"),BorderLayout.SOUTH);
        this.add(new Button("but4"),BorderLayout.WEST);
        this.add(new Button("but5"),BorderLayout.EAST);
        this.setVisible(true);
    }
    public static void main(String args[]){
        InputMsg f1= new InputMsg();
        f1.setTitle("班主任小帮手");
        f1.show();
    }
}
```

该任务实现代码的构造函数用语句“BorderLayout mylayout= new BorderLayout(15, 30);”产生了一个 BorderLayout 类的对象 mylayout，然后用语句“this.setLayout(mylayout);”设置了窗口的布局为 mylayout 对象所管理，所以 InputMsg 类窗口的布局管理器是一个边框布局管理器，接下来用语句“this.add(new Button("but1"),BorderLayout.NORTH);”将 but1 按钮设置在窗口的北边（顶部），依此类推，将其他 4 个按钮都放在固定的位置即可达到任务要求的效果。

10.2.2　FlowLayout

流布局管理器提供了一种非常简单的布局，用来将一群组件置于一行。它是 Panel 和 Applet 的默认布局管理器。流布局管理器会将组件安排在同一行（由左向右排列）并维持组件原本所定义的大小。当此行已经排满时，它会将剩余的组件自动排列到下一行，而各行的组件会向中间对齐（当然，程序员也可以通过使用常量 LEFT、CENTER 或 RIGHT 来改变默认的对齐方式）。

FlowLayout 常用的构造函数如下：

- FlowLayout( )：生成一个 FlowLayout 对象。
- FlowLayout (int align)：生成一个 FlowLayout 对象并指定对齐方式 (LEFT，CENTER，RIGHT)，默认为 CENTER。
- FlowLayout (int align, int hgap, int vgap)：生成一个 FlowLayout 对象并指定对齐方式、同一行各组件之间的间距 (默认为 5 像素) 以及行间距 (默认为 5 像素)。

FlowLayout 的一些常用的方法：

- setAlignment (int align)：指定组件对齐的方式。
- setHgap (int gap)：指定同一行各组件的距离。
- setVgap (int gap)：指定各行之间的距离。

例如修改任务 10-2 中的设置布局管理器的代码为：

```
setLayout(new FlowLayout(FlowLayout.LEFT,5,15));
```

生成一个 FlowLayout 对象并指定对齐方式为向左对齐，同一行各组件之间的间距为 5 像素，行间距为 15 像素，这里组件比较少，没有换行，所以没看到行间距的效果。

登录窗口如图 10-5 所示。

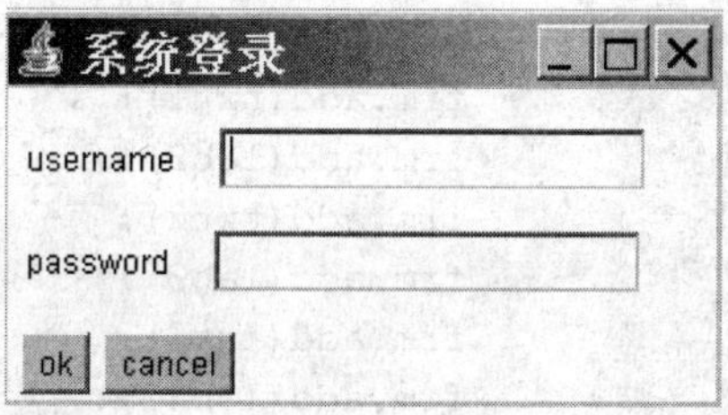

图 10-5　登录窗口

10.2.3　GridLayout

网格布局管理器会根据指定的行/列数目将一个容器分割成几个一样大小的方形区域，每个区域只能放置一个组件，而每个组件会完全使用该区域所能使用的空间。常用的构造函数如下：

- GridLayout()：生成一个网格布局管理器，所有组件会排列于同一列，而组件间的间隔为零 (默认值)。
- GridLayout(int rows,int cols)：生成具有 rows 行和 cols 列的网格布局管理器。
- GridLayout(int rows,int cols,int hgap,int vgap)：生成具有 rows 行和 cols 列并指定行间距为 hgap，列间距为 vgap 的网格布局管理器。

【任务 10-4】　使用网格布局管理器 GridLayout

（一）任务描述

某老师希望有一个程序可以用来保存学生的基本信息，界面如图 10-6 所示。

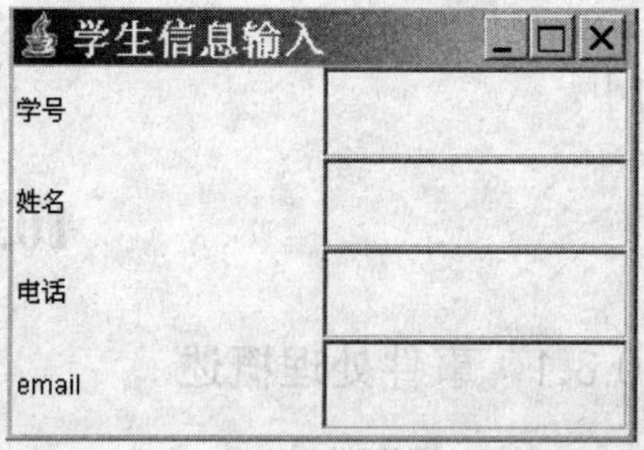

（二）任务分析

该界面应该用网格布局管理器 GridLayout 类来实现，然后逐个生成 4 个 Label 组件和 4 个 TextField 组件，按顺序从左到右、从上到下添加到窗口中。

图 10-6　GridLayout 布局管理器

（三）任务实施

```
//网格布局管理器的示例
```

```
import java.awt.*;
public class GridLayDemo{
    public static void main(String[] args){
        Frame frm=new Frame("学生信息输入");
        frm.setBounds(20, 20, 300, 200);
        GridLayout layout=new GridLayout(4,2);
        frm.setLayout(layout);
        TextField txt1=new TextField(50);
        frm.add(txt1);
        TextField txt2=new TextField(50);
        TextField txt3=new TextField(50);
        TextField txt4=new TextField(50);
        Label lab1=new Label("学号");
        Label lab2=new Label("姓名");
        Label lab3=new Label("电话");
        Label lab4=new Label("email");
        frm.add(lab1);
        frm.add(txt1);
        frm.add(lab2);
        frm.add(txt2);
        frm.add(lab3);
        frm.add(txt3);
        frm.add(lab4);
        frm.add(txt4);
        frm.setVisible(true);
    }
}
```

该代码中首先用语句“GridLayout layout=new GridLayout(4,2);”产生一个 GridLayout 类的对象 layout，然后用语句“frm.setLayout(layout);”将窗口 frm 的布局设置为 layout 对象所管理，所以，frm 窗口将会是一个 4 行 2 列的网格布局窗口。

10.2.4 Null 布局管理器

对于习惯用(*x*,*y*)或直接用 IDE（综合开发环境）工具画组件的程序员来说，第一次使用布局管理器都会有些不习惯。在 Java 中使用 Null 布局管理器时，也可以用(*x*,*y*)来绘制组件，但是这种布局管理器是有缺点的：它不能妥善处理 resize 事件，所以它不适合大量使用。

在使用 Null 布局管理器时，如果没有设置某个组件的位置和大小，将不会显示该组件在窗口中。

10.3 事件处理机制

10.3.1 事件处理概述

1. 什么是事件

在前面的 GUI 程序中，运行的结果都是静态的，用鼠标单击任何按钮或其他组件都没有反应。在一个图形界面程序中，需要有计算机程序接收到用户通过鼠标和键盘操作给出的信号，相应的按钮或组件才会有反应。

当用户执行一个界面的操作时（例如单击或者按下键盘上的某一个键），就会引发一个事件。这些事件是系统预先定义好的，并且对应鼠标、键盘以及按钮、文本框的各种操作分为很多类事件，程序员只要编写代码去定义每个事件发生时程序应该做的事情就可以了，这就是GUI程序中事件和事件相应的基本原理。

2. 事件源和事件处理器

事件源是事件的发生器，例如，在一个按钮组件上单击一次，就会产生一个以该按钮为发生源的 ActionEvent 实例。这个 ActionEvent 实例是一个对象，该对象包含所发生事件的一些相关信息，例如：

- String getActionCommand()：返回与此动作相关的命令字符串。
- Int getModifiers()：返回发生此动作事件期间按下的组合键。
- Long getWhen()：返回发生此事件时的时间戳。
- String paramString()：返回标识此动作事件的参数字符串。

ActionEvent 类还从类 java.util.EventObject 继承了 public Object getSource()方法，可以获得最初发生 Event 的对象。

该事件被传递给每一个在该组件上注册了的事件处理器，事件处理器是一个方法，该方法接收一个事件并对其进行解释、处理用户的交互操作。

10.3.2 委托事件模型

从 JDK1.1 开始，Java 开始使用委托事件模型（Delegation Event Modal）来处理界面的操作问题。

可以将 Java 的事件处理机制比喻为一个小区的物业管理。这里可以分 3 步来描述，例如小区物业管理公司向该小区的住户提供水、电、煤气、有线电视、安全等 5 大保障。

首先，物业管理公司需要具备国家规定的资历才能提供物业管理服务。

其次，住户要向物业管理公司交纳物业管理费。

然后，住户的水、电、煤气、有线电视、安全等方面有问题了就可以找物业管理公司来解决。可以用图 10-7 来描述这 3 步的关系。

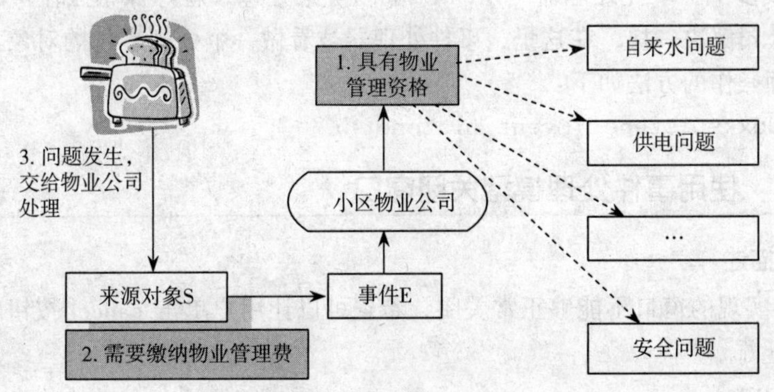

图 10-7 委托事件模型 1

下面，可以来看看事件处理的步骤，分为以下 3 步：

第一步：定义一个事件处理器 A，它其实是一个实现某事件监听接口（名字通常为 xxxListener）的类（A 要实现接口中规定的抽象方法）。

第二步：让组件注册事件监听者（即第一步中实现了事件监听接口的类）。

第三步：用户单击或按下键盘某按键时，该事件被发送给该组件注册过的事件监听者（封装在一个事件源对象中），由该事件监听者来处理用户操作。

示意图如图 10-8 所示。

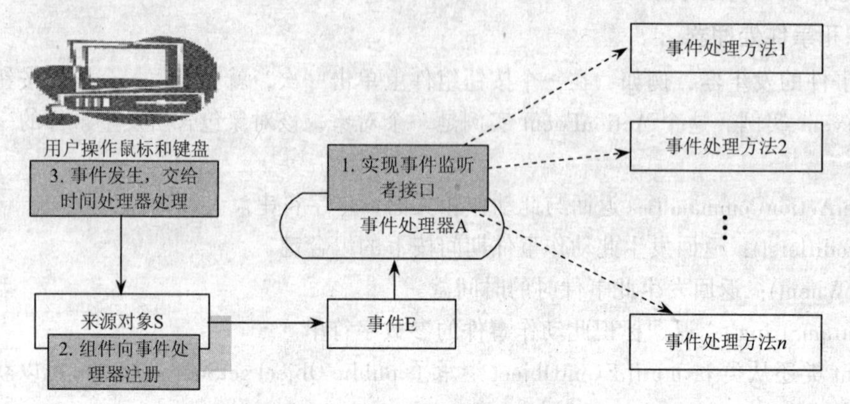

图 10-8　委托事件模型 2

要了解 Java 的委托事件模型，先要了解刚才描述中出现的 4 个新名词。

（1）事件源 S。在 GUI 程序中，需要对用户的键盘、鼠标操作进行响应，以完成某种功能。例如，当用户敲击键盘或单击某个组件时便弹出一个消息框等。在 AWT 事件处理模型中，用户在各种场合进行的各项操作都称为事件源，这同样适用于 Swing 组件。

（2）事件对象 E。对于不同的事件源，Java 虚拟机会产生相应类型的事件对象。Java 自动识别各种不同的事件类型并进行分类处理。

（3）事件处理器 A。事件处理器 A 需要实现事件源 S 对应的监听接口，该接口封装了与某事件源对应类型的事件的各种处理方法。

（4）事件监听接口。事件监听接口是一种处理事件的接口，是在 java.awt.event 包中被定义的，在此包中也定义了各种事件类。

综上所述：Java 委托事件模型，是指图形界面中事件的处理被封装为事件的来源对象转而委托给某个（或多个）事件处理器（EventListener）来处理，就好像小区住户的各种问题都可以找物业管理公司解决一样，在这里，事件处理器被看做一个处理事件的对象。某组件委托某事件处理器处理操作的方法如下：

```
Source.addxxxListener(Event Listener);
```

【任务 10-5】　使用事件处理模型关闭窗口

（一）任务描述

任务 10-2 实现的窗口不能够正常关闭，希望可以让用户单击 cancel 按钮就关闭窗口，并释放程序所有资源。

（二）任务分析

本任务中的窗口关闭需要用到事件处理模型，运行的原理如图 10-9 所示。

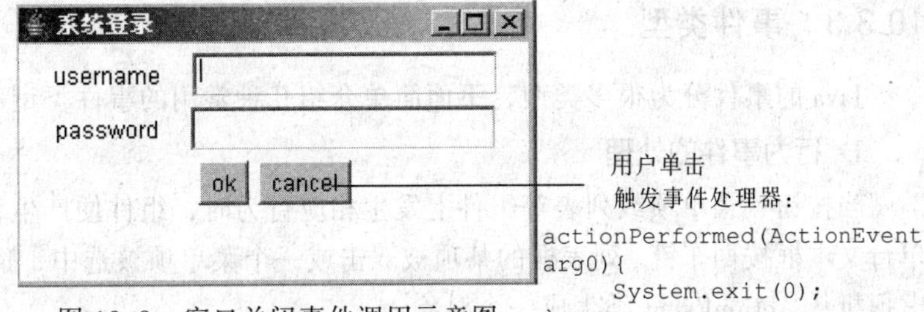

图 10-9　窗口关闭事件调用示意图

（三）任务实施

在任务 10-2 中单击 cancel 按钮关闭窗口的代码，其中加粗部分是实现事件处理的代码：

```
import java.awt.*;
import java.awt.event.*;
public class LoginUseAWT extends Frame implements ActionListener{
    //LoginUseAWT类实现ActionListener接口，说明事件处理器也可以是界面本身的类
    LoginUseAWT(String title){
        super(title);
        setBounds(500,300,280,150);
        setLayout(new FlowLayout());
        Label lab1=new Label("username");
        add(lab1);
        TextField txt1=new TextField(20);
        add(txt1);
        Label lab2=new Label("password");
        add(lab2);
        TextField txt2=new TextField(20);
        add(txt2);
        Button but1=new Button("ok");
        add(but1);
        Button but2=new Button("cancel");
        add(but2);
        //将but2按钮注册到事件处理器LoginUseAWT类
        but2.addActionListener(this);
        setVisible(true);
    }
    public static void main(String[] args) {
        new LoginUseAWT("系统登录");
    }
    //LoginUseAWT类实现ActionListener接口必须实现的方法
    public void actionPerformed(ActionEvent arg0) {
        System.exit(0);
    }
}
```

当用户单击 cancel 按钮时，产生的事件将触发事件处理器的 actionPerformed()函数进行相应的处理。

需要说明的是：同一个组件可以加上多个事件监听器，同一个事件监听器也可以在同一组件上添加/删除多次。

10.3.3　事件类型

Java 的事件分为很多类型，下面简单介绍几种常用的事件类型和处理方法。

1. 行为事件的处理

当按钮、菜单项或列表等组件上发生相应行为时，组件便产生行为事件。按钮被按下、在单行文本框按回车键、列表框的某项被双击或一个菜单项被选中，都可产生一个行为事件，Java 虚拟机从 ActionEvent 类生成一个对象。

行为监听器用于监听行为事件。它们由实现了 ActionListener 接口的对象表示。ActionListener 仅指定了一个简单的方法，该方法必须由一个作为行为监听器的类实现。该方法的原型如下：

```
public abstract void acitonPerformed(ActionEvent e)
```

当一个按钮按下或者选中一个菜单项，调用 actionPerformed()方法。要注册一个行为事件源（即组件），必须在主程序中调用该组件的 addActionListener()方法。若要撤销注册，则调用该组件的 removeActionListener 方法。

2. 鼠标事件的处理

当用户按下鼠标按键、释放鼠标或移动鼠标指针时，发生鼠标事件。从 MouseEvent 类创建的对象表示鼠标事件。通过 MouseEvent 的 getX()和 getY()方法可以返回鼠标指针相对于事件源组件的坐标，也可以通过 getPoint()方法将它们作为一个点对象来获取。通过其 getClickCount()方法可以获得单击次数，由此判断是单击还是双击等，通过 paramString()方法可以获得各种相关参数，包括单击的模式，由此判断操作的是左键、右键还是中键。

鼠标监听器用于监听鼠标事件。鼠标事件的监听器接口有两个：MouseListener 和 MouseMotionListener。其中，鼠标按键相关事件监听器由实现 MouseListener 接口的对象表示，而鼠标移动相关事件监听器则由实现 MouseMotionListener 接口的对象表示。MouseListener 指定 5 个必须实现的方法，它们是 MouseClicked()、MouseEntered()、MouseExited()、MousePressed()和 MouseReleased()。MouseMotionListener 指定两种必须实现的方法：MouseDragged()和 MouseMoved()。这些方法在发生相应类型的鼠标事件时被激发。要注册一个鼠标事件源和鼠标移动事件源，必须调用相应的 addMouseListener()和 addMouseMotionListener()方法。使用时，可以根据实际需要实现和注册 MouseListener 和 MouseMotionListener 接口中的一个或两个。

3. 文本事件的处理

当一个文本框或文本域的内容发生改变时，发生文本事件。在拥有焦点的文本组件中按下键或调用组件的 setText()方法，组件的内容都会发生改变，从而激发文本事件。从 TextEvent 类产生的对象可以表示文本事件。

文本监听器用于监听文本事件。它们由实现 TextListener 接口的对象来表示。TextListener 只指定了一个必须实现的方法 textValueChanged()。要注册一个文本事件源，必须调用组件的 addTextListener()方法。

4. 窗口事件的处理

当一个窗口被激活、撤销激活、打开、关闭、图标化或撤销图标化时，发生窗口事件。从 WindowEvent 类创建的对象可以表示窗口事件。通过 WindowEvent 类的 getWindow()方法可以获取激发事件的容器类窗口（如对话框、文件框或框架等）的标识。

窗口监听器用于监听窗口事件。它由实现了 WindowListener 接口的对象来表示。WindowListener 指定了 7 种必须实现的方法，分别对应窗口的 7 种不同事件种类。要注册一个窗口事件源，需要调用组件的 addWindowListener()方法。

编写事件处理程序，前提是要熟悉 Java AWT 的事件类型体系，包括事件类型的划分、各类事件可以挂接的组件和各种事件处理器接口的方法构成。它们的关系如表 10-2 所示。

表 10-2　事件处理对应关系

事件名称	事件监听者接口	事件监听方法	支持事件的组件
行为事件 ActionEvent	ActionListener	actionPerformed(ActionEvent)　//行为发生	Button、List、TextField、MenuItem 及其子类，如 CheckboxMenuItem、Menu、and PopupMenu
滚动事件 Adjustment Event	AdjustmentListener	adjustmentValueChanged(AdjustmentEvent)　//滚动发生	ScrollBar 及所有实现 Adjustable 接口的类
窗口事件 WindowEvent	WindowListener	windowClosing(WindowEvent)　//窗口关闭时 windowClosed(WindowEvent)　//窗口关闭后	Window 及其子类，如 Dialog、FileDialog 和 Frame
窗口事件 WindowEvent	WindowListener	windowOpened(WindowEvent)　//窗口打开时 windowActivated(WindowEvent)　//窗口被激活时 windowDeactivated(WindowEvent)　//窗口未被激活时 windowIconified(WindowEvent)　//窗口最小化时 windowDeiconified(WindowEvent)　//窗口最大化时	Window 及其子类，如 Dialog、FileDialog 和 Frame
项目事件 ItemEvent	ItemListener	itemStateChanged(ItemEvent)　//选项状态变化	Checkbox、CheckboxMenuItem、Choice、List 及所有实现 ItemSelectable 接口的类
文本事件 TextEvent	TextListener	textValueChanged(TextEvent)　//文本发生变化	所有继承 TextComponent 的类，包括 TextArea 和 TextField
容器事件 ContainerEvent	ContainerListener	componentAdded(ContainerEvent)　//容器中增加了组件 componentRemoved(ContainerEvent)　//容器中删除了组件	Container 及其子类，如 Panel、Applet、ScrollPane、Window、Dialog、FileDialog 和 Frame
组件事件 ComponentEvent	ComponentListener	componentHidden(ComponentEvent)　//组件隐藏了 componentShown(ComponentEvent)　//组件显示了 componentMoved(ComponentEvent)　//组件移动了 componentResized(ComponentEvent)　//组件改变了大小	Component 类及其子类，如 Button、Canvas、Checkbox、Choice、Container、Panel、Applet、ScrollPane、Window、Dialog、FileDialog、Frame、Label、List、Scrollbar、TextArea 及 TextField
焦点事件 FocusEvent	FocusListener	focusGained(FocusEvent)　//获取了焦点 focusLost(FocusEvent)　//失去了焦点	
键盘事件 KeyEvent	KeyListener	keyPressed(KeyEvent)　//某键被按下 keyReleased(KeyEvent)　//键被释放 keyTyped(KeyEvent)　//某键被敲击	

续表

事件名称	事件监听者接口	事件监听方法	支持事件的组件

鼠标事件 MouseEvent （鼠标按键相关、组件区域相关）	MouseListener	mouseClicked(MouseEvent) //鼠标单击
		mouseEntered(MouseEvent) //鼠标指针进入组件边界
		mouseExited(MouseEvent) //鼠标指针离开组件边界
		mousePressed(MouseEvent) //鼠标按钮按下
		mouseReleased(MouseEvent) //鼠标按钮释放	

鼠标移动事件 MouseEvent	MouseMotionListener	mouseDragged(MouseEvent) //鼠标拖动时
		mouseMoved(MouseEvent) //鼠标移动时	

【任务 10-6】 登录框密码处理

（一）任务描述

在任务 10-2 登录窗口的基础上，使密码输入不能大于 6 位，否则密码框自动清空。

（二）任务分析

该任务中需要用到文本事件的处理，应该让密码输入框 txt2 添加一个事件监听器类（Login）的对象（new Login()），该事件监听器类 Login 需要实现 TextListener 接口中的 textValueChanged()方法，并在该方法中判断 txt2 的内容长度是否大于 6，一旦大于 6，则将 txt2 的内容清空。

（三）任务实施

```
import java.awt.*;
import java.awt.event.*;
//TextEvent: 让登录窗口的密码不能超过 6 位，否则自动清零
public class Login implements TextListener{
    static Frame fra;
    static Button but1,but2;
    static TextField txt1,txt2;
    public static void main(String[] args){
        fra=new Frame("登录窗口");
        FlowLayout layout=new FlowLayout();
        fra.setBounds(0,0,280,150);
        fra.setLayout(layout);
        but1=new Button("ok");
        but2=new Button("cancel");
        txt1=new TextField(20);
        txt2=new TextField(20);
        Label lab1=new Label("username");
        Label lab2=new Label("password");
        fra.add(lab1);
        fra.add(txt1);
        fra.add(lab2);
        fra.add(txt2);
        fra.add(but1);
        fra.add(but2);
        txt2.addTextListener(new Login());
```

```
            fra.setVisible(true);
        }
        public void textValueChanged(TextEvent arg0){
            if(txt2.getText().length()>6){
                txt2.setText("");
        }} }
```

【任务 10-7】　鼠标事件处理举例：小画板程序

（一）任务描述

在窗口上，按住鼠标左键，并拖动鼠标指针到另一个点，释放后，可以画一个矩形，界面如图 10-10 所示。并在左上角用一个 Label 显示该矩形的位置，格式如下：（左上角横坐标,左上角纵坐标）-（右下角横坐标,右下角纵坐标）。

（二）任务分析

该任务可以按如下步骤实现：

（1）设计一个类 myPaint1，包含 4 个全局变量 beginX、beginY、endX、endY，分别代表矩形的左上角横坐标、左上角纵坐标、右下角横坐标、右下角纵坐标；另外包含一个静态的 myPaint1 类的对象 frm。

（2）myPaint1 类继承 Frame 类，覆盖 public void paint(Graphicsg)方法，并在该方法中根据 beginX、beginY、endX、endY 画矩形。

（3）让 myPaint1 类实现 MouseListener 接口，并实现该接口中的 mousePressed()方法中记录鼠标按下时的左上角横坐标 beginX 和左上角纵坐标 beginY，在 mouseReleased()方法中记录右下角横坐标 endX 和右下角纵坐标 endY。

图 10-10　鼠标事件界面

（4）在 main()方法中建立一个窗口，设置好窗口大小和可见程度，并添加一个标签用来显示坐标。为 frm 窗口添加一个鼠标监听器（例如一个新产生的 myPaint1 对象：new myPaint1()）。

（三）任务实施

```
import java.awt.*;
import java.awt.event.*;
//通过鼠标拖动可以画一个矩形 并显示坐标
public class myPaint1 extends Frame implements MouseListener{
    static int beginX,beginY,endX,endY;
    static myPaint1 frm;
```

```
    static Label lab;
    public static void main(String[] args){
        frm=new myPaint1();
        frm.setTitle("myPaint");
        frm.setLayout(null);
        lab=new Label ("矩形位置 ",Label.LEFT);
        lab.setBounds(30,30,150,20);
        frm.add(lab);
        frm.addMouseListener(new myPaint1());
        frm.setSize(400,300);
        frm.setVisible(true);
    }
    public void paint(Graphics g){
        g.setColor(Color.red);
        g.drawRect(beginX,beginY,endX-beginX,endY-beginY);
    }
    public void mousePressed(MouseEvent e){
        beginX=e.getX();
        beginY=e.getY();
    }
    public void mouseReleased(MouseEvent e){
        endX=e.getX();
        endY=e.getY();
        lab.setText("("+beginX+","+beginY+")-("+endX+","+endY+")");
        frm.repaint();
    }
    public void mouseClicked(MouseEvent e){}
    public void mouseEntered(MouseEvent e){}
    public void mouseExited(MouseEvent e){}
}
```

10.3.4 事件适配器

有很多事件监听器接口中定义了很多抽象方法，而某个具体程序中用到的可能只是其中的一个或几个，但根据语法规则，实现接口时需要把其中定义的方法都要实现，对程序中不用的方法也需要填进空语句。

mouseListener 接口一共有 5 个方法，而实现任务 10-7 的功能只需要用到其中的两个方法。WindowListener 接口有 7 个方法，用其中的 windowClosing 方法就可以实现窗口右上角的关闭按钮的关闭程序功能。所以，用实现接口来产生一个事件监听器的类使得程序编写非常麻烦。

为了简化程序，Java 中预定义了一些特殊的类，这些类已经实现了相应的接口，所有方法都写上了空语句。编写事件监听器类时，便可通过继承这些特殊的类来达到实现相应事件监听器接口的目的，同时又可以只选择程序中需要的方法进行重写，非常方便。

Java 中将这些预定义的类称为事件适配器类，类似于监听器接口。为方便使用，这些类的名称有一定的规则。只要将相应接口名称中的 Listener 改为 Adapter，即为该监听器接口对应的适配器类。如 WindowListener 对应的适配器类为 WindowAdapter，MouseListener 对应的适配器类为 MouseAdapter。有一些接口如 AcitonListener，本身只有一个方法需要实现，JDK 中就没有定义该接口的 Adapter。

【任务10-8】　用窗口适配器实现关闭窗口

（一）任务描述

用继承适配器类的方式实现任务10-7的功能，并让窗口右上角的“×”按钮被单击后，窗口可以正常关闭。

（二）任务分析

（1）在与main()方法平行处定义两个静态的内部类windowHandler和mouseHandler。

（2）windowHandler类继承窗口适配器WindowAdapter，并覆盖父类的windowClosing方法，在里面加上System.exit(0);语句，让系统正常退出。

（3）mouseHandler类继承鼠标适配器类MouseAdapter，并覆盖父类的mousePressed()和mouseRealeased()方法，实现监听鼠标单击和释放并记录坐标的功能。

（4）用窗口的addxxxListener()方法将这两个类的对象分别添加到窗口中。

（三）任务实施

```
import java.awt.*;
import java.awt.event.*;
//通过鼠标拖动可以画一个矩形，并显示坐标
public class myPaint2 extends Frame{
    static int beginX,beginY,endX,endY;
    static myPaint2 frm;
   static Label lab;
    public static void main(String[] args){
        frm=new myPaint2();
        frm.setTitle("myPaint");
        frm.setLayout(null);
        lab=new Label ("矩形位置 ",Label.LEFT);
        lab.setBounds(30,30,150,20);
        frm.add(lab);
        frm.addMouseListener(new mouseHandler());
        frm.addWindowListener(new windowHandler());
        frm.setSize(400,300);
        frm.setVisible(true);
    }
    public void paint(Graphics g){
        g.setColor(Color.red);
        g.drawRect(beginX,beginY,endX-beginX,endY-beginY);
    }
    static class mouseHandler extends MouseAdapter{
        public void mousePressed(MouseEvent e){
            beginX=e.getX();
            beginY=e.getY();
        }
        public void mouseReleased(MouseEvent e){
            endX=e.getX();
            endY=e.getY();
            lab.setText("("+beginX+","+beginY+")-("+endX+","+endY+")");
            frm.repaint();
```

```
        }
    }
    static class windowHandler extends WindowAdapter{
        public void windowClosing(WindowEvent e){
            System.exit(0);
        }
    }
}
```

10.4 综合实训

实训 1：练习版面的配置

用 FlowLayout 布局管理器实现图 10-11 所示界面。

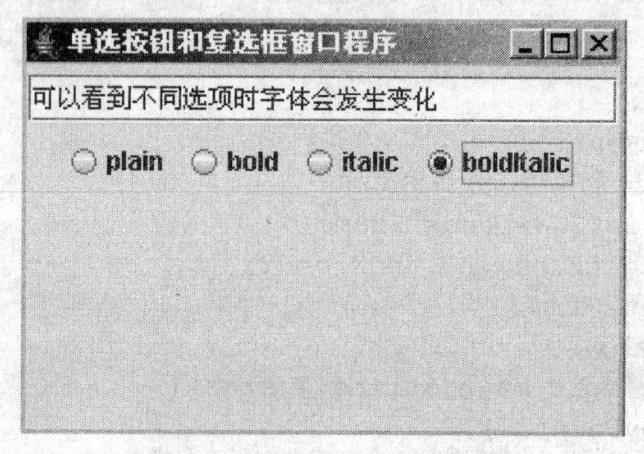

图 10-11 布局管理器练习

实训 2：行为事件处理 ActionEvent 的使用

（1）创建一个窗口，包含两个按钮和一个标签，标签初始值为 0，如图 10-12 所示。

（2）实现功能：单击“累加 1”按钮，则标签的值加 1。

（3）实现功能：单击“清空”按钮，则标签的值恢复为 0。

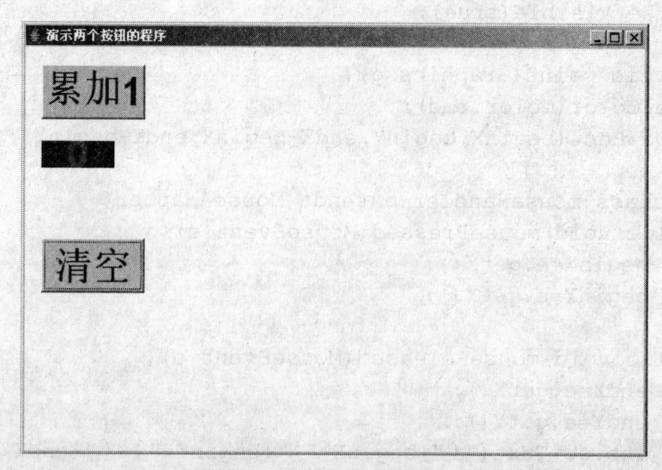

图 10-12 事件处理练习

小　结

本章介绍了Java中图形界面的设计原理及在Java中用AWT包实现图形界面的方法，通过若干个任务演示了简单界面、布局管理器实现的复杂界面和委托事件模型的使用等。读者可以通过课后习题和综合实训做相应练习并掌握图形界面的编写能力。

思考与练习

一、选择题

1. 假定某个按钮能产生 ActionEvent，那么在处理该事件的类中必须实现下列哪个监听者？（　　）

A. FocusListener　B. ComponentListener　C. WindowListener　D. ActionListener

2. 下面关于委托模型的说法，哪个是不正确的？（　　）

A. 事件是系统模拟用户产生的键盘或鼠标动作

B. 响应用户的动作称为处理事件

C. 事件源是产生事件的对象，如某个按钮

D. 事件监听器是处理某事件的对象

3. 下面哪个选项不是AWT包提供的类？（　　）

A. 图形界面组件，如窗口、按钮、菜单等

B. 2D图形绘制组件，如直线、圆形

C. 布局对象：用来安排图形界面组件的位置

D. 连接网络的工具类

4. 下列关于Component组件类的常用方法，哪个是不正确的？（　　）

A. setBounds(int x, int y, int width, int height)——调整组件的大小

B. setBackground(Color c)——设置前景色

C. setVisible(boolean b)——显示或隐藏组件

D. setFont(Font f)——设置字体

5. 下面说法中，不正确的一项是（　　）。

A. 一个类可以实现多个监听器接口

B. 一个对象可以监听一个事件源上的多个事件

C. 监听器和事件源可以处于同一个类

D. 事件适配器同接口一样，要实现它必须实现所有的方法

二、填空题

1. Java图形用户界面的发展经历了两个阶段，具体在开发包上分别为________和________。

2. ________布局管理器允许用户使用指定的行列数将窗口分割为彼此大小相等的区域，在每个区域放置一个组件。

三、判断题

1.（　　）在Java的图形界面坐标系中，点 a 的坐标为 (x,y)，默认状态下原点的位置为屏

幕左上角位置(0,0)，则 x 是原点到 a 的水平距离，y 是从原点到 a 的垂直距离。

2.（　　）适配器是一种简单的实现监听器的方法，重写有用的方法，无关的方法可以不实现。

3.（　　）容器中放好了各种构件之后，还需要为各个构件加上事件处理机制，用来接受用户的操作。

4.（　　）生成 Label 组件的时候，可以用构造函数 Label(String text, int alignment)，让该组件的文本向某个方向对齐。

四、简答题

1. 比较各种布局管理器的不同点。
2. 简述事件委托模型的工作过程。
3. 查阅 Java 文档，弄清楚各种组件和容器之间的层次关系。
4. 监听接口和适配器之间有何关系？

第11章 Swing组件及应用

AWT 并非真正提供图形接口的组件，它其实是利用各个操作系统的本地 GUI 组件来实现图形界面。所以，不同平台上的 JDK 就会有不同的本地 GUI 组件，这样，在 Windows 下产生的 Frame 外观极像一个标准的 Windows 样式窗口，而在苹果机下就会像苹果机的标准窗口。AWT 的设计理念虽好，但在实际应用中却因为它过分依赖于各平台的特性而有悖于 Java 的初衷。而且 AWT 只提供一些比较普通的组件，例如 AWT 中的按钮的外观就不能改变，所以 AWT 有被一组更强大、更具有弹性的组件类库——Swing 所取代的趋势。

但是，Swing 是在 AWT 包基础上发展起来的，所以学习 AWT 包的知识也是学习 Swing 包的基础。

本章介绍 Swing 包中的相应类的知识，读者应该达到以下目标：

学习目标	☑ 了解 Swing 组件分类、顶层容器、中间层容器、基本组件的基本含义； ☑ 用 Swing 组件编写简单界面程序； ☑ 用 Swing 组件结合布局管理器类实现界面程序。

11.1 Swing 概述

1. Swing 组件的魅力

可以通过 JDK 中的例子来看看 Swing 组件的魅力。打开 JDK 目录下的 Java\jdk1.6.0_10\demo\jfc\ SwingSet2\SwingSet2.html 文件后，可以看到图 11-1 所示的界面，外观可以被改变为 Java、Macintosh、Motif、Windows、GTK Style 等 5 种方式。SwingSet2.html 文件中嵌入了 JDK 目录下的 Java\jdk1.5.0_06\demo\jfc\SwingSet2\src 目录中诸多 Applet 文件，这些 Applet 文件都是用 Swing 组件实现的。

例如，改变为 Java、Motif、Windows 外观时，为图 11-2 所示的效果。

经过外观的改变，感觉这些窗口不那么呆板了，而且按钮上还可以放图片，这在 AWT 中是不能实现的。Swing 组件比 AWT 组件更有弹性，功能更强大。

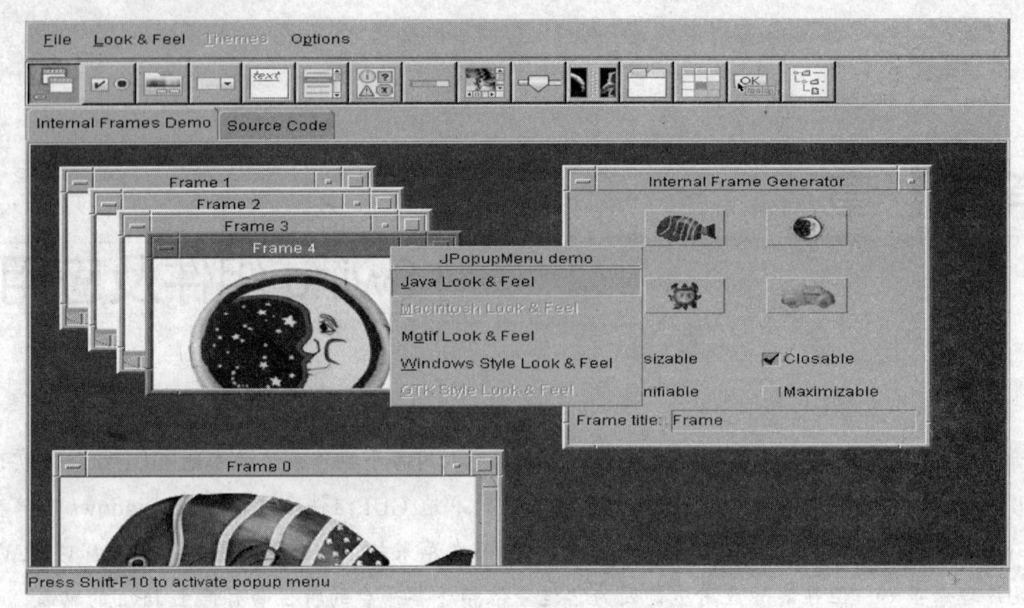

图 11-1　SwingSet2.html 文件界面

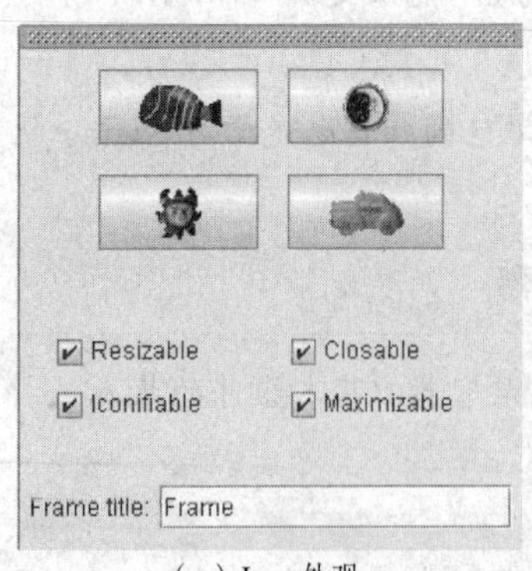

（a）Java 外观

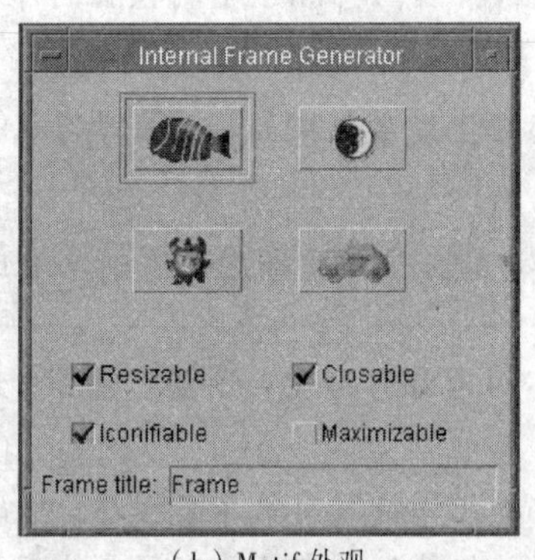

（b）Motif 外观

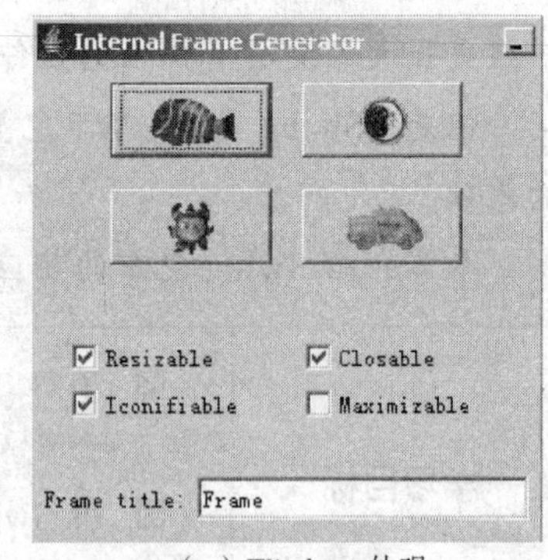

（c）Windows 外观

图 11-2　不同外观的显示效果

2. Swing 与 AWT 相比的 4 个优点

（1）Swing 是轻量级组件。大部分 Swing 组件是用 Java 代码直接在画布（canvas）类上画出来的，不依赖于本地 GUI 组件，这些 Swing 组件被称为轻量级组件，消耗的系统资源比较少。而 AWT 组件则被称为重量级组件，会消耗更多的系统资源。

（2）大部分组件可做容器。Swing 组件都继承 Container 类，都可以当做容器来装其他组件，而 AWT 组件就只是组件而已，上面不能放其他东西。例如，对于按钮来说，AWT 中的按钮 Button 类只有两种构造函数：Button()和 Button(String label)，即 AWT 中的按钮上只能放文本。而 Swing 中的按钮 JButton 类的构造函数则有 5 种形式：Jbutton()、Jbutton(Action a)、Jbutton(Icon icon)、Jbutton(String text)、Jbutton(String text,Icon icon)，即 JButton 上可以放 Action、Icon、String 等组件。

（3）跨平台效果一致。Swing 组件的轻量级组件设计上与 AWT 完全不同，轻量级组件把显示和处理组件有关的许多工作都交给相应的 UI 代表来完成，这些 UI 代表是用 Java 语言编写的类，这些类被添加到 Java 的运行环境中，因此组件的外观完全不依赖于平台，并且显示效果完全一致。

（4）外观可更改，提供的组件更丰富。除了一些用来取代 AWT 组件的组件外，Swing 还增加了一些功能强大、使用方便的组件，如 JTable、JTree 等。

如果将 AWT 与 Swing 组件混合使用，会产生一些 bug，而且 AWT 也会消耗很多系统资源，所以建议尽量单独使用 Swing 组件。

11.2　Swing 组件分类

如图 11-3 所示，白色的框表示该类属于 Swing 组件。Swing 组件包括 4 个顶层容器类（JWindow、JFrame、JDialog、JApplet）和一个抽象类 JComponent 类及其子类。

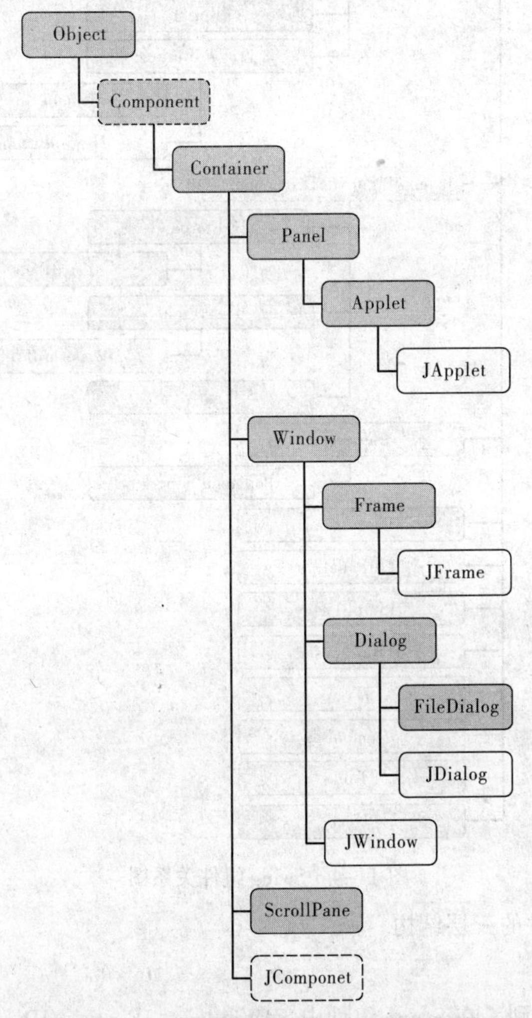

图 11-3　Swing 组成图（虚线框表示抽象类）

JComponent 的子类如图 11-4 所示。

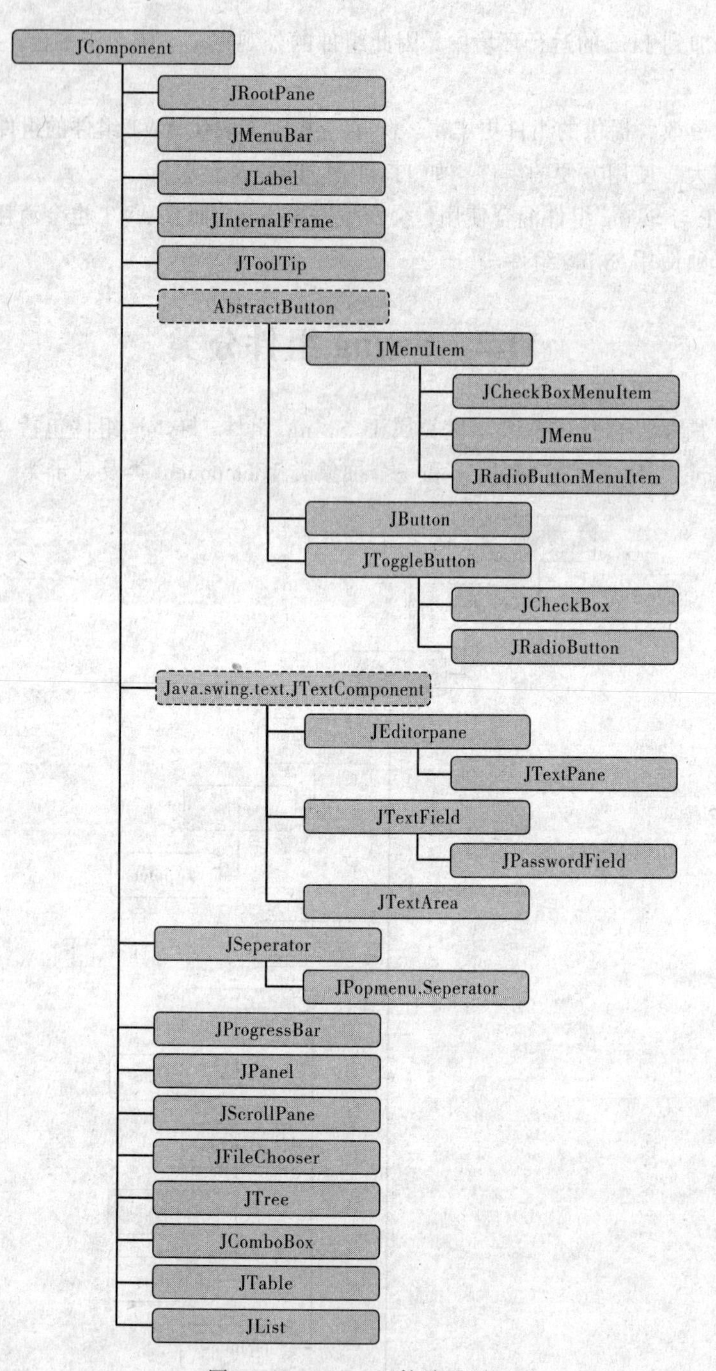

图 11-4　Swing 组件关系图

下面介绍 Swing 组件的三层结构。

1. 顶层容器

在图 11-3 中可以看到，在 Swing 组件中，JWindow、JFrame、JDialog、JApplet 这 4 个类属于顶层容器，都属于重量级组件（Swing 中只有这 4 个重量级组件），每一个 GUI 组件都必须包含在一个顶层容器默认的内容面板（也称 contentPane）中。

2. 中间容器

窗口（JWindow、JFrame）、小应用程序（JApplet）、对话框（JDialog）可以与操作系统进行交互，属于重量级组件，而JComponent类的子类都是轻量级组件，轻量级组件必须在这些重量级组件中间绘制自己。

Jcomponent类中定义了许多Swing组件共同的特性。从继承关系上看，JComponent类是继承了java.awt.container的类，意思是JComponent是一种容器，所以每一个继承Jcomponent类的Swing组件也都是一种容器。

JComponent的子类中，有些组件是专门设计用来装其他组件用的，作为一种容器，可让被装载的组件能被合适地、有组织地呈现出来。这些组件容器介于顶层容器与一般Swing组件之间，被称为中间层容器。这些Swing组件如下：

JMenuBar	JOptionPane	JRootPane	JLayeredPane
JPanel	JInternalFrame	JScrollPane	JSplitPane
JTabbedPane	JToolBar	JDeskTopPane	JViewPort
JEditorPane	JTextPane		

3. 基本组件

除了顶层容器和中间容器外，其他Swing组件可以按照功能分为以下3种：

（1）输入组件：

JButton	JRadioButton	JToggleButton	JCheckBox
JComboBox	JList	JMenu	JSlider
JTextField	JPopMenu	JTextArea	JPassWordField

（2）显示信息组件：

JLabel	JProgressBar	JToolTip

（3）提供格式化信息：

JColorChooser	JFileChooser	JTable	JTree

接下来，再按这3个层次：顶层容器、中间层容器、基本组件的关系选取比较常见的几种组件来举例介绍，引导读者入门，以便对Swing有概括的认识。

11.3 顶层容器

称Swing组件产生的窗体为Swing窗体，可以这样来理解Swing窗体：

（1）不可把组件直接添加到Swing窗体中。

（2）Swing窗体含有一个被称为内容面板的容器，应该把组件添加到Swing窗体的内容面板中，内容面板也是重量级容器。

（3）不能为Swing窗体设置布局，而应该为Swing窗体的内容面板设置布局。内容面板的默认布局是BorderLayout布局。

（4）Swing窗体是通过调用方法getContentPane()得到它的面板内容。

Swing窗体是一类特殊的窗体。另外，在Swing窗体的内容面板中最好不要既有重量级组件又有轻量级组件，最好使用轻量级组件，否则会出现意想不到的情况。

1. JWindow

JWindow 与 AWT 中的 Window 类似，Window 没有边框，没有标题栏、菜单栏，也不能放大和缩小。JWindow 比 Window 的构造函数多两个，可不依赖于其他任何容器。此类一般较少使用，所以不详细叙述。

2. JFrame

javax.Swing 包中的 JFrame 类是 java.awt 包中 Frame 类的子类。因此，JFrame 类的子类创建的对象是窗体。

与 Frame 不同，当用户试图关闭窗口时，JFrame 知道如何进行响应。用户关闭窗口时，默认的行为只是简单地隐藏 JFrame。要使窗口真正被关闭，可调用方法 setDefaultCloseOperation (JFrame.EXIT_ON_CLOSE)。

类层次：

```
java.lang.Object
  └java.awt.Component
      └java.awt.Container
          └java.awt.Window
              └java.awt.Frame
                  └javax.Swing.JFrame
```

常用的构造函数有两种：

- JFrame()：构造一个初始时不可见的新窗体。
- JFrame(String title)：创建一个新的、初始不可见的、具有指定标题的 Frame。

常用方法如下：

- Container getContentPane()：返回此窗体的 contentPane 对象。
- int getDefaultCloseOperation()：返回用户在此窗体上发起 close 时执行的操作。
- void remove(Component comp)：从该容器中移除指定组件。
- void setDefaultCloseOperation(int operation)：设置用户在此窗体上发起 close 时默认执行的操作。
- void setIconImage(Image image)：设置此 Frame 要显示在最小化图标中的图像。
- void setJMenuBar(JMenuBar menubar)：设置此窗体的菜单栏。

【任务 11-1】 用 Swing 组件实现登录窗口

（一）任务描述

希望用 Swing 组件实现图 11-5 所示的界面。

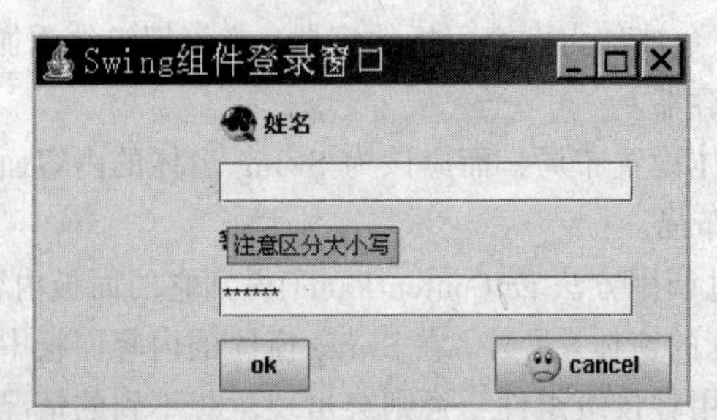

图 11-5 Swing 组件登录窗口

（二）任务分析

该任务是一个带图标的登录窗口，与第 10 章的登录窗口相比，它有 3 个特点：

（1）标签和按钮都加上了图标。

（2）密码框用*号显示输入的文字。

（3）姓名输入框有文字提示“注意区分大小写”。

这些特点只有使用了 Swing 组件才能实现，因为 Swing 组件可以作为容器，可以容纳图标和提示文本，并且 Swing 组件功能比较强大，有专门的密码输入框类可以使用。

所以，可以定义一个类 LoginUseSwing 继承 JFrame，在 LoginUseSwing 类的构造函数中，用从 JFrame 类的 getContentPane()方法取得窗口的内容面板，是一个 Container 的对象 c，然后生成两个标签、两个文本框、两个按钮，将这些基本组件添加到窗口的内容面板中，即 Container 的对象 c 中。然后，就可以在 main()方法中生成一个 LoginUseSwing 类的对象，即图 11-5 所示的窗口。

（三）任务实施

```
//用 Swing 组件实现的登录窗口
import javax.swing.*;
import java.awt.*;
import java.awt.event.*;
public class LoginUseSwing extends JFrame{
   private JLabel label1,label2;
   private JButton but1,but2;
   public LoginUseSwing(){
        super("Swing 组件登录窗口");
        Container c=getContentPane();
        c.setLayout(new FlowLayout(100,100,10));
        Icon icon1=new ImageIcon("pictures\\29.gif");
        label1=new JLabel("姓名",icon1, SwingConstants.CENTER);
        label2=new JLabel("密码");
        JTextField txt1=new JTextField(20);
        JPasswordField txt2=new JPasswordField(20);
        txt1.setToolTipText("注意区分大小写");
        but1=new JButton("ok");
        Icon icon2=new ImageIcon("pictures\\15.gif");
        but2=new JButton("cancel",icon2);
        c.add(label1);c.add(txt1);c.add(label2);
        c.add(txt2);c.add(but1);c.add(but2);
        setSize(360,200 );
        setVisible(true);
   }
   public static void main(String args[]){
        LoginUseSwing app=new LoginUseSwing();
   }
}
```

3. JApplet 类

JApplet 类也是用来建立 Java 小应用程序的。Japplet 是 java.Swing 包中的类，它还是 java.applet 包中的 Applet 类的子类。因此，JApplet 对象也是一个重量级容器。用 Applet 和 JApplet

建立的小应用程序有许多不同之处。

4. JDialog 类

JDialog 是 java.awt 包中的 Dialog 类的子类。JDialog 类或子类创建的对象也是重量级容器。该对象一般必须依附一个 JFrame 对象。JDialog 的一个构造函数是：

```
JDialog(JFrame f,String s)
```

JDialog 与 JFrame 很类似，也有 RootPane、ContentPane 等，但是从其构造函数上可看见 JDialog 必须以另外一个 Dialog 或 Frame 作为其拥有者，这是与 JFrame 不同的地方。JFrame 可单独存在，而 JDialog 则需要依附在其 owner 上。例如，JDialog 的另外一个构造函数是：

```
JDialog(Frame owner,String title, boolean modal)
```

modal 被设置为 true 时，对话框从显示出来便有最高权限，用户不能再另外选其他窗口进行操作，而必须将此对话框关闭后才能操作其他窗口，而若被设置为 false，则可自由选择其他窗口进行操作。

总而言之，最值得注意的是：称 JApplet、JFrame、JDialog 是 Swing 的顶层容器，都是重量级容器，不能把组件直接添加到顶层容器中，而应该添加到它们的内容面板中。在版面配置中，也不能为顶层容器设置布局，而应该为它们的内容面板设置布局，内容面板的默认布局是 BorderLayout 布局。

11.4 中间层容器

前面已经知道轻量级组件都是容器，但是仍然有一些经常用来添加组件的轻量级容器，相对于顶层容器而言，习惯称这些轻量级容器为中间容器。

1. JPanel 面板

经常会使用 JPanel 创建一个面板，再向这个面板添加组件，然后把这个面板添加到底层容器或者其他中间容器中。JPanel 面板的默认布局是 FlowLayout 布局。JPanel 类的构造函数摘要如下：

- JPanel()：创建具有双缓冲和流布局的新 JPanel。
- JPanel(boolean isDoubleBuffered)：创建具有流布局和指定缓冲策略的新 JPanel。
- JPanel(LayoutManager layout)：创建具有指定布局管理器的新缓冲 JPanel。
- JPanel(LayoutManager layout, boolean isDoubleBuffered)：创建具有指定布局管理器和缓冲策略的新 JPanel。

2. Swing 菜单

Swing 菜单是由 JMenuBar、JMenu 和 JMenuItem 类支持，这些类分别支持菜单栏、菜单和菜单项。Swing 菜单实际上是使用按钮建立的，所以可以对它们使用动作监听器(ActionListener)。

要想向程序中添加菜单系统，必须使用 JMenuBar 类创建一个菜单栏：

```
JMenuBar yourmenubar=new JMenuBar();
```

可以使用 setJMenuBar(JMenubar menubar)方法向框架窗口或 Applet 中添加菜单栏：

```
setJMenuBar(yourmenubar);
```

新创建的菜单栏中什么都没有，程序员需要将自己的菜单添加进去。

可以使用 JMenu 类来创建菜单：

- JMenu()：生成一个 JMenu。
- JMenu(String text)：生成一个具有指定文本的 JMenu。
- JMenu(String text, boolean flag)：同上，若 flag 为 true，则这个 JMenu 对象有可移动的菜单。

通过 JMenuItem 类，可以创建菜单项：

- JMenuItem()：生成一个 JMenuItem。
- JMenuItem(Icon ico)：生成一个具有图标的 JMenuItem。
- JMenuItem(Strng text)：生成一个具有文本的 JMenuItem。
- JMenuItem(String text, Icon ico)：生成一个具有文本和图标的 JMenuItem。
- JMenuItem(String text, mnemonic)：生成一个具有文本和键盘助记符的 JMenuItem。

【任务 11-2】　用 Swing 组件实现菜单

（一）任务描述

生成一个图 11-6 所示的菜单界面，当单击“录入”“显示”菜单项时，分别弹出任务 11-3、任务 11-4 所实现的窗口。

图 11-6　Swing 菜单界面

（二）任务分析

该任务主要有两个步骤：

1. 实现菜单界面

（1）产生窗口：可以定义一个类 MainFrame 继承 Jframe。

（2）生成菜单栏：在 MainFrame 类的构造函数中生成 JMenuBar 的对象 m_bar，用 this.setJMenuBar(m_bar)方法将该窗口的菜单栏设置为 m_bar。

（3）生成菜单并添加到菜单栏：生成两个 JMenu 对象 menu_1 和 menu_2，并用类似 m_bar.add(menu_1)方法将菜单添加到菜单栏。

（4）生成菜单项并添加到菜单：生成 3 个 JMenuItem 对象 mItem_1_1、mItem_1_2、mItem_1_3，并用类似 menu_1.add(mItem_1_1)的方法将菜单项添加到菜单。

（5）在 main()方法中生成一个 MainFrame 类的对象，即图 11-6 所示的窗口。

2. 为菜单项加上事件处理

在与 main()方法平行处，生成一个静态的内部类 Handler，该类实现 ActionListener 接口。

在 actionPerformed(ActionEvent e)方法体中，用 e.getSource( )取得事件源，判断为 mItem_1_1、mItem_1_2、mItem_1_3 时分别产生 InputFrame、ShowFrame、DelFrame 窗口（在这些窗口的代码没有实现前，先注释掉）。

在 MainFrame 的构造函数中，用类似 mItem_1_3.addActionListener(new Handler( ))的方法为菜单项加上行为监听器。

（三）任务实施

```
import java.awt.*;
import java.awt.event.*;
import javax.swing.*;
//主界面添加菜单事件
public class MainFrame extends JFrame {
    static JMenuBar m_bar;
    static JMenu menu_1, menu_2;
    static JMenuItem mItem_1_1;
    static JMenuItem mItem_1_2, mItem_2_1, mItem_1_3;
    MainFrame(){
        super("学生信息");
        m_bar=new JMenuBar();
        menu_1=new JMenu("信息");
        menu_2=new JMenu("帮助");
        mItem_1_1=new JMenuItem("录入");
        mItem_1_2=new JMenuItem("显示");
        mItem_1_3=new JMenuItem("删除");
        mItem_2_1=new JMenuItem("关于");
        m_bar.add(menu_1);
        m_bar.add(menu_2);
        menu_1.add(mItem_1_1);
        menu_1.add(mItem_1_2);
        menu_1.add(mItem_1_3);
        menu_2.add(mItem_2_1);
        this.setJMenuBar(m_bar);
        //添加事件处理器
        mItem_1_1.addActionListener(new Handler());
        mItem_1_2.addActionListener(new Handler());
        mItem_1_3.addActionListener(new Handler());
        this.setDefaultCloseOperation(EXIT_ON_CLOSE);
        setSize(200,100);
        setVisible(true);
    }
    public static void main(String[] args){
        new MainFrame();
    }
    static class Handler implements ActionListener{
        public void actionPerformed(ActionEvent e){
            if(e.getSource()==mItem_1_1){
              //new InputFrame()
            }
            if(e.getSource()==mItem_1_2){
              //new ShowFrame()
            }
            if(e.getSource()==mItem_1_3){
              //new DelFrame()
            }
        }
    }
}
```

11.5　基本组件

Swing 基本组件可以按照如下功能分类：

输入：

按钮类：单选、多选

文本框：文本框、文本域、密码框

弹出菜单

列表：下拉列表框、列表框

滚动条

输出：标签　状态栏　JtoolTip

格式化信息：文本选择、颜色、Jtable、JTree、对话框、JOptionPane、文件选择框 JFileChooser。

本书中主要举例说明复选框、单选按钮和列表框的使用。

（1）复选框（JcheckBox）也是一种按钮，常用的构造函数如下：

- JCheckBox()：生成复选框。
- JCheckBox(String str)：生成包含文字的复选框。
- JCheckBox(String str, boolean selected)：同上，若 selected 为 true，则此复选框已被选中。
- JCheckBox(Icon ico)：生成包含图标的复选框。
- JCheckBox(Icon ico, boolean selected)：同上，若 selected 为 true，则此复选框已被选中。
- JCheckBox(String str, Icon ico)：生成包含文本和图案的复选框。
- JCheckBox(String str, Icon ico, boolean selected)：同上，若 selected 为 true，则此复选框已被选中。

（2）单选按钮（JradioButton）与复选框类似，不同的是同组的单选按钮只有一个可以被选中，需要用 ButtonGroup 将多个单选按钮群组一起。

（3）列表框（JComboBox）提供几种选项给用户选择，同时只能有一个选项被选中。

- JComboBox()：生成 JComboBox。
- JComboBox(Object[] items)：生成包含数组内所有元素的 JComboBox。
- JComboBox(Vector items)：生成包含 Vector 内所有元素的 JComboBox。

常用方法如下：

- void setEditable(boolean flag)：若 flag 为 true，则该列表框可编辑。
- void setSelectedIndex(int index)：选择第 index 个元素（第一个元素 index 值为 0）。

【任务 11-3】　用 Swing 组件实现学生信息录入窗口

（一）任务描述

某老师希望通过图 11-7 所示界面来输入学生信息，其中下拉列表框中的学号是预先定义好的，为 1～20。

（二）任务分析

该任务实施原理同任务 11-1，类似的，定义一个类 InputFrame 继承 JFrame，在 InputFrame 类的构造函数中，用 JFrame 类的 getContentPane()方法取得窗口的内容面板，是一个 Container

的对象 c，然后生成基本组件添加到窗口的内容面板中。

该界面用到的基本组件中，下拉列表框、单选按钮和复选框是前述任务中没有使用过的，其中应该注意的是，下拉列表框在初始化时，需要用一个字符串数组作为参数产生一个带内容的下拉列表框，例如：

```
jcom1=new JComboBox(Numbers);
```

其中 Numbers 是一个字符串的数组，其中包含了所有学生的学号。

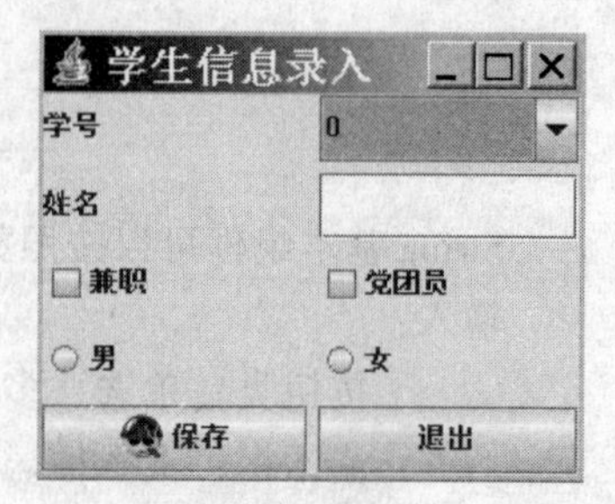

图 11-7 学生信息输入界面

另外，为了后续任务的连续性，将基本组件定义为 InputFrame 字号静态成员变量。

（三）任务实施

```
import java.awt.*;
import java.awt.event.*;
import javax.swing.*;
public class InputFrame extends JFrame {
    static InputFrame fra;
    static JCheckBox chbox1, chbox2;
    static JRadioButton RadBut1, RadBut2;
    static JLabel jlab1, jlab2;
    static JTextField jtxt1;
    static JComboBox jcom1;
    static JButton butOk, butCancel;
    static String[] Numbers=new String[20];
    InputFrame() {
        super("学生信息录入");
        Container c = getContentPane();
        c.setLayout(new GridLayout(5,2,5,5));
        jlab1=new JLabel("学号");
        for (int i=0;i<20;i++){
            Numbers[i]=String.valueOf(i+1);
        }
        jcom1=new JComboBox(Numbers);
        c.add(jlab1);
        c.add(jcom1);
        jlab2=new JLabel("姓名");
        jtxt1=new JTextField();
        c.add(jlab2);
        c.add(jtxt1);
        chbox1=new JCheckBox("兼职");
        chbox2=new JCheckBox("党团员");
        c.add(chbox1);
        c.add(chbox2);
        ButtonGroup bgrp=new ButtonGroup();
        RadBut1=new JRadioButton("男");
        RadBut2=new JRadioButton("女");
        bgrp.add(RadBut1);
        bgrp.add(RadBut2);
        c.add(RadBut1);
```

```
        c.add(RadBut2);
        butOk=new JButton("保存",new ImageIcon("pictures\\29.gif"));
        butCancel=new JButton("退出");
        c.add(butOk);
        c.add(butCancel);
        this.setDefaultCloseOperation(DISPOSE_ON_CLOSE);
        setBounds(300,400,250,200);
        setVisible(true);
    }
    public static void main(String[] args){
        fra=new InputFrame();
    }
}
```

【任务 11-4】 用 Swing 组件实现学生信息显示窗口

（一）任务描述

某老师希望通过图 11-8 所示窗口来浏览所有学生信息，假设该窗口中所显示的信息是程序中临时添加的。

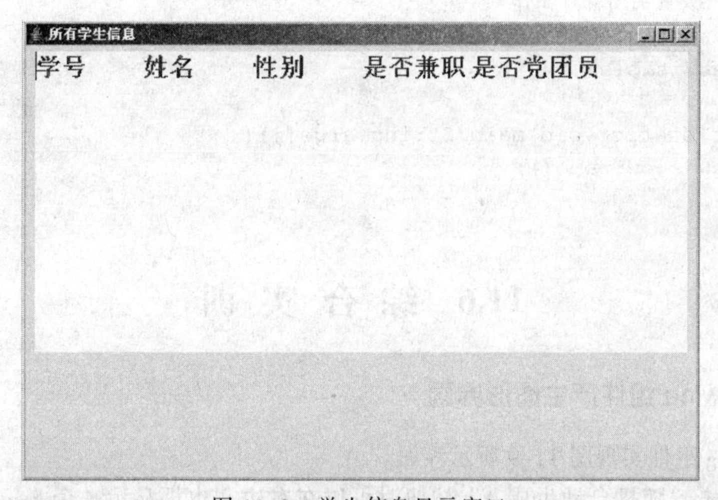

图 11-8 学生信息显示窗口

（二）任务分析

该界面只包含一个组件，是一个 JTextArea 类的对象，该类对象可以包含多行文本信息，主要通过 Append()函数来添加内容，可以用 setFont()函数设置字体。

由于该窗口没有关闭按钮，所以可以在窗口的构造函数中使用 setDefaultCloseOperation (JFrame.DISPOSE_ON_CLOSE)方法来设置鼠标单击右上角“×”按钮时窗口的反应。该方法的参数定义如下：

（1）DO_NOTHING_ON_CLOSE（在 WindowConstants 中定义）：不执行任何操作；要求程序在已注册的 WindowListener 对象的 windowClosing()方法中处理该操作。

（2）HIDE_ON_CLOSE（在 WindowConstants 中定义）：调用任意已注册的 WindowListener 对象后自动隐藏该窗体。

（3）DISPOSE_ON_CLOSE（在 WindowConstants 中定义）：调用任意已注册 WindowListener 的对象后自动隐藏并释放该窗体。

（4）EXIT_ON_CLOSE（在 JFrame 中定义）：使用 System exit 方法退出应用程序，仅在应用程序中使用。

（三）任务实施

```
import java.awt.*;
import javax.swing.*;
public class showFrame extends JFrame {
    showFrame(){
        setTitle("所有学生信息");
        setSize(600,400);
        Container c=getContentPane();
        c.setLayout(new FlowLayout());
        JTextArea jarea=new JTextArea(10,16);
        jarea.setFont(new Font("宋体",Font.BOLD,22));
        jarea.append("学号\t"+"姓名\t"+"性别\t"+"是否兼职\t"+"是否党团员\t");
        c.add(jarea);
        // 设置关闭窗口操作
        setDefaultCloseOperation(JFrame.DISPOSE_ON_CLOSE);
        setVisible(true);
    }
    public static void main(String args[]){
        new showFrame();
    }
}
```

11.6 综合实训

实训 1：使用 Swing 组件产生图形界面

（1）用 Swing 组件实现图 11-9 所示界面。

（2）用户单击“随机自动生成 A”按钮时可以在右边文本框显示一个 1～100 之间的随机整数。

（3）用户根据随机生成的数 A，猜想 A 将“大于”或者“小于”即将自动生成的数 B，则选择对应的单选按钮。

（4）用户单击“随机自动生成 B”按钮时可以在右边文本框显示一个 1～100 之间的随机整数，如果 A 与 B 的大小关系是用户猜对的，则弹出对话框显示“恭喜你，猜对了”，否则弹出对话框显示“不好意思，你猜错了！”。

实训 2：练习使用 Swing 组件产生图形界面

练习使用 Swing 组件实现图 11-10 所示的界面。

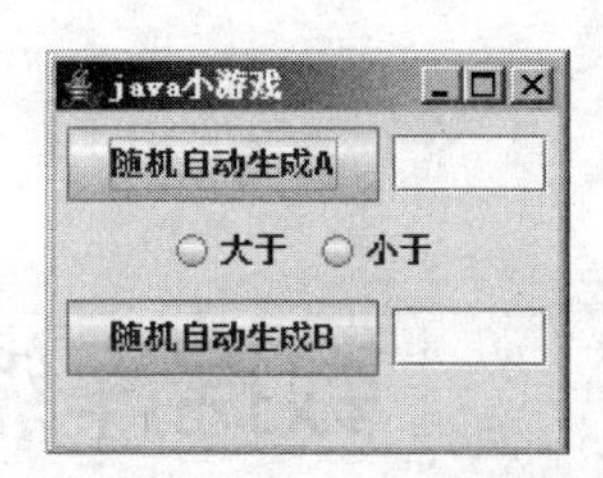

图 11-9 猜大小小游戏界面

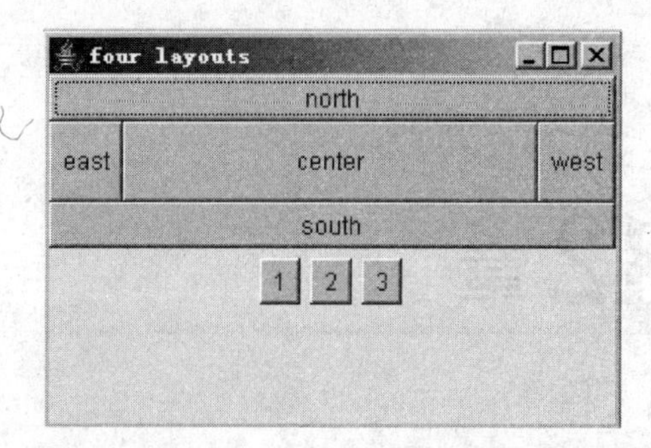

图 11-10 Swing 组件和布局管理器综合练习

小 结

本章介绍了 Java 中 Swing 包实现图形界面的优点、设计原理及实现方法，通过若干个任务演示了 Swing 包实现的登录窗口、菜单界面、信息输入和显示界面等。读者可以通过课后习题和实训做相应练习。

思考与练习

一、填空题

1. ________组件定义一个可以输入单行文字的矩形区域；________组件定义一个可以输入多行文字内容的矩形区域。

2. Swing 组件与 AWT 组件相比的主要优点有________、________、________。

二、判断题

1. （ ）在 Swing 中添加组件与在 AWT 中添加组件的不同之处在于：Swing 组件在添加组件到窗口中时，要先用该窗口的 getContentPane()方法获得窗口的 Container 对象，例如取名为 c，然后用类似 c.add(new Button( ))代码加入组件。

2. （ ）Swing 支持在按钮组件上同时添加图标和文字。

3. （ ）复选框通过某个实现了 ItemListener 接口的类，也就是监听器来监听 ItemEvent 事件。

4. （ ）容器中放好了各种组件之后，还需要为各个组件加上事件处理机制，用来接受用户的操作。

三、简答题

1. 叙述 AWT 和 Swing 的区别和联系。

2. 编写程序模拟 Windows 画图程序。

3. 编写程序模拟 Windows 计算器程序。

第12章

数据库编程

数据库是长期存储在计算机内的，有组织可共享的数据集合。现代的应用软件系统所管理的数据规模不断扩大，数据库访问技术已经成为应用系统开发过程中必不可少的环节之一。如何有效存储并管理这些数据，是实现系统功能的重要组成部分，同时也是决定系统运行效率的关键所在。也就是说，开发应用系统的工作，大部分是用于对数据进行有效的管理（存储、检索）。读者通过本章学习，应该达到如下目标：

学习目标	☑ 理解 JDBC 驱动程序的含义，并会与不同数据库建立连接； ☑ 学会编写 Java 程序连接数据库，并对数据库中数据进行增删查改操作； ☑ 学会编写 Java 程序读取数据库的元数据； ☑ 熟练掌握数据库应用程序的设计方法和实现步骤。

12.1 JDBC 驱动程序

1. JDBC 简介

JDBC（Java DataBase Connectivity）是 Java 数据库连接技术的简称，可为各种常用数据库提供无缝连接技术。JDBC 也是 Java 用于访问数据库的一套标准 API，由 Java 语言编写的一组类与接口组成。

利用 JDBC，开发者能够编写出独立于特定数据库系统的 Java 程序。无论实际采用的数据库系统是什么，利用 JDBC，只需要写一个程序就可以使用各类型的数据库。JDBC 使程序员在设计过程中只需要面对单一的数据库界面，使编写与数据库无关的 Java 工具和产品成为可能，并且开发更加快速、高效。

JDBC 在 Java 中的作用和 ODBC（开放式数据库连接）在 Windows 系列平台应用程序中的作用类似。JDBC 可以应用在 JavaApplet、JavaApplication、JSP、Servlet 和 JavaBean 等各种场合，越来越多的数据库开始支持 JDBC 驱动，例如 Oracle、DB2、Sybase、MySQL 及 Paradox 等。同时，利用 JDBC-ODBC 桥，可以使用所有能被 ODBC 使用的数据库。

JDBC 不是由 Microsoft 的 ODBC 规范派生的，JDBC 完全是用 Java 编写的，而 ODBC 是个 C 接口。但是，JDBC 和 ODBC 都是基于同样的 X/Open SQL（调用层接口），如果读者有使用 ODBC

的编程经验，就会发现使用 JDBC 与 ODBC 很类似，读者可以快速掌握 JDBC 的开发技术。

JDBC 还同时支持数据库访问的两层模型和三层模型，并对不同数据库产品的 SQL 不一致性提供了一些解决方法。

2. JDBC 的分类

JDBC 提供了与数据库进行访问和连接的能力。与 ODBC 类似，JDBC 是由 Sun 公司提供的一系列对数据库进行操作的规范，其最后的使用依赖于各种数据库产品的 JDBC 驱动程序（JDBC diver）。目前，市场上所有的主流数据库产品都有相应的 JDBC 驱动程序，这些驱动程序有的由数据库厂商自己提供，有的由第三方厂商提供，并且有的已经通过了"100%纯 Java"认证。

根据各种 JDBC 驱动所采用技术的不同，大致可将 JDBC 驱动程序分成以下 4 类：

（1）JDBC-ODBC bridge：此接口将 JDBC 访问指令转换成 ODBC 指令，然后通过 ODBC 驱动程序完成数据库的访问。在 JDBC 出现的初期，ODBC 驱动的数据库类型繁多，此时桥显然是非常有实用意义的，通过 JDBC-ODBC 桥，开发人员可以使用 JDBC 来存取 ODBC 数据源。然而，这种形式的驱动要求数据库客户端配置 ODBC，降低了数据库的工作效率，同时也牺牲了一些 JDBC 的平台独立性。该类驱动程序包通常由 JDK 自带。

（2）JDBC-native driver bridge：将 JDBC 访问转成本地数据库驱动程序。在客户端的 API（Application Programming Interface）直接完成对数据库的操作，这类驱动程序需要在每台客户机上预先安装，不利于维护和使用。JDBC 本地驱动程序桥提供了一种 JDBC 接口，它建立在本地数据库驱动程序的顶层，而不需要使用 ODBC。JDBC 驱动程序将对数据库的 API 从标准的 JDBC 调用转换为本地调用。使用此类型驱动程序速度很快，但需要牺牲 JDBC 平台的独立性，还要求在客户端安装一些本地代码。

（3）JDBC-network bridge：将 JDBC 访问转换成与数据库无关的网络协议送出，然后由一个 Java 的中间件服务器将之转换成特定数据库的访问指令，完成对数据库的操作，中间件服务器能支持对多种数据库的访问。这类驱动程序具有最大的灵活性，只是需要一个中间服务器的支持。JDBC 网络桥驱动程序不再需要客户端数据库驱动程序。它需要使用网络上的中间服务器来存储数据库，适用于三层应用。

（4）Native-protocol all-Java driver 将 JDBC 访问直接转换成 DBMS 本身能够识别的协议，完成对数据库的操作，速度较快。该类驱动程序由纯 Java 编写，不需要对客户端进行配置，只需要告诉程序到哪里寻找驱动程序。由于这类协议基本上都是数据库厂商自己专用，因此使用这类驱动程序也就极大地限制了数据库产品的选择自由度。

在本章中，将介绍第一种连接 Access 数据库的方式。

12.2 用 Java 程序连接 Access 数据库

使用 JDBC-ODBC 桥驱动程序的 Java 数据库程序需要在程序运行的机器上配置 JDBC-ODBC 客户端，设定程序中用到的数据源，才能使程序正常运行。设置 JDBC-ODBC 客户端比较简单，可以通过任务 12-1 创建一个基于 Access 数据库 myDB.accdb 的数据源。

【任务 12-1】 建立一个 Access 数据库和数据源

（一）任务描述

在第 11 章中的任务 11-3 中，通过图形界面录入的信息是保存到文本文件，当学生比较多的时候，去查找和修改文本文件比较烦琐，现在希望将这些信息以最简单、消耗资源最少的方式保存到一种关系型数据库中，便于以后的信息查询和更新。

（二）任务分析

可以选择建立一个 Access 数据库文件，在该数据库文件中建立一个新的表 student，并输入几条新的记录，然后建立一个指向该数据库文件的 ODBC 数据源。

（三）任务实施

1. 建立数据库

（1）建立数据库。在保证机器上装有 Microsoft Office 套装的 Access 组件情况下，建立一个 Access 文件，例如取名为 mydb.accdb，就是一个比较简单的数据库。创建一个空 mydb.accdb，界面如图 12-1 所示。

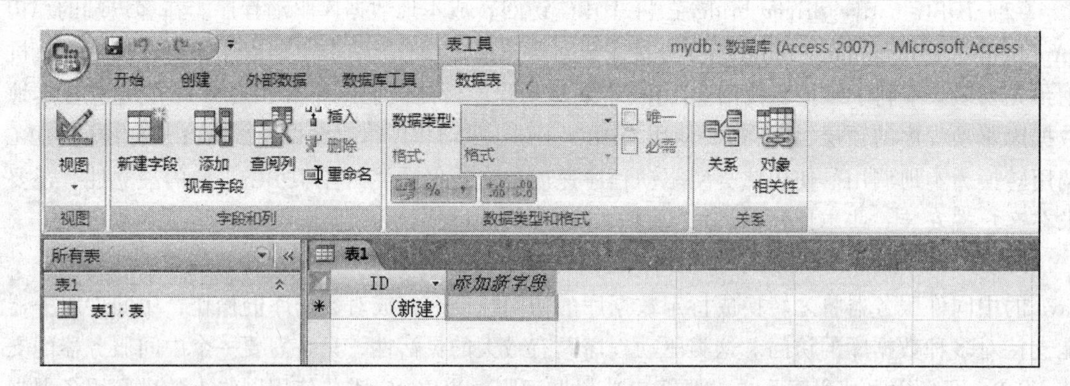

图 12-1 空白的 mydb.accdb 数据库

（2）建立表并设计表结构。目前的 mydb.mdb 还没有任何表，可以新建一个表，并设计该表的字段和数据类型如图 12-2 所示，并保存表名为 basicinfo。

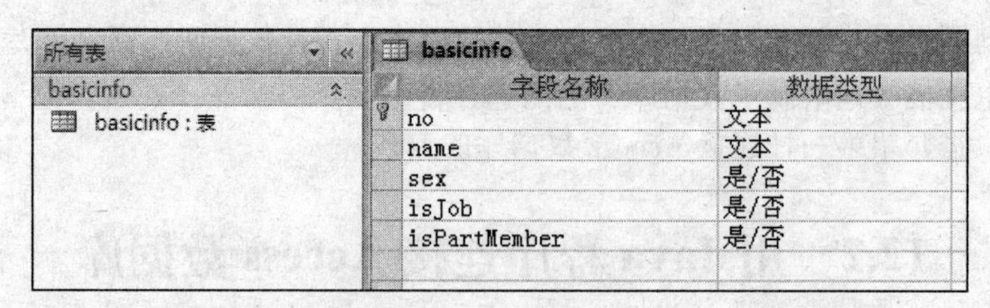

图 12-2 basicinfo 表的结构

（3）双击新产生的 basicinfo 表，输入记录，如图 12-3 所示。

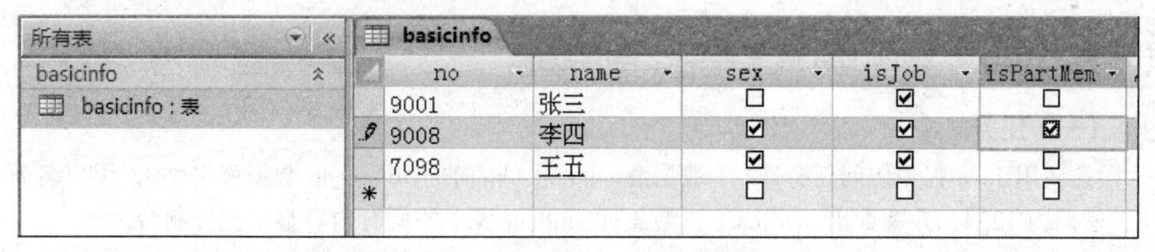

图 12-3　basicinfo 表输入记录

2. 建立数据源

（1）单击“控制面板”→“管理工具”→“ODBC 数据源”图标，运行 ODBC 数据源管理器，单击“系统 DSN”标签，切换至“系统 DSN”选项卡。

（2）单击“添加”按钮，打开“创建新数据源”对话框，如图 12-4 的所示。在该对话框中选择 ODBC 驱动程序类型，此处选择 Microsoft Access Driver (*.mab,*accdb)。

图 12-4　创建数据源（1）

（3）单击“完成”按钮，出现配置属性的对话框，如图 12-5 所示。输入数据源名称及说明，然后单击“选择”按钮，选取数据库。单击“高级”按钮可以设置该数据源的用户名和密码。例如，设置用户名为“li”，密码为“1234”。

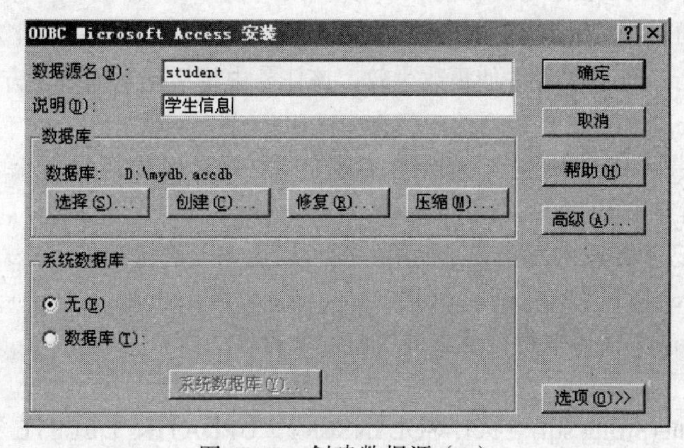

图 12-5　创建数据源（2）

【任务 12-2】 查询出数据库表中已有的数据

（一）任务描述

希望用 Java 程序访问任务 12-1 数据源 student（指向 mydb.accdb 数据库文件），用户名为 li，密码为 1234，并查询出 mydb.accdb 数据库 student 表中的所有内容显示到控制台。

（二）任务分析

用 JDBC 访问数据库可以采用以下步骤：

（1）注册并装载一个 JDBC 驱动程序。负责加载 JDBC 驱动程序的类是 java.sql.DriverManager 类，当它的 getConnection(String URL,String id,String password)方法被调用时，DriverManager 试图在已经注册的驱动程序中为指定的数据库 URL 寻找一个合适的驱动程序，找到后返回与一个驱动程序及数据库的连接。例如，连接 ODBC 数据源的驱动语句如下：

```
Class.forName("sun.jdbc.odbc.JdbcOdbcDriver");
```

（2）建立连接。加载并注册驱动程序类后，应用程序便可以调用 DriverManager.getConnection()方法发出连接请求。DriverManager 类会按照注册顺序轮流调用每个 Driver.connect()方法，找到第一个能够连接上指定 URL 的驱动程序。例如：

```
Connection
conn=DriverManager.getConnection("jdbc:odbc:student","li","1234");
```

（3）发送 SQL 语句。

① 在连接对象上创建一个 Statement 对象。与数据库建立连接以后就可以创建发送 SQL 语句的容器，并将 SQL 语句发送到数据库系统中执行。可利用 Statement 类对象发送简单的 SQL 语句，它由连接对象的 createStatement()方法创建。

例如：

```
Statement stmt=conn.createStatement();
```

Statement 对象用于执行 SQL 语句和获得 SQL 产生的结果。

executeQuery(String sql)：执行返回单个 ResultSet 的 SQL 语句。

② 通过 Statement 对象执行指定的 SQL 语句，并返回一个 ResultSet。

例如：

```
ResultSet rs=stmt.executeQuery(SQL 查询语句);
```

ResultSet 是 SQL 语句返回的存储于内存中的表格数据。通过 ResultSet 对象可以对 SQL 查询得到的结果集进行浏览、更改并使更改生效。该任务中将用到下列 3 个方法：

- getString(String/int)：将指定列的内容作为 String 型数返回
- next()：将行指针移到下一行，如果没有剩余行，则返回 false。
- close()：关闭结果集。

例如：要遍历记录集 rs 的每条记录的第一列可以用如下语句：

```
while(rs.next()){  System.out.print(rs.getString(1)+"\t"); }
```

其中，rs.getString(1)代表取得记录集的当前记录的第一列。

备 注

executeUpadate(String sql)：执行 SQL INSERT、UPDATE、DELETE 和 CREATE 等数据更新和定义命令，返回受影响的行的数目或者返回零。

（三）任务实施

```
import java.sql.*;
public class AllStudent{
    public static void main(String[] args){
        try{
            Class.forName("sun.jdbc.odbc.JdbcOdbcDriver");
        }
        catch (ClassNotFoundException e){
            System.out.println("ClassNotFoundException");
            System.exit(0);
        }
        try{
            Connection conn=DriverManager.getConnection("jdbc:odbc:
                                            student","li","1234");
            Statement stmt=conn.createStatement();
            ResultSet rs=stmt.executeQuery("select * from basicInfo");
            while (rs.next()){
                System.out.print(rs.getString("no")+"\t");
                System.out.print(rs.getString("name")+"\t");
                System.out.print(rs.getString("sex")+"\t");
                System.out.print(rs.getString("isJob")+"\t");
                System.out.println(rs.getString("isPartMember")+"\t");
            }
        }
        catch (SQLException e){
            System.out.println("SQLException");
        }
    }
}
```

程序运行结果如下：

```
9001张三 0    10
9008李四 1    11
7098王五 1    10
```

12.3　数据库元数据

在进行数据库编程时，经常需要知道关于数据库、数据集本身的一些信息（数据库元数据——MetaData），以便对数据库的访问进行更好的控制。尤其在对要操作的数据库结构情况并不了解或者数据库本身结构经常变化的时候，元数据的作用就很突出。

JDBC 中提供了 3 个 MetaData 类型：

（1）DatabaseMetaData：数据库元数据对象。

（2）ResultSetMetaData：数据集元数据对象。

（3）ParameterMeteData：预编译命令参数元数据对象。

本任务中，将用到上述元数据的第二种：ResultSetMetaData 数据集元数据对象，该类对象可从 ResultSet 中利用 getMetaData()方法获得。通过该对象，程序员可以直接得到结果集中的列数、列的类型以及每列的名称。下面是 ResultSetMetaData 对象的主要方法。

- getColumnCount()：返回 ResultSet 中列的数量。
- getColumnName(int)：返回列号为 int 的列的名称。
- getColumnLabel(int)：返回指定列的 label。
- isCurrency(int)：若该列包含货币单元的数值，则返回 true。
- isReadOnly(int)：若该列只读，则返回 true。
- isAutoIncrement(int)：若该列自动积增，则返回 true。这种列多为主键且总是只读的。

【任务 12-3】 取出数据库元数据显示表头

（一）任务描述

任务 12-2 虽然把所有学生信息都查询并显示出来，但是运行结果并不直观，现在希望加上表头，用于说明每列是什么意思。

（二）任务分析

类似任务 12-2 的原理，执行 statement 对象的查询语句，取得记录集对象 rs 之后，可以用 ResultSet 类的 getMetaData()方法取得该记录集的元数据，存放到一个 ResultSetMetaData 类对象 rsmd 中，然后通过 rsmd 对象的 getColumnCount()方法取得列数，getColumnName(i)方法取得第 i 列的列名。i 从 1 变化到 rsmd 对象的列数，就可以显示出所有列名。

（三）任务实施

```
import java.sql.*;
public class Meta{
    public static void main(String[] args){
        try{
            Class.forName("sun.jdbc.odbc.JdbcOdbcDriver");
            Connection conn=DriverManager.getConnection("jdbc:odbc:student",
                                                        "li","1234");
            Statement stmt=conn.createStatement();
            ResultSet rs=stmt.executeQuery("select * from basicInfo");
            ResultSetMetaData rsmd=rs.getMetaData();
            for(int i=1;i<=rsmd.getColumnCount();i++){
                if(i==1)
                    System.out.print(rsmd.getColumnName(i));
                else
                    System.out.print(","+rsmd.getColumnName(i));
            }
            stmt.close();
            conn.close();
        }
        catch (SQLException e){
            System.out.println("SQLException");
        }
        catch (ClassNotFoundException e){
            System.out.println("ClassNotFoundException");
        }
    }
```

```
}
```

程序运行结果如下：

```
no,name,sex,isJob,isPartMember
```

【任务 12-4】　图形界面学生信息输入

（一）任务描述

用第 11 章任务 11-3 的界面输入学生信息保存到数据库中，用任务 11-4 界面浏览数据库中保存的所有学生信息，并添加一个删除学生信息的窗口，程序运行的总体效果如图 12-6 所示。

（a）主界面

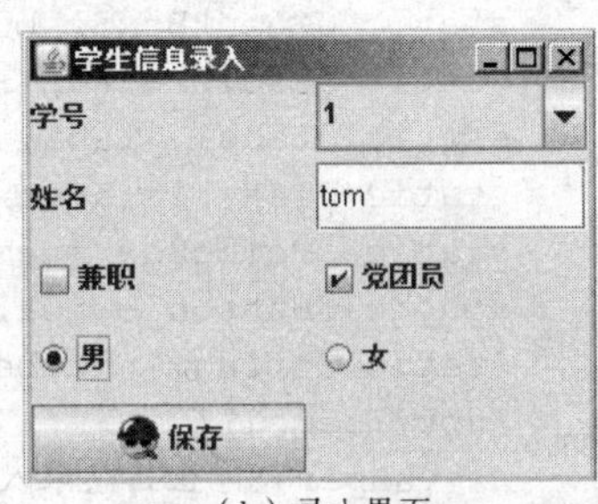

（b）录入界面

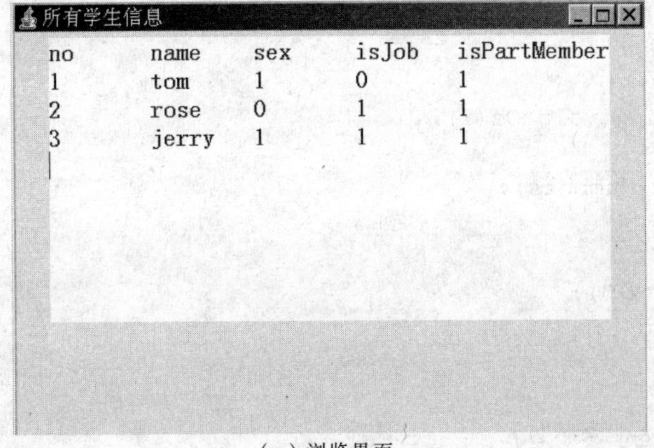

（c）浏览界面

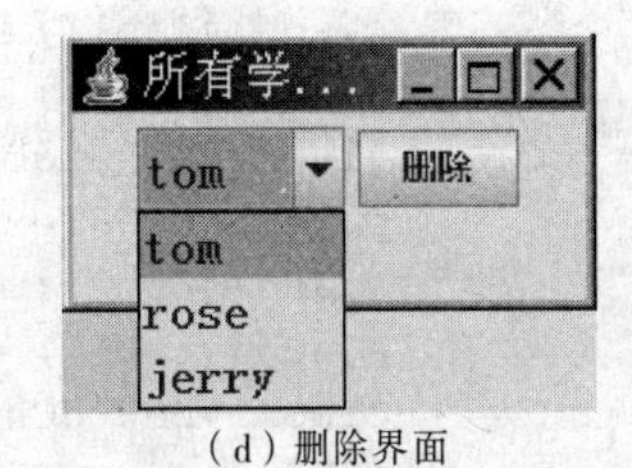

（d）删除界面

图 12-6　综合实例界面

（二）任务分析

该任务的界面分为 4 部分：

- 主界面：任务 11-2 已经基本实现该界面。
- 录入界面：类似任务 11-3，加上数据库保存的语句。
- 浏览界面：类似任务 11-4，加上从数据库提取数据的语句。

- 删除界面：实现界面并实现从数据库删除选定记录的语句。在删除一条记录后，需要更新下拉列表框中的选项，可以用下拉列表框的 removeAllItems()方法，然后重新添加所有选项，并重画该窗口。

注：该任务所有代码放在同一个包中。

（三）任务实施

主界面代码见任务 11-2 的任务实现，去掉 new InputFrame();、new showFrame();、new DelFrame();这 3 句代码的注释符号即可。

录入界面代码如下所示：

```
import java.sql.*;
import java.awt.*;
import java.awt.event.*;
import javax.swing.*;
public class InputFrame extends JFrame {
    static InputFrame fra;
    static JCheckBox chbox1, chbox2;
    static JRadioButton RadBut1, RadBut2;
    static JLabel jlab1, jlab2;
    static JTextField jtxt1;
    static JComboBox jcom1;
    static JButton butOk;
    static String[] Numbers=new String[20];
    InputFrame(){
        super("学生信息录入");
        Container c = getContentPane();
        c.setLayout(new GridLayout(5,2,5,5));
        jlab1=new JLabel("学号");
        for(int i=0;i<20;i++){
            Numbers[i]=String.valueOf(i);
        }
        jcom1=new JComboBox(Numbers);
        c.add(jlab1);
        c.add(jcom1);
        jlab2=new JLabel("姓名");
        jtxt1=new JTextField();
        c.add(jlab2);
        c.add(jtxt1);
        chbox1=new JCheckBox("兼职");
        chbox2=new JCheckBox("党团员");
        c.add(chbox1);
        c.add(chbox2);
        ButtonGroup bgrp=new ButtonGroup();
        RadBut1=new JRadioButton("男");
        RadBut2=new JRadioButton("女");
        bgrp.add(RadBut1);
        bgrp.add(RadBut2);
        c.add(RadBut1);
        c.add(RadBut2);
```

```
        butOk=new JButton("保存",new ImageIcon("pictures\\29.gif"));
        c.add(butOk);
        butOk.addActionListener(new handler());
        setDefaultCloseOperation(DISPOSE_ON_CLOSE);
        setBounds(300,400,250,200);
        setVisible(true);
    }
    static class handler implements ActionListener{
        public void actionPerformed(ActionEvent arg0){
            try {
                Class.forName("sun.jdbc.odbc.JdbcOdbcDriver");
            }
            catch (ClassNotFoundException e){
                System.out.println("ClassNotFoundException");
            }
            try {
                Connection con = DriverManager.getConnection(
                        "jdbc:odbc:student","li","1234");
                Statement stmt=con.createStatement();
                String str="'"+jcom1.getSelectedItem()+"','"+
                        jtxt1.getText();
                if(RadBut1.isSelected())
                    str=str+"',"+1;
                if(RadBut2.isSelected())
                    str=str+"',"+0;
                if(chbox1.isSelected())
                    str=str+","+1;
                else
                    str=str+","+0;
                if (chbox2.isSelected())
                    str=str+","+1;
                else
                    str=str+","+0;
                System.out.println(str);
                stmt.executeUpdate("insert into basicInfo values
                                    ("+str+")");
                stmt.close();
            }
            catch (SQLException e){
                System.out.println("SQLException");
            }
        }
    }
}
```

浏览界面代码如下：

```
import java.sql.*;
import java.awt.*;
import javax.swing.*;
```

```
public class showFrame extends JFrame{
    showFrame(){
        setTitle("所有学生信息");
        setSize(600,400);
        Container c=getContentPane();
        c.setLayout(new FlowLayout());
        JTextArea jarea=new JTextArea(10,16);
        jarea.setFont(new Font("宋体",Font.BOLD,22));
        c.add(jarea);
            try{
                Class.forName("sun.jdbc.odbc.JdbcOdbcDriver");
            } catch (ClassNotFoundException e){
                System.out.println("ClassNotFoundException");
            }
           Connection con;
        try{
            con=DriverManager.getConnection
            ("jdbc:odbc:student","li","1234");
            Statement stmt=con.createStatement();
            ResultSet rs=stmt.executeQuery("select * from basicInfo");
            //显示标题列: 记录集集元数据
            ResultSetMetaData rsmd=rs.getMetaData();
            for(int i=1;i<=rsmd.getColumnCount();i++){
                if (i==1){
                    jarea.append(rsmd.getColumnName(i));
                }
                else {
                    jarea.append("\t"+rsmd.getColumnName(i));
                }
            }
            jarea.append("\n");
            while (rs.next()){
                jarea.append(rs.getString("no")+"\t");
                jarea.append(rs.getString("name")+"\t");
                jarea.append(rs.getString("sex")+"\t");
                jarea.append(rs.getString("isJob")+"\t");
                jarea.append(rs.getString("isPartMember"));
                jarea.append("\n");
            }
            stmt.close();
        } catch (SQLException e){
            System.out.println("SQLException");
        }
        setVisible(true);
    }
}
```

删除界面代码如下：

```
import java.sql.*;
import java.awt.*;
import java.awt.event.*;
```

```
import javax.swing.*;
public class DelFrame extends JFrame implements ActionListener {
    static JButton butDel;
    static JComboBox jcomAll;
    DelFrame(){
        setTitle("所有学生信息");
        setSize(200,100);
        Container c=getContentPane();
        c.setLayout(new FlowLayout());
        jcomAll=new JComboBox();
        jcomAll.setFont(new Font("宋体",Font.BOLD,18));
        c.add(jcomAll);
        this.addItemToList();
        butDel=new JButton("删除");
        butDel.addActionListener(this);
        c.add(butDel);
        setVisible(true);
    }
    public void addItemToList(){
        try{
            Class.forName("sun.jdbc.odbc.JdbcOdbcDriver");
        }
        catch(ClassNotFoundException e){
            System.out.println("ClassNotFoundException");
        }
        try{
             Connection con;
             con=DriverManager.getConnection("jdbc:odbc:student","li",
                                                    "1234");
             Statement stmt=con.createStatement();
             ResultSet rs=stmt.executeQuery("select * from basicInfo");
             while(rs.next()){
                 String name=rs.getString("name");
                 jcomAll.addItem(name);
           }
           rs.close();
           stmt.close();
        }
        catch(SQLException e){
            System.out.println("SQLException");
        }
    }
    public void actionPerformed(ActionEvent arg0){
        String value="";
        if(jcomAll.getSelectedItem()!=null){
            value=(String)jcomAll.getSelectedItem();
        }
        try{
            Class.forName("sun.jdbc.odbc.JdbcOdbcDriver");
        }catch(ClassNotFoundException e){
```

```
            System.out.println("ClassNotFoundException");
        }
        try {
            Connection conn=DriverManager.getConnection
                                            ("jdbc:odbc:student","li","1234");
            Statement stmt=conn.createStatement();
            String sql="delete from basicInfo where name='"+value+"'";
            System.out.println(sql);
            stmt.executeUpdate(sql);
            stmt.close();
            conn.close();
        }catch (Exception e){
            System.out.println("SQLException");
            e.printStackTrace();
        }
        jcomAll.removeAllItems();
        this.addItemToList();
        this.repaint();
    }
}
```

12.4 综合实训

实训：数据库的连接及数据库相关类的使用

（1）在数据库中建立一个表，表名为 studentEx，结构为学号、姓名、性别、年龄、成绩。所用 SQL 语句：

```
create table studentEx (num int primary key," " name char(32),sex char(8),
                        age int,grade int);
```

（2）增加 4 条记录（具体数据自己设计）。所用 SQL 语句：

```
insert into studentEx values (9001,'susan','女',20,89);
```

（3）修改记录：将每人成绩增加 10%。所用 SQL 语句：

```
update studentEx set grade =grade*1.1;
```

（4）查询记录并按成绩从大到小打印。所用 SQL 语句：

```
select * from studentEx order by grade desc;
```

（5）删除成绩不及格的学生记录。所用 SQL 语句：

```
delete from studentEx where grade<60;
```

小　结

本章主要介绍 Java 数据库编程的方法，包括数据库基本操作、JDBC 的功能及用法等内容。此外，还重点介绍 JDBC 元数据的操作方法。通过本章的学习，读者可熟练掌握 Java 对数据库的编程方法，并应用于实际的软件开发中。

思考与练习

一、选择题

1. 下列 SQL 语句中，哪一项可用 executeQuery 方法发送到数据库？（　　）

A. UPDATE　　B. DELETE

C. SELECT　　D. INSERT

2. Statement 接口的作用是什么？选出最佳答案。(　　)

A. 负责发送 SQL 语句，如果有返回结果，则将结果保存到 ResultSet 对象中

B. 执行 SQL 语句

C. 产生一个 ResultSet 结果集

D. 上述都不对

3. 下面哪个选项不是客户端的 Java 应用程序需要完成的工作？（　　）

A. 与数据库的某个表建立连接

B. 与特定的数据库建立连接

C. 发送 SQL 语句，得到查询结果

D. 关闭与 JDBC 服务器的连接

4. 下面哪个不是 JDBC API 提供的类或接口？（　　）

A. Java.io.InputStream 对数据库文件的输入流

B. Java.sql.Connection 完成对某一指定数据库的连接

C. Java.sql.Statement 管理在某一指定数据库连接上的 SQL 语句的执行

D. Java.sql.ResultSet 从数据库返回的结果集

二、判断题

1.（　　）Statement 类某个对象的 executeQuery 方法只有在查询的时候才用。

2.（　　）并不是每一个方法都会返回一个结果集 ResultSet，例如插入、删除并不返回结果集 ResultSet。

3.（　　）“关闭与 JDBC 服务器的连接”这项工作是客户端的 Java 应用程序必须完成的工作。

4.（　　）JDBC 提供的连接数据库的 3 种方法包含与数据源直接通信、通过 JDBC 驱动程序的通信、与 ODBC 数据源通信。

三、简答题

1. 简述 JDBC 工作原理。

2. 简述 java.sql 包中主要类的作用。

第 13 章 多线程

在网络分布式编程盛行的今天，多线程编程已成为现代编程语言普遍具备的功能。Java 作为一门网络语言，从内核全面支持多线程技术。多线程是 Java 程序设计的特色之一，利用多线程技术可以方便地实现任务的并发处理。本章结合代码介绍线程相关的基本概念，并通过几个实例重点展示 Java 线程的构造、调度和数据交换的方法。

学习目标	☑ 理解线程的原理； ☑ 了解线程的几种状态及相互转换的条件； ☑ 学会使用多线程编程的两种方式； ☑ 学会使用线程的同步控制机制。

13.1 线程概述

1. 线程概念

在多线程程序设计中，线程是程序执行过程中一个子运行序列。和进程概念有所不同，进程是指一个完整程序的执行过程或实例，线程则是一个比进程更细微的程序执行序列，是进程的某个子序列。线程由程序负责管理，而进程由操作系统调度。线程依附于进程的上下文环境，随进程或父线程执行后启动。多个线程使用相同的地址空间，因此线程之间的通信非常方便。而进程之间使用不同的地址空间，可以单独执行。

进程与线程的区别如下：

（1）进程是指一个内存中运行的应用程序，每个进程都有自己独立的一套变量，一个进程中可以有多个线程。

（2）线程指进程中的一个执行任务，一个进程中可以运行多个线程，多个线程共享数据。

（3）共享数据使得线程间通信比进程间通信更有效、更容易。

（4）线程比进程更轻量级，创建和撤销的开销比进程要小得多，而进程则有利于资源的管理和保护。

多线程程序设计是并发程序设计的一种，各个线程之间是并行执行的，当计算机只有一个 CPU 时，操作系统会使用分时或其他方法来模拟并行运行的效果。

多线程程序设计应用非常广泛。当需要在一个程序中同时执行几段代码时，就需要用到多线程来实现。例如，编写网页浏览软件时，浏览器浏览的网页可能包含图片，网页中的文字下载后，图片逐幅下载，速度必然很慢，这时可以将下载图片的代码放在单独的线程中同时下载。又如编写服务器端软件时，对每个用户都要执行一些相同的处理，为支持并发用户，可以针对每个用户启动一个线程。

2. 线程的几种状态

多线程是为了同步完成多项任务，不是为了提高运行效率，而是为了提高资源使用效率来提高系统的效率。线程是在同一时间需要完成多项任务的时候实现的。

线程有如下几种状态：

（1）新建状态：即线程对象刚刚被创建的状态。

（2）就绪状态：也被称为可运行状态，在线程对象被创建之后，如果要执行它，操作系统要对这个线程进行登记，并为它分配系统资源，这些工作由 Thread 类的 start( )方法提供，此时线程对象处于“可运行”状态。

（3）运行状态：当操作系统分给当前线程时间片时，线程对象就开始运行。如果在分配的时间片段内没有完成，操作系统将暂停该线程对象的运行，即进入阻塞状态，操作系统将分配下一个时间片段给其他线程执行，经过一定的时间循环后，该线程对象可以再次进入运行状态。

（4）阻塞状态：阻塞状态就是一个线程对象因为人为或者系统原因必须暂停运行，以后还可以恢复运行的状态。线程对象的 sleep()、wait()、suspend( )方法被调用及正在等待 I/O 操作完成时都会进入阻塞状态。

（5）终止状态：当线程对象的 run()方法结束或者 stop()方法被调用时线程就会终止运行，线程对象 stop()方法被调用也称做异常终止。

这几种状态的相互关系如图 13-1 所示。

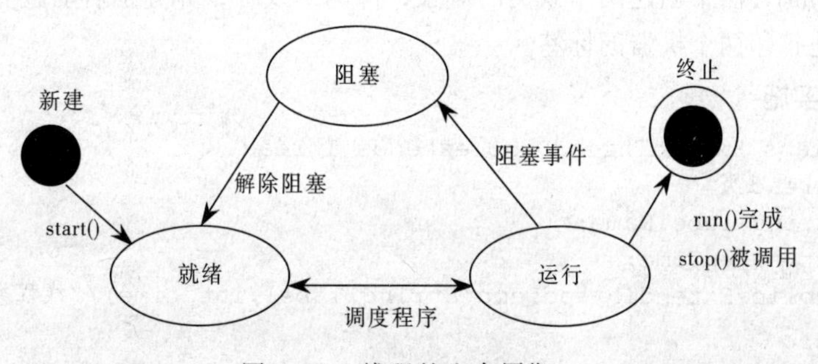

图 13-1　线程的生命周期

13.2　线程的创建

在 Java 中，可以以多线程方式启动执行的类必须继承 java.lang.Thread 类，实现该类的 run()方法，然后控制线程的执行；而如果只要一段代码在单独线程中运行，则可以继承 java.lang.Runnable 接口，并将该段代码放在该接口 run()方法中，然后通过构造 Thread 类对象实现线程的建立和运行控制。因此，创建多线程程序有两种方法：通过继承 Thread 类和实现 Runnable 接口。

13.2.1 Thread 类创建多线程应用程序

Thread 类提供了用于启动、挂起、恢复及终止线程的一系列方法。除此之外，还提供了控制线程优先级及线程的名字等其他方面的方法。使用 Thread 类建造多线程程序的最简单方法是：将自定义的应用程序类 extends（继承）该类，并覆盖 run()方法，当线程开始启动时会调用这个方法。通过覆盖 run()方法，就可以使线程在后台完成一些有用的任务。然后，在该类中添加一个 Application 都必须定义的 main()方法，在 main()方法中声明一个 Thread 类型的对象，使之指向自定义应用程序类的实例。再通过该对象调用 Thread 类提供的 start()方法启动线程，该方法会调用前面定义的 run()方法，并使之脱离 main()方法的主线程，在操作系统中申请新的线程运行。

下面的任务显示了怎样扩展 Thread 类，并启动两个实例，每个实例都在一个独立的线程中。

【任务 13-1】 两个同时运行的打印标签的程序

（一）任务描述

假设有种打印标签的机器，该机器可以设置打印标签的文字和每两个标签之间间隔的时间，需要模拟两个机器同时工作产生的标签情况。

（二）任务分析

这个例子可以用多线程编程来实现。

首先创建一个类 ExtendThreadDemo 来模拟打印标签的机器，让该类继承 Thread 类，然后实现 Thread 类的 run()方法，在 run()方法中根据输入的参数决定多长时间间隔打印一个包含什么文字的标签。

然后在 main()方法中创建两个该类的对象，即两个线程，并分别启动它们。这时，程序的输出就是模拟地打印两个机器的标签。

（三）任务实施

```
public class ExtendThreadDemo extends Thread
{//继承 Thread 类
      String labelName;
      int sleepTime;
      public ExtendThreadDemo(String label,int time)//线程类构造函数
      {
          labelName=label;
          sleepTime=time;
      }
      public void run()//线程体
      {
          try{
              for (int i=0;i<=4;i++){
                  Thread.sleep(sleepTime);//休眠
                  System.out.println(labelName);
              }
          }
          catch(InterruptedException ie){}
              System.out.println(labelName+" is over");
```

```
    }

        public static void main(String args[])
        {
            System.out.println("Creating thread print A");
            Thread t1=new ExtendThreadDemo("A",500);//创建线程实例
            System.out.println("Creating thread print B");
            Thread t2=new ExtendThreadDemo("B",1000);
            t1.start();//启动线程
            t2.start();
            System.out.println("main is finished");
        }
    }
```

编译执行此程序时，输出结果如下：

```
Creating thread print A
Creating thread print B
main is finished
A
A
B
A
B
A
A
A is over
B
B
B
B is over
```

该范例 main()方法（主线程）先后创建并启动两个线程实例，由于两个线程中休眠的时间间隔不一样，所以输出的 B 比 A 要慢一些，当 A 全部输出后，B 还在继续输出。虽然“main is finished”已经在第一个 A 之前打印出来，后面也没有语句，但由于 main()方法所在的是主线程，所以实际情况是当所有线程都终止后，main()方法才会退出。

13.2.2 使用 Runnable 接口创建多线程应用程序

由于 Java 只支持单重继承，使用扩展 Thread 类的方式实现多线程，就会导致应用程序不能继承其他类，在构造复杂程序时很不方便。使程序能够多线程执行得更好的方法是实现 java.lang.Runnable 接口。

Runnable 接口仅定义了一个 run()方法，实现该接口必须实现这个方法。应用程序类实现了这个接口，则该类可以以多线程的方式执行。一个线程是 main()方法构成的主线程，一个是 run( )方法为主体的独立线程。

创建这类多线程程序的方法是定义类时声明实现 Runnable 接口并写好线程体 run()方法，然后在 main()方法中声明并创建 Runnable 类型的对象，以该对象为构造参数，声明并构造 Thread 对象，当调用了线程对象的 start()方法时，新创建的线程就会调用 run()方法。run()方法结束时，线程便停止。

注意，同一个 Runnable 对象可以被传递给多个线程，所以几个并发的线程可以使用相同的代码，并操作相同的数据。

使用 Runnable 接口实现多线程程序还有一个好处就是使用 Runnable 实例作为构造参数创建多个 Thread 实例比创建多个经过扩展的 Thread 实例开销要小。

下面的范例实现了类似任务 13-1 的功能。

```
public class RunnableThreadDemo implements java.lang.Runnable
{//继承 Runnable 接口
    String label;
    int sleepTime;
    public RunnableThreadDemo(String label,int sleepTime)
        this.label=label;
        this.sleepTime=sleepTime;
    }
    public void run()//定义线程体
    {
        try{
            for(int i=0;i<=4;i++){
                System.out.println(label);
                Thread.sleep(sleepTime);
            }
            System.out.println(label+"is over");

        }catch (InterruptedException e){
            e.printStackTrace();
        }
    }
    public static void main(String args[])
    {
        System.out.println ("Creating runnable object");
        Runnable run1=new RunnableThreadDemo("A",500);//创建线程接口实例
        Thread t1=new Thread (run1);//依据线程接口实例创建线程实例
        Runnable run2=new RunnableThreadDemo("B",1000);//创建线程接口实例
        Thread t2=new Thread (run2);//依据线程接口实例创建线程实例
        System.out.println ("Starting both threads");
        t1.start();//启动线程
        t2.start();
    }
}
```

程序输出如下：

```
Creating runnable object
Starting both threads
A
B
A
B
A
A
A
```

```
B
Ais over
B
B
Bis over
```

13.3　线程的生存周期

每个线程从生成实例获得资源到运行结束、释放空间要经历 3 种基本的状态。线程实例在内存中创建后线程处于就绪状态；然后在父线程中通过调用 Thread 类的 start()方法来启动线程体 run()方法，线程进入运行状态，当线程因需要的某个资源被其他线程占用等原因而进入等待状态；线程体执行完毕或被父线程终止时，线程结束。Java 提供了很多方法可以对线程的生存周期进行各种控制和调度，以灵活实现程序的功能。

13.3.1　线程的优先级

在支持多线程的系统中，多线程是通过在线程之间快速切换来模拟代码的并发执行而实现的。由于操作系统使用单个线程不能控制的任意算法在线程之间进行切换，线程的执行顺序、运行时间和调度线程的时间是无法预测的。为了加强对线程的调度，最简单的方式是设定线程的相对优先级，指示操作系统哪个线程更重要。

1. 设置线程优先级

在 Java 中，用数字 1～10 指明了线程的优先级，其中，10 是最高优先级，1 是最低优先级。较高优先级的线程将抢占较低优先级线程的 CPU 资源。优先级调度在不同的操作系统中执行效果可能不同。有的操作系统会分配较多的运行时间给高优先级的线程。在有的操作系统中，高优先级的线程可迫使低优先级的线程挂起，回到优先级队列中等待，直到正在运行的线程主动暂停运行。有 3 个优先级别在 java.lang.Thread 类中定义了静态成员常量，如表 13-1 所示。

表 13-1　线程优先级

常　量	值
Thread.MAX_PRIORITY	10
Thread.NORM_PRIORITY	5
Thread.MIN_PRIORITY	1

使用 setPriority()方法可以设置线程的优先级。注意，可以在启动线程之前设置线程的优先级，也可以在线程运行过程中改变线程的优先级。

【任务 13-2】　让某个机器打印优先级更高

（一）任务描述

假设某种标签目前是急需的，需要将打印该标签的机器的频率加快，而其他标签则稍后打印。

（二）任务分析

假设两个线程都间隔同样多的时间打印标签，如果让某个线程的优先级变高，则该线程会在相同的时间内抢占到更多的 CPU 时间片，从而先完成自己的打印任务。

（三）任务实施

```
import java.io.*;
class mythread extends Thread{
    String label;
    public mythread(String label){
        super();
        this.label=label;
    }
    public void run(){
        int i=0;
        while(true){
            i++;
            System.out.println("第"+i+"个"+label);
            try{
                Thread.sleep(0);
            } catch(InterruptedException e){
                e.printStackTrace();
            }
        }
    }
}

class mainclass{
    public static void main(String args[]){
        mythread t1=new mythread("A");
        mythread t2=new mythread("B");
        t1.setPriority(10);
        t2.setPriority(1);
        t1.start();
        t2.start();
        try{ System.out.println("please input a char:");
            System.in.read();
        }
        catch(IOException e){System.out.println(e);}
        t1.stop();
        t2.stop();
    }
}
```

程序输出结果为：

```
…
第 109908 个 A
第 67911 个 B
…
第 109915 个 A
第 67918 个 B
```

```
第 109916 个 A
第 67919 个 B
…
```

上机运行将发现在相同的时间段内，高优先级的“A”显示次数显然比“B”更多。

2. 获得线程的优先级

线程体中可以通过调用 getPriority()方法确定当前线程的优先级。若优先级不够高，则可以调用设置优先级方法进行调整。该方法返回一个整数，表明线程的优先级。例如下面的代码段可以获取当前正在运行的线程的优先级：

```
Thread t=Thread.currentThread();
System.out.println("Priority:"+t.getPriority());
```

13.3.2 线程的控制方法

1. 线程休眠 sleep( )

在线程运行时，可以主动调用静态方法 Thread.sleep()让线程休眠一段时间。此时线程让出 CPU，进入就绪队列。等时间到达才恢复运行。高优先级的线程在执行耗时操作时，通常用此方法让低优先级的线程运行，以提高程序的整体效率。运用此方法还可以实现延时效果。

2. 打断线程休眠 interrupt()

在主线程中通过调用 interrupt()方法可以使进入休眠状态的子线程提前唤醒。下面的代码演示了在主线程中将长时间休眠的子线程 sleepy 通过按【Enter】键提前唤醒的过程。

```
public class SleepyHead extends Thread
{
    public void run()
    {
        System.out.println("I feel sleepy. Wake me in eight hours. Sleep
                            begin.");
        try
        {
            Thread.sleep(1000*60*60*8);
            System.out.println("Sleep end.That was a nice nap");
        }
        catch (InterruptedException ie)
        {
            System.err.println ("Just five more minutes....");
        }
    }
    public static void main(String args[]) throws java.io.IOException
    {
        Thread sleepy=new SleepyHead();
        sleepy.start();
        System.out.println ("Press enter to interrupt the thread");
        System.in.read();           //接收敲键
        sleepy.interrupt();         //打断线程休眠
    }
}
```

该程序执行过程如下：

```
I feel sleepy. Wake me in eight hours. Sleep begin.
```

```
Press enter to interrupt the thread
按【Enter】键
Sleep end. That was a nice nap
```

3. 停止/销毁线程 stop()/destroy()

在主线程中使用静态方法 stop()可以结束子线程。调用时要求主线程拥有被控制线程的对象名（引用）。但在 Java 中不提倡使用该方法，因为某个线程突然被另一个线程结束有可能使正在访问的共享资源的一致性遭到破坏。destroy()方法可以销毁线程，如果该方法没有实现好，在没有保护措施的情况下结束线程，易造成其他线程死锁，也不宜使用。

4. 挂起/恢复线程 suspend()/resume()

在主线程中调用 Thread.suspend()方法和 Thread.resume()方法可以暂停和恢复线程的运行。Java 中不提倡使用，因为有时候它们会造成死锁。例如被挂起的线程锁住了共享对象监视器，而在被挂起时没来得及释放资源锁，死锁便会产生。

5. 主动让出 CPU yield()

有时线程正在等待事情的发生或者有必要把 CPU 时间让给其他同优先级的线程将改善程序整体性能或有利于用户输入，则把 CPU 让出更好，而不是休眠一段时间。调用形式是 Thread.yield()。线程调用该方法后，即进入就绪队列，等待下一次竞争 CPU 重新运行。

6. 等待别的线程结束 join()

有时一个运行到某个时候，必须等待另外一个线程结束后才可以继续运行，可以调用 join()方法。例如线程 A 在运行过程中想显示一个动画，而这个动画是由线程 B 在后台运算生成的，这时线程 A 就应该挂起，等待线程 B 结束才能继续运行。下面一个简单的例子将演示 join()方法的使用。

```
public class WaitThread extends Thread
{
    public void run()//线程体
    {
        System.out.println ("wait 5 second....");
        try
        {
            Thread.sleep(5000);//休眠 5s
        }
        catch(InterruptedException ie){}
    }
    public static void main(String args[]) throws
                            java.lang.Interrupted Exception
    {
        Thread w=new WaitThread();
        w.start();//线程开始
        System.out.println("Begin to Wait end of Thread w, about 5
                          seconds.");
        w.join();//等待，直到线程 dying 结束
        System.out.println ("Thread w has died.");
    }
}
```

13.4 线程的同步控制

13.4.1 线程间通信概述

当多个线程在等待获得 CPU 时间时，优先级高的线程优先抢占到 CPU 时间，同一优先级的线程按照队列获得 CPU 时间。

线程的同步是 Java 多线程编程的难点，开发者往往搞不清楚什么是竞争资源、什么时候需要考虑同步、怎么同步等问题。当然，这些问题没有很明确的答案，但有些原则问题需要考虑，是否有竞争资源被同时改动的问题？对于同步，在具体的 Java 代码中需要完成一下两个操作：把竞争访问的资源标识为 private；同步哪些修改变量的代码，使用 synchronized 关键字同步方法或代码。synchronized 只能标记非抽象的方法，不能标识成员变量。

13.4.2 方法的同步

一个程序可以有多个线程，线程之间可以共享数据。当线程以异步方式访问共享数据时，这是不安全的。例如当线程处于异步工作方式时，一个线程读数据，另一个线程处理数据，若线程还没有读完数据，另一个线程就去处理数据，必然会得到错误的结果。若将这两个线程同步，即等到第一个线程将数据读完后第二个线程才能够处理数据，这样就不会产生异步那样的错误。Java 用关键字 synchonized 来同步对共享数据操作的方法，在一个对象中，用 synchonized 声明的方法统称为同步方法。

【任务 13-3】 用同步控制让银行账号数据变得更安全

（一）任务描述

构建了一个银行账户，起初余额为 5000，然后由两个用户分别模拟使用银行账号对应的卡和存折，连续 5 次取款 10 元。正确的过程和结果应该是银行账户的余额分 10 次，每次减少 10 元，最后余额为 4900 元。

（二）任务分析

显然银行账户对象的余额是一个竞争资源，而卡和存折同时取款是对银行账户的余额属性共同的操作。

建议将银行账户对象的取款方法加上同步，即设置为 synchronized，并将银行账户的余额属性设为私有变量，禁止直接访问。

（三）任务实施

```
class account{
    private  double balance;    //账号余额
    String accountNo;           //账号编号
    public account(double balance,String accountNo){
        super();
        this.balance=balance;
        this.accountNo=accountNo;
    }
```

```
    synchronized boolean take (double takeMoney){
        if(takeMoney>0){
            if(balance-takeMoney>=0){
                balance=balance-takeMoney;
                System.out.println("账号"+accountNo+"余额:"+balance);
                try{
                    Thread.sleep(100);
                }catch(InterruptedException e){
                    e.printStackTrace();
                }//模拟取款机器延迟
                System.out.println("取款:"+takeMoney+"余额:"+balance);
                    return true;
            }else{
                System.out.println("余额不足");
                return false;
            }
        }else{
            System.out.println("取款金额必须大于 0");
            return  false;
        }
    }
}
class user1 implements Runnable{
    account Bank1;
    public user1(account bank1){
        super();
        Bank1=bank1;
    }
    public void run() {
        for (int i=0;i<=4;i++){
            Bank1.take(10);
        }
    }

}
public class TestBank{
    public static void main(String[] args){
        account a1=new account(5000,"n9090");
        //模拟用户 1 的操作
        Runnable u1=new user1(a1);
        Thread t1=new Thread(u1);
        //模拟用户 2 的操作
        Runnable u2=new user1(a1);
        Thread t2=new Thread(u1);
        t1.start();
        t2.start();
    }
}
```

程序输出为表 13-1 的 A 列内容。如果去掉 take()方法前面的 synchronized 关键字，则程序输出结果为表 13-2 的 B 列内容。

表 13-2　有同步控制和无同步控制输出结果对比

A	B
账号 n9090 余额:4990.0	账号 n9090 余额:4990.0
取款:10.0 余额:4990.0	账号 n9090 余额:4980.0
账号 n9090 余额:4980.0	取款:10.0 余额:4980.0
取款:10.0 余额:4980.0	账号 n9090 余额:4970.0
账号 n9090 余额:4970.0	取款:10.0 余额:4970.0
取款:10.0 余额:4970.0	账号 n9090 余额:4960.0
账号 n9090 余额:4960.0	取款:10.0 余额:4960.0
取款:10.0 余额:4960.0	账号 n9090 余额:4950.0
账号 n9090 余额:4950.0	取款:10.0 余额:4960.0
取款:10.0 余额:4950.0	账号 n9090 余额:4940.0
账号 n9090 余额:4940.0	取款:10.0 余额:4940.0
取款:10.0 余额:4940.0	账号 n9090 余额:4930.0
账号 n9090 余额:4930.0	取款:10.0 余额:4930.0
取款:10.0 余额:4930.0	账号 n9090 余额:4920.0
账号 n9090 余额:4920.0	取款:10.0 余额:4920.0
取款:10.0 余额:4920.0	账号 n9090 余额:4910.0
账号 n9090 余额:4910.0	取款:10.0 余额:4920.0
取款:10.0 余额:4910.0	账号 n9090 余额:4900.0
账号 n9090 余额:4900.0	取款:10.0 余额:4900.0
取款:10.0 余额:4900.0	取款:10.0 余额:4900.0

读者很容易发现，这样的输出是不合理的，也是不正确的。其原因是模拟银行卡和存折的两个线程 t1 和 t2 的取款方法 take()是异步执行的，即它们的 take( )方法中的代码不是一次执行完的，而是被其他线程中断，所以出现了错误的结果。

13.4.3　wait...notify 信号量同步

在编程实践中，还可能碰到一种建立在互斥同步基础上的更高一层次的同步约束，这就是 wait...notify 信号量同步。

wait...notify 同步在要求对共享数据对象进行互斥访问的同时，还要求线程本身的活动是否继续主动依据同步对象的成员数据是否满足一定条件来决定。当某个线程判断进行活动的条件变得不成立时，做出下面的一件或两件事：

（1）通过调用同步对象的 wait()方法，放弃对同步对象的访问，而且自动挂起，进入到同步对象的“通知等待队列”（等待池）中。

（2）通过调用同步对象的 notify()方法通知其他线程运行。当某个线程的活动条件开始成立时，会接收到其他线程发出的 notify()通知，进入活动状态。这样，不同线程通过对同步对象的条件判断互发通知和主动释放，形成 wait...notify 同步机制。另外，wait()方法和 notify()方法是 Java 中任何对象都具备的方法。

例如著名的生产者-消费者程序，就是几个生产者线程不断向一个堆栈添加数据，模拟生产行为，几个消费者线程不断从同一个堆栈中取出数据，模拟消费行为。但这里要考虑到一个信号量同步问题。即生产者生产速度太快会使堆栈溢出，消费者消费速度太快会使堆栈为空。因此，生产者生产速度过快而使堆栈达到一定长度值，应该停止生产，这时可让生产线程执行堆栈对象的 wait( )方法，等消费者线程开始消费时再执行堆栈对象的 notify( )方法，通知生产者线程继续开始生产。同样，若消费者速度过快，堆栈长度为 0 时，消费者线程也应该暂停，等生产者线程开始生产时执行堆栈对象的 notify()方法，通知消费者开始消费。而堆栈的当前长度从某种意义上看就是信号量。

【任务 13-4】 生产者和消费者的同步机制

（一）任务描述

有两个人，一个在刷盘子，另一个在把盘子烘干。刷盘子的人把刷好的盘子放在碗架上，烘盘子的人在碗架上拿盘子来烘干。请用 Java 程序模拟这个工作过程。

（二）任务分析

刷盘子的人作为生产者（Producer.java），烘干盘子的人作为消费者（Consumer.java），并用一个栈（SyncStack.java）模拟碗架作为生产者和消费者的共享对象。主类为 SyncTest.java。程序中用生产者随机产出 A～Z 的英文字母来模拟盘子。

（三）任务实施

```
public class Consumer implements Runnable{
    //Consumer 类通过实现 Runnable 接口来构建消费者线程
    SyncStack theStack;
    public Consumer(SyncStack s){
        theStack=s;
    }
    public  void run(){
        char c;
        for(int i=0;i<20;i++){
            c=theStack.pop(); //从碗架上取盘子
            System.out.println("Consumed:"+c);
            try{
                Thread.sleep((int)(Math.random()*1000));
            }
            catch(InterruptedException e){
                e.printStackTrace();
            }
        }
    }
}
public class Producer implements Runnable{
//Producer 类通过实现 Runnable 接口来构建生产者线程
    SyncStack theStack;
    public Producer(SyncStack s){
        theStack=s;
    }
    public void run(){
```

```
        char c;
        for(int i=0;i<20;i++){
            c=(char)(Math.random()*26+'A');//洗盘子，用随机产生的英文字母来模拟
            theStack.push(c);               //往碗架放盘子
            System.out.println("Produced:"+c);
            try{
               Thread.sleep((int)(Math.random()*100));
            }catch(InterruptedException e){
               e.printStackTrace();
            }
        }
    }
}
public class SyncStack {
    private int index=0;                    //index记录了当前碗架内的盘子数
    private char buffer[]=new char[6];
    public synchronized void push(char c){   //本方法往碗架放盘子
        while(index==buffer.length){
        //碗架只可以放6个盘子，如果碗架已满，当前线程被挂起等待
            try{
                this.wait();
            }catch(InterruptedException e){
                e.printStackTrace();
            }
        }
        this.notify();                  //唤醒线程
        buffer[index]=c;
        index++;                        //盘子数增加
    }
    public synchronized char pop(){      //本方法从碗架取盘子
        while(index==0){                 //如果碗架为空，线程被挂起等待
            try{
                this.wait();
            }catch(InterruptedException e){
                e.printStackTrace();
            }
        }
        this.notify();                   //线程被唤醒
        index--;                         //盘子数减少
        return buffer[index];
    }
}
public class SyncTest {    //主类
   public static void main(String args[]){
      SyncStack stack=new SyncStack();
      Runnable source=new Producer(stack);
      Runnable sink=new Consumer(stack);

      Thread t1=new Thread(source);
      Thread t2=new Thread(sink);
```

```
        t1.start();
        t2.start();
    }
}
```

程序输出结果如下：

```
Produced:X
Consumed:X
Produced:G
Produced:I
Produced:I
Produced:N
Produced:T
Produced:Q
Consumed:Q
Produced:Y
Consumed:Y
Produced:J
Consumed:J
Produced:M
Consumed:M
Produced:N
Consumed:N
Produced:I
Consumed:I
Produced:K
Consumed:K
Produced:H
Produced:K
Consumed:H
Consumed:K
Produced:N
Consumed:N
Produced:W
Consumed:W
Produced:E
Consumed:E
Produced:Z
Consumed:Z
Produced:L
Consumed:L
Consumed:T
Consumed:N
Consumed:I
Consumed:I
Consumed:G
```

这里输出的 Produced:X 代表生产了编号为 X 的盘子，输出的 Consumed:X 代表消费了编号为 X 的盘子，依此类推，会发现，生产者最多只可以生产 6 个盘子放在盘架上，只有等消费者消费了盘子，生产者才能继续生产，否则盘架上没有多余的位置来放新的盘子。

13.5 线程的分组

在编制多线程程序时，必须对创建的线程进行运行、休眠或优先级改变等管理操作，然而当程序中同时运行的各种线程数量很多时，线程管理就是一件很麻烦的事。如果还是以单个线程为单位进行操作或调度，就必须在程序中使用向量或数组来保存要操作的线程的列表，然后通过遍历各个线程进行指定的操作。更好的管理办法是将类型相同或功能类似的线程组合成线程组，然后以线程组为操作对象，实现对组中的批量线程的统一管理，简化程序代码。

13.1 节中，在 Java 运行系统（JVM）中，当 Java 程序开始运行时，应用程序就创建了一个由 main()方法构成的主线程。在此之后，程序中就可以创建不属于某个特定线程组的单独线程，也可以创建线程组。实际上 JVM 中每个线程或线程组都有一个所属的线程组（称为父线程组），这里讲的不属于特定线程组的单独线程实际上和程序的主线程在同一个隐式的线程组中。

在 Java 中线程组由 ThreadGroup 类描述。创建线程组必须调用线程组的构造函数。线程组的构造函数主要有以下两种形式：

- public ThreadGroup(String name)：创建名字为 name 的线程组，其父线程组是创建该线程组的当前运行线程所在的组。
- public ThreadGroup(String parentGroup,String name)：在线程组 parentGroup 中创建名为 name 的子线程组。

例如，下面的代码可以创建线程组和子线程组。

```
ThreadGroup group01=new ThreadGroup("group01");
ThreadGroup subgroup01=new ThreadGroup("group01","subgroup01");
```

如果某个线程需要加入到线程组，则必须调用相应构造函数实现。线程加入某个线程组后不能脱离该组。一个线程组中的线程数量可以不限，而且可以根据需要动态加入新创建的线程。创建时指定加入到某个线程组中的线程构造函数有以下 3 个：

- Thread(ThreadGroup group,Runnable runnable)：在线程组 group 中创建一个线程，其 run()方法接口对象是 runnable。
- Thread(ThreadGroup group,String name)：在线程组 group 中创建一个名为 name 的线程。
- Thread(ThreadGroup group,Runnable runnable, String name)：在线程组 group 中创建一个名为 name 的线程，其 run()方法接口对象是 runnable。

线程组创建以后就可以像对待线程一样进行一些管理和调度操作了，例如设置本线程组中线程的最大优先级，返回线程组中有效线程/子线程组的数目，显示组中有效线程/子线程组的列表等。线程组还可以被停止、挂起及恢复等，但这些操作在 Java 中都不提倡使用。对线程组的挂起或运行操作可以通过优先级调整和让线程休眠来实现。下面是 ThreadGroup 类一些常用方法。

- int activeCount()：返回该组中有效线程及子线程组的个数。
- int activeGroupCount()：返回该线程组中有效子组的数目，包括子组里面的子组。
- int getMaxPriority()：返回该线程组允许的最大优先级。

- String getName()：返回该线程组名称。
- ThreadGroup getParent()：返回该组的父线程组。
- void interrupt()：打断该线程组及其子组中所有线程的休眠。
- boolean isDaemon()：判断该线程组是否为守护线程组。
- void list()：显示该线程组的所有线程和子组。
- boolean parentOf(ThreadGroup otherGroup)：判断该组是否为指定组的子组。
- void setDaemon()：设置该线程组为守护线程组。
- void setMaxPriority()：设置该线程组允许的最大优先级。在进行该设置之前，若组中已有某线程设置了较高的优先级，则该线程的优先级仍然保持，只是不能再增加优先级。

图 13-2 显示了线程分组的示意图。

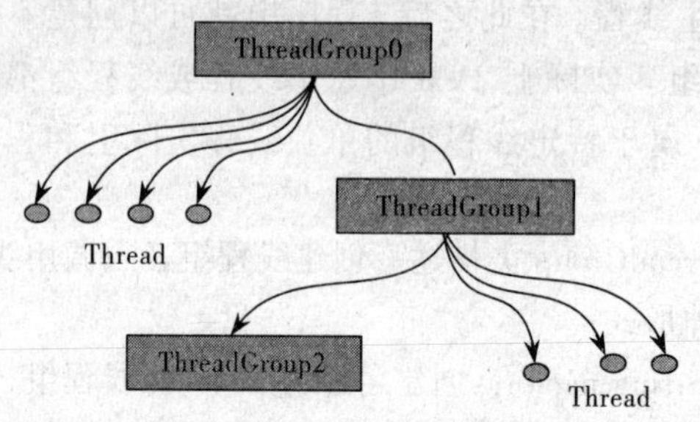

图 13-2　线程分组示意图

下面通过任务 13-5 看看线程分组的典型使用案例。

【任务 13-5】　让线程属于不同的分组

（一）任务描述

从银行的实际业务需求来看，银行里有普通客户和 VIP 客户之分，即重要的客户应该比普通客户的排队时间短，所以希望写一个 Java 程序模拟如下功能：将取款的若干个银行账号按照优先级的高低来分组，在相同的时间内，让高优先级的账号更快地执行取款操作。

（二）任务分析

（1）生成一个 account 类，模拟银行账号，包含两个最基本的属性：账号编号 accountNo 和账号余额 balance，account 类有构造函数和取款的 take()方法。

（2）生成一个 user 类，该类实现 Runnable 接口，并在 run()方法中模拟连续取款 10 次。user 类的构造函数中，需要一个银行账号作为输入参数。

（3）生成一个测试类，在该类中，生成 5 个 user 类对象，模拟 4 个顾客，再建立 2 个分组，并设置 2 个组的优先级分别为最低 2 和最高 10，让这 4 个顾客分别属于两个不同的分组，让 4 个顾客（user 类）线程同时启动，观察 4 个顾客取款的记录就知道他们所在组的优先级是否生效。

（三）任务实施

```
class account{
    double balance;    //账号余额
    String accountNo; //账号编号
```

```
    public account( String accountNo,double balance){
        super();
        this.balance=balance;
        this.accountNo=accountNo;
    }
    synchronized boolean take(double takeMoney){
        if(takeMoney>0){
            if (balance-takeMoney>=0){
                balance=balance-takeMoney;
                System.out.println("账号"+accountNo+"取款:"+takeMoney+"
                                余额:"+balance);
                return true;
            }else{
                System.out.println("余额不足");
                return false;
            }
        }else{
            System.out.println("取款金额必须大于0");
            return  false;
        }
    }
}
class user implements Runnable{
    account Bank1;

    public user(account bank1){
        super();
        Bank1=bank1;
    }
    public void run(){
        for(int i=0;i<=9;i++){
            Bank1.take(10);
        }
    }
}
public class BankGroup{
    public static void main(String[] args){
        ThreadGroup group01=new ThreadGroup("ThreadGroup01");
        group01.setMaxPriority(10);
        account a1=new account("n001",500);
        account a2=new account("n002",500);
        account a3=new account("n003",500);
        account a4=new account("n004",500);
        Thread consumer01=new Thread(group01,new user(a1),"Consumer01");
        Thread consumer02=new Thread(group01,new user(a2),"Consumer02");
        ThreadGroup group02=new ThreadGroup("ThreadGroup02");
        group02.setMaxPriority(2);
        Thread consumer03=new Thread(group02,new user(a3),"Consumer03");
```

```
        Thread consumer04=new Thread(group02,new user(a4),"Consumer04");
        System.out.println("线程组 group01 的线程列表: ");
        group01.list();
        System.out.println("线程组 group02 的线程列表: ");
        group02.list();
        System.out.println();
        consumer01.start();
        consumer02.start();
        consumer03.start();
        consumer04.start();

    }
}
```

该程序有一点必须清楚的是，线程/线程组若不指定优先级，则默认为5。由于第一组的优先级比第二组优先级高，所以第一组的线程肯定比第二组线程先结束。

程序输出结果为：

```
线程组 group01 的线程列表:
java.lang.ThreadGroup[name=ThreadGroup01,maxpri=10]
线程组 group02 的线程列表:
java.lang.ThreadGroup[name=ThreadGroup02,maxpri=2]

账号 n001 取款:10.0 余额:490.0
账号 n003 取款:10.0 余额:490.0
账号 n004 取款:10.0 余额:490.0
账号 n002 取款:10.0 余额:490.0
账号 n002 取款:10.0 余额:480.0
账号 n002 取款:10.0 余额:470.0
账号 n002 取款:10.0 余额:460.0
账号 n002 取款:10.0 余额:450.0
账号 n002 取款:10.0 余额:440.0
账号 n002 取款:10.0 余额:430.0
账号 n001 取款:10.0 余额:480.0
账号 n002 取款:10.0 余额:420.0
账号 n004 取款:10.0 余额:480.0
账号 n001 取款:10.0 余额:470.0
账号 n003 取款:10.0 余额:480.0
账号 n003 取款:10.0 余额:470.0
账号 n003 取款:10.0 余额:460.0
账号 n004 取款:10.0 余额:470.0
账号 n002 取款:10.0 余额:410.0
账号 n001 取款:10.0 余额:460.0
账号 n002 取款:10.0 余额:400.0
账号 n001 取款:10.0 余额:450.0
账号 n001 取款:10.0 余额:440.0
账号 n001 取款:10.0 余额:430.0
账号 n001 取款:10.0 余额:420.0
账号 n001 取款:10.0 余额:410.0
```

```
账号n001取款:10.0余额:400.0
账号n004取款:10.0余额:460.0
账号n004取款:10.0余额:450.0
账号n003取款:10.0余额:450.0
账号n004取款:10.0余额:440.0
账号n004取款:10.0余额:430.0
账号n004取款:10.0余额:420.0
账号n004取款:10.0余额:410.0
账号n004取款:10.0余额:400.0
账号n003取款:10.0余额:440.0
账号n003取款:10.0余额:430.0
账号n003取款:10.0余额:420.0
账号n003取款:10.0余额:410.0
账号n003取款:10.0余额:400.0
```

被加粗的文字是第一组线程的顾客取款的记录，可以看出第一组的取款明显是比第二组的优先级要高，验证了线程被分到不同优先级的组，执行效率是不一样的。

13.6 综合实训

实训1：用Java中的多线程示例火车站售票问题

假设广州到深圳的T855次列车共有1 200个普通票的位置，广州市的每个售票点都可以出售火车票。请写一个程序，模拟售票点卖火车票的情况。

建议过程如下：

（1）设立一个变量ticketCount代表剩余票的数量。

（2）售票线程开始后，读取ticketCount存入临时变量v。

（3）用v减去要售出的票的数量sellNum，即v=v-sellNum。

（4）将新的剩余票数量v存入ticketCount。

首先要考虑这个问题容易出现错误的地方，然后编程实现。为了保证代码不会出现多个线程同时执行时票数计算错误，建议使用线程的同步机制。

实训2：多线程打印随机数

请采用实现Runnable接口的多线程技术，用5个线程，生成100个[1, 1000]区间内的随机整数，并打印出来。

小　结

线程是程序中一个单一的顺序控制流程。在单个程序中同时运行多个线程完成不同的工作，称为多线程。通常一个进程可以包含若干个线程，它们可以利用进程所拥有的资源。　线程有新建、就绪、运行、阻塞、死亡等5种状态，需要由线程调度程序来决定何时执行，根据优先级来调度。

有两种方式来产生一个线程，即通过继承 Thread 类和实现 Runnable 接口。由于 Java 中不允许多继承，所以用实现 Runnable 接口的方式实现多线程更为普遍。

线程的同步是 Java 多线程编程的难点，在具体的 Java 代码中需要完成以下两个操作：把竞争访问的资源标识为 private；同步哪些修改变量的代码，使用 synchronized 关键字同步方法。

思考与练习

一、选择题

1. 线程通过（　　）方法可以休眠一段时间，然后恢复运行。

A. run()　　B. setPrority()　　C. yield()　　D. sleep()

2. 线程在生命周期中要经历 5 种状态，若线程当前是新建状态，则它可以到达的下一个状态是（　　）。

A. 运行状态　　B. 可运行状态　　C. 阻塞状态　　D. 终止状态

3. 哪个关键字可以对对象加互斥锁？（　　）

A. transient　　B. serialize　　C. synchronized　　D. static

4. 下面哪些方法可用于创建一个可运行的多线程类？（　　）

A. public class T implements Runable { public void run(){...} }

B. public class T extends Thread { public void run( ){...} }

C. public class T implements Thread { public void run( ){...} }

D. public class T implements Thread { public int run( ){...} }

E. public class T implements Runable { protected void run( ){...} }

5. 下列哪些情况不可以终止当前线程的运行？（　　）

A. 创建一个新线程时　　B. 该线程调用 sleep( )方法时

C. 抛出一个异常时　　D. 当一个优先级高的线程进入就绪状态时

二、判断题

1. （　　）一个 Java 多线程的程序不论在什么计算机上运行，其结果始终是一样的。

2. （　　）Java 线程有 5 种不同的状态，这 5 种状态中的任何两种状态之间都可以相互转换。

3. （　　）所谓线程同步就是若干个线程都需要使用同一个 synchronized 修饰的方法。

4. （　　）使用 Thread 子类创建线程的优点是可以在子类中增加新的成员变量，使线程具有某种属性，也可以在子类中新增加方法，使线程具有某种功能。但是，Java 不支持多继承，Thread 类的子类不能再扩展其他的类。

5. （　　）Java 虚拟机（JVM）中的线程调度器负责管理线程，调度器把线程的优先级分为 10 个级别，分别用 Thread 类中的类常量表示。每个 Java 线程的优先级都在常数 1～10 之间，即 Thread.MIN_PRIORITY 和 Thread.MAX_PRIORITY 之间。如果没有明确地设置线程的优先级别，每个线程的优先级都为常数 8。

6. （　　）当线程类所定义的run()方法执行完毕，线程的运行就会终止。

7. （　　）线程的启动是通过引用其start()方法而实现的。

三、简答题

（1）线程与进程有什么区别？

（2）为什么需要线程同步？线程同步的方法有哪些？

（3）线程的生命周期中要经历哪些状态？怎样转换？

（4）多线程有几种实现方法，都是什么？

（5）启动一个线程是用run()还是start()?

第 14 章 Java 的网络功能

Java 是伴随 Internet 发展起来的一种网络编程语言。Java 为各种基于 B/S、C/S 结构的网络应用开发提供了一系列功能强大的 API。本章将讲述 3 个层次的 Java 网络编程，并重点介绍 Java 语言基于套接字进行网络通信的基本原理和应用开发。通过本章的学习，读者将对面向对象的网络编程有一个较为清晰完整的理解。

学习目标	☑ 学会使用 URL 读取指定网页的内容； ☑ 学会使用 Socket 和 ServerSocket 类建立客户端与服务器端的通信； ☑ 学会将图形编程与网络编程结合，编写简单聊天程序。

14.1 概　述

计算机之间的通信是要遵循一定规则的，通信协议就是计算机之间进行通信所要遵循的各种规则的集合。在 Internet 通信中使用的主要协议有适用于网络层的 IP（IP 使用 IP 地址使数据投递到正确的计算机上）；适用于传输层的 TCP、UDP（TCP 和 UDP 使用端口号 PORT 将数据投递到正确的应用程序）；适用于应用层的 HTTP、FTP、SMTP、NNTP（主要用于解释数据内容）等协议。

例如，Java 语言中的套接字（Socket）编程就是网络通信协议的一种应用。Java 语言将 TCP/IP 封装到 Java.net 包的 Socket 和 ServerSocket 类中，它们可以通过 TCP/IP 建立网络上的两台计算机（程序）之间的可靠连接，并进行双向通信。

Java 网络编程可以在 3 个层次上进行：

（1）URL 层次，即最高级层次，基于应用层通信协议，利用 URL 直接进行 Internet 上的资源访问和数据传输。

（2）Socket 层次，即传统网络编程经常采用的流式套接字方式，通过在 Client/Server（客户机/服务器）结构的应用程序之间建立 Socket 套接字连接，然后在连接之上进行数据通信。

（3）Datagram 数据包层次，即最低级层次，采用一种无连接的数据包套接字传输方法，是用户数据报协议（UDP）的通信方式。

在后续各节将通过实例讲解前两种通信方式的编程。

14.2 URL 类

14.2.1 URL 基本知识

URL（Uniform Resource Locator，统一资源定位器）是用于表示网络资源的地址。网络上的每个资源都有它固定的地址。Java 语言经常把它作为网络文件名的一种扩展来使用。URL 的结构分为传输协议名和资源名称两部分，中间用“://”分隔开。传输协议说明访问资源时使用的网络协议，在 Internet 上表示 URL 的典型传输协议有 http、ftp、gopher 和 news 等几种形式，例如：http://www.263.net 和 ftp://www.bnu.edu.cn/pub 使用的分别是超文本传输协议和文件传输协议。

资源名称的格式与所使用的传输协议有关。通常由以下结构格式中的一项或几项组成：

- IP 地址/主机域名（IP Address/hostname）；
- 文件名（filename 包括路径）；
- 端口号（port number）；
- 参考点（reference）：资源中的特定位置，用来标识一个文件中特定的偏移位置。

其中，32 位的 IP 地址是一串类似 100.255.0.186 的 4 个数字，每个数字在 0～255 之间。Internet 中每台计算机是通过 IP 地址来标识的。端口号则是一个数字，其值一般在 1～65 535 之间，其中 1～1 023 一般保留用在知名的端口号或特定的 UNIX 服务，临时使用的端口号可取 1024～65 535 之间的整数。端口号可以区分一台服务器上同时运行的不同种类的服务程序。

实际上，绝大部分 URL 地址只包括协议名、主机名和文件名 3 部分。

14.2.2 URL 类

Java 语言用 URL 类来封装 URL，URL 类包含在 java.net 包中。在 URL 类中使用 String 类型描述 URL 字符串，用 getFile()、getHost()、getPort()和 getProtocol()等方法来访问 URL 对象的各个组成部分。利用这些方法可以编制一个获取网络属性信息的程序。

Java.net 包中 URL 类的定义为：

```
public final class java.net.URL extends java.lang.Object{
  public URL(String spec);
  public URL(String protocol,String host,String file);
  pulbic URL(String protocol,String host,int port,String file);
  public URL(URL context,String spec);
  public final Objedt getContent();
  public String getFile();                    //获取文件名
  public String getHost();                    //获取主机名
  public String getProtocol();                //获取端口号
  public String getRef();                     //获取参考点
  public URLConnection openConnection();      //建立 URL 连接
  public final InputStream openStream();      //打开 URL 流
  public boolean sameFile(URL other);         //比较两个 URL
  public String toExternalForm();             //返回一个完整的 URL 字符串
  public String toString();
  …
}
```

说 明

URL 类中定义了许多方法，利用它们可以进行一些有关 URL 的操作（参见上文中的注释），其中最常用的方法是 openConnection()，其功能是：通过 URL 类对象建立一个到达该 URL 的连接，并返回一个 URLConnection 类对象（URL 连接对象）。还有一个常用的方法是 openStream( )，通过它可以直接获取指定 URL 的输入流，从而读取文件中的原始数据。

下面简要介绍一下 URL 类对象的创建。URL 类中提供了 4 个构造函数，以便程序员利用各种信息定制 URL 类对象。

1. URL（URL 字符串）

URL(String)：使用完整的 URL 字符串直接创建一个 URL 对象。

2. URL（协议，主机名，文件名或路径）

URL(String,String,String)：创建一个 URL 对象的第二种方法。它用分散的协议名、主机名和文件名凑合成一个 URL 对象。

3. URL（协议，主机名，端口号，文件名或路径）

URL(String,String,String,String)：用分散的协议名、端口号、主机名和文件名组成一个 URL 对象。

4. URL（基准 URL，文件名或相对路径）

URL(URL context,String spec)：用给出的 URL 和基于该 URL 的一个相对路径构成一个 URL 对象。常用于 Applet 小程序。例如：

```
URL base_url=new URL("http://www.bnu.edu.cn:8080/java/")
URL url=new URL(base_url,"java.html");//基准 URL+相对 URL
```

若创建 URL 对象时有错误，则构造函数会输出 MalformedURLException 异常。

14.2.3 URLConnection 类

在 URL 类中，虽然有 openStream()方法，可以读取 Internet 服务器上的文件（实际上它等价于 URLConnection 类的 getinputStream()方法），但在 Java 程序中利用 java.net 包中的 URLConnection 类及其子类 HttpURLConnection 类来读写 Internet 文件更为方便。这些类提供了一些对连接进行控制的方法，例如想传数据给服务器或想读取标题。下面主要介绍 URLConnection 类。

Java.net 包中 URLConnection 类常用的操作方法有以下几个：

- public String getContentType()：获得文件的 MIME 类型。
- public int getContentLength()：获得文件长度。
- public long getDate()：获得文件创建时间。
- public long getLastModified()：获得文件最后修改的时间。
- pulbic InputStream getInputStream()：获得连接对象中的输入流。
- public OuputStream getOutputStream()：获得连接对象中的输出流。

【任务 14-1】 读出给定网页的内容

（一）任务描述

从指定的 Web 服务器上读取文件信息，将文件信息显示到屏幕上，同时写入到本地文件中。

例如输入第一个参数为 http://www.sina.com.cn/index.html，便把新浪网主页的源码显示出来并写入 d: \new.html 文件中。

（二）任务分析

在 Java 中通过 URL 进行应用层网络通信，必须首先建立 URL 对象，再由此创建 URLConnection 连接对象，然后获取连接对象的输入/输出流实现对网络服务器的读写。URLConnection 对象的创建可以由该类的构造函数 protected URLConnection(URL url)通过 URL 对象建立，也可以由 URL 对象的 openConnection 方法获取。

另外，再建立对文件 d:/new.html 的数据输出流，将从网页上获取到的信息输出到该文件。

（三）任务实施

```
import java.io.*;
import java.net.*;
public class ReadURL{
    public ReadURL(){
    }
    public static void main(String args[]){
        URL url=null;
        URLConnection urlc=null;
        InputStream in=null;
        String lineOfData;                          //内存缓冲变量
        PrintWriter out;                            //用于构造文件写入流
        try{
            out=new PrintWriter(new BufferedWriter(new FileWriter(
                    "d:/new.html")));
            //out=new FileOutputStream("d:/new.html");  //打开本地文件
            System.out.println("Creating URL...");
            url=new URL(args[0]);                   //1.创建URL对象
            urlc=url.openConnection();              //2.创建URLConnection对象
            System.out.println("Opening Stream...");
            in=urlc.getInputStream();               //3.打开URL连接流对象
            BufferedReader buffer=new BufferedReader(
                    new InputStreamReader(in));
            //DataInputStream buffer=new DataInputStream(in);
                                                    //4.转换流类型
            System.out.println("Reading data...");
            if(urlc.getContentLength()>=1){
                while((lineOfData=buffer.readLine())!=null){
                                                    //5.逐行读取数据
                    System.out.println(lineOfData);//6.将数据显示在屏幕上
                    out.println(lineOfData);//将数据写入本地文件

                }
            }else{
                System.out.println("no content");
            }
        }catch(MalformedURLException e){            //异常处理
            System.out.println("Bad URL");
        }catch (IOException e){
            System.out.println("IO Error "+e.getMessage());
        }finally{
```

```
            if(in!=null)
                try{
                    in.close();  //关闭流对象
                    System.out.println("Stream Closed.");
                }catch(IOException e){
                }
        }
        System.exit(0);          //正常退出程序
    }
}
```

程序运行时，输入第一个参数为 http://www.sina.com.cn，则控制台输出为新浪主页的 HTML 代码，打开 d 盘根目录下的 new.html，当运行该程序的计算机可以联网的时候可以显示图 14-1 所示的网页，如果不能联网，则只能显示文本信息。

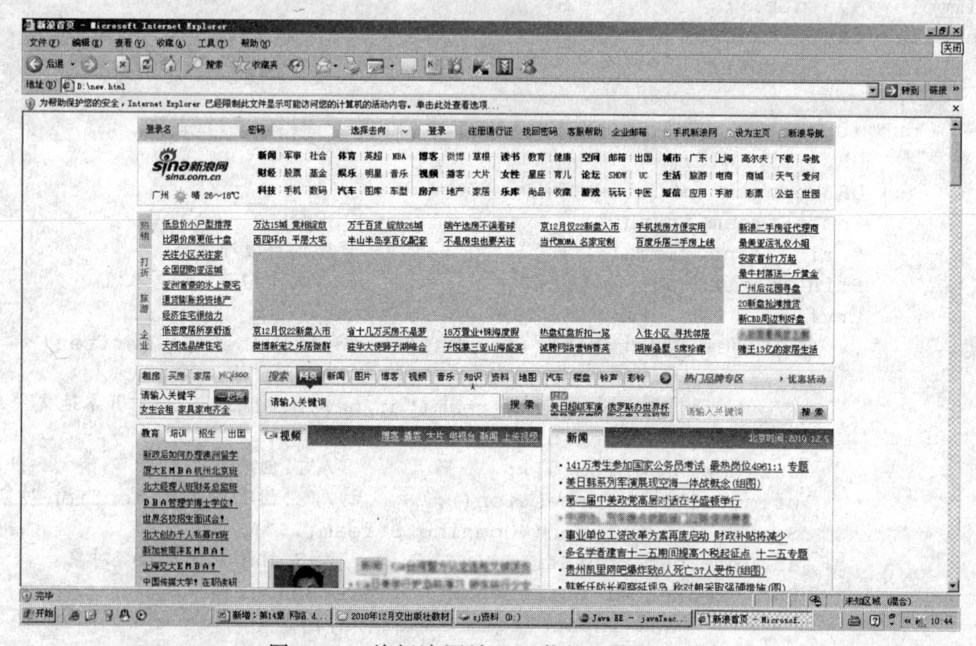

图 14-1　从新浪网站上下载的 HTML 文件

一些大型的门户网站和搜索引擎，都可以提供编程接口给外界，如 Google 提供了一个 Web 服务让开发者可以使用它的数据库去搜索。

Web 服务是一个额外的接口，这个接口由某个网站提供，可以被其他网站调用。可以把 Web 服务想象成一个自我包含的组件，同时带有一种或多种调用方法。它可以驻扎在 Internet 的任何地方。通过它所提供的调用方法而被世界上任何一个地方的客户端所调用。

【任务 14-2】　利用 google 的接口查天气预报

（一）任务描述

希望写一个 Java 程序，调用 Google 的 Web 服务查询当天上海的天气。

（二）任务分析

google weather API 一共有 3 种调用方法，这里使用其中的第三种，即城市名称法。

（1）邮政编码法（支持美国地区）：

```
http://www.google.com/ig/api?hl=zh-cn&weather=94043
(94043 P 为山景城，美国加州的邮政编码)
```

（2）经纬度坐标法：

```
http://www.google.com/ig/api?hl=zh-cn&weather=,,,30670000,104019996
(30670000,104019996 为成都)
```

（3）城市名称法：

```
http://www.google.com/ig/api?weather=Beijing
```

在建立 URL 对象的时候，将城市名称法的网址输入到 URL 的构造函数中，然后用该 URL 对象打开一个 URLConnection 对象的连接，然后获得该 URLConnection 对象的输入流，即可获取某个城市的天气预报的内容，关键代码如下：

```
URL url=new URL("http://www.google.com/ig/api?hl=zh_cn&weather=shanghai");
      URLConnection urlConnection=url.openConnection();
      InputStream in=urlConnection.getInputStream();
```

另外，需要设计一个 convertStreamToString()方法将输入流 InputStream 对象转换为字符串。

（三）任务实施

```
import java.io.BufferedReader;
import java.io.IOException;
import java.io.InputStream;
import java.io.InputStreamReader;
import java.net.MalformedURLException;
import java.net.URL;
import java.net.URLConnection;
public class googleTianqi{
    public static void main(String args[]){
        try{
            URL url=new URL(
                "http://www.google.com/ig/api?hl=zh_cn&weather=shanghai");
            URLConnection urlConnection=url.openConnection();
            InputStream in=urlConnection.getInputStream();
            System.out.println(convertStreamToString(in));
        }catch(Exception e){
            e.printStackTrace();
        }
    }
    public static String convertStreamToString(InputStream is){
        /*
         * 为了将InputStream对象转换为字符串,将用到BufferedReader.readLine(),
         * 该方法会一直重复下去，直到没有更多的数据可以读，每行读到的数据都将被追加到
           一个字符串对象后面
         */
        BufferedReader reader=new BufferedReader(new InputStreamReader(is));
        StringBuilder sb=new StringBuilder();
        String line=null;
        try{
            while((line=reader.readLine())!=null){
                sb.append(line+"\n");
```

```
            }
        }catch(IOException e){
            e.printStackTrace();
        }finally{
            try{
                is.close();
            }catch(IOException e){
                e.printStackTrace();
            }
        }
        return sb.toString();
    }
}
```

当运行该程序的计算机可以联网的时候，输出为一个 XML 文件，包含的内容如下：

```
<?xml version="1.0"?>
- <xml_api_reply version="1">
- <weather module_id="0" tab_id="0" mobile_row="0" mobile_zipped="1" row="0"
section="0">
- <forecast_information>
  <city data="Beijing, Beijing"/>
  <postal_code data="beijing"/>
  <latitude_e6 data=""/>
  <longitude_e6 data=""/>
  <forecast_date data="2010-11-23"/>
  <current_date_time data="2010-11-23 14:00:00 +0000"/>
  <unit_system data="SI"/>
  </forecast_information>
- <current_conditions>
  <condition data="烟雾"/>
  <temp_f data="33"/>
  <temp_c data="1"/>
  <humidity data="湿度: 41%"/>
  <icon data="/ig/images/weather/smoke.gif"/>
  <wind_condition data="风向: 北、风速: 1 米/秒"/>
  </current_conditions>
- <forecast_conditions>
  <day_of_week data="周二"/>
  <low data="-2"/>
  <high data="8"/>
  <icon data="/ig/images/weather/mostly_sunny.gif"/>
  <condition data="以晴为主"/>
  </forecast_conditions>
- <forecast_conditions>
  <day_of_week data="周三"/>
  <low data="-6"/>
  <high data="7"/>
  <icon data="/ig/images/weather/sunny.gif"/>
  <condition data="晴"/>
  </forecast_conditions>
- <forecast_conditions>
  <day_of_week data="周四"/>
```

```
<low data="-6"/>
<high data="5"/>
<icon data="/ig/images/weather/sunny.gif"/>
<condition data="晴"/>
</forecast_conditions>
- <forecast_conditions>
<day_of_week data="周五"/>
<low data="-6"/>
<high data="6"/>
<icon data="/ig/images/weather/sunny.gif"/>
<condition data="晴"/>
</forecast_conditions>
</weather>
</xml_api_reply>
```

本书限于篇幅，不能讲述 XML 的内容，但是从上面的文字中可以看出，该文件表示天气预报的内容。

14.3　Socket 套接口编程

14.3.1　Socket 基本知识

在网络应用程序中最常用的通信模式还是客户机/服务器（C/S）模式。在 C/S 模式通信过程中主动发起通信的一方被称为客户机，而监听并接受请求进行通信的一方成为服务器。客户机和服务器的本质区别在于运行的程序不同。有些程序可以提供服务，计算机运行了这些程序，便成了服务器；有些程序可以使用服务，计算机运行了这些程序便成为客户机。例如，当接收电子邮件时，接收的计算机就是客户机，而提供电子邮件服务的计算机则是服务器。当在网上冲浪时，在浏览器中输入一串地址，便可以浏览到丰富多彩的网页，这时计算机是客户机，而存放各种网页的计算机则是 Web 服务器。

客户机一般通过套接字（Socket）使用服务器所提供的服务。Socket 由两部分组成：IP 地址和端口号。关于 IP 地址和端口号前面已有叙述，这里不再解释。服务器为每种服务都打开一个服务器 Socket，并捆绑到一个端口上实现监听和通信。不同的端口对应不同的服务。Socket 正如其英文原意一样，像个多孔插座。一台服务器就像一个布满各种插座的房间，每个插孔有一个编号。客户机将插头插到不同编号的插孔，就可以得到不同的服务。

14.3.2　ServerSocket 类和 Socket 类

在 Java 的 Application 应用程序中，ServerSocket 类用于服务器建立监听套接字，Socket 类用于客户机建立套接字对象，并进行通信。

Java.net 包中 Socket 类的定义为：

```
public final class java.net.Socket extends java.lang.Object{
    public Socket(InetAddress address,int port);//构造函数
    public Socket(InetAddress address,int port,boolean stream);
    //stream 参数为创建的是数据流 Socket，还是数据包 Socket，该参数一般很少用
    public Socket(String host,int port);
    public Socket(String host,int port,Boolean stream);
```

```
    public void close();                    //关闭套接字
    public InetAddress getInetAddress();    //获取 Internet 地址
    public InputStream getInputStream();    //获取输入流
    public int getLocalPort();
    public OutputStream getOutputStream();
    public int getPort();                   //获取端口号
    public static void setSocketImplFactory(SocketImplFactory fac);
    public String toString();
}
```

Java.net 包中 ServerSocket 类的定义为：

```
public final class java.net.ServerSocket extends java.lang.Object{
    public ServerSocket(int port);          //构造函数
    public ServerSocket(int port,int count);
    public Socket accept();                 //接收客户端连接请求
    public void close();                    //关闭套接字
    public InetAddress getInetAddress();    //获取 Internet 地址
    public int getLocalPort();              //获取本地端口号
    public static void setScoketFactory(ScoketImplFactory fac);
    public String toString();
}
```

下面通过任务 14-3 说明 Java 套接字编程的具体实现，以后所有的套接字编程均可套用这种原型。

【任务 14-3】 用 TCP 实现的客户端与服务器的通信

（一）任务描述

用 ServerSocket 类和 Socket 类实现从客户机先向服务器发送一个字符串“hello”，服务器回应一句“hello”的功能。

（二）任务分析

通过套接字建立连接并进行通信的过程可以描述如下：

（1）服务器端程序建立守护进程，对某个端口创建服务器监听套接字，开始监听并接收客户端套接字。

（2）客户端对指定 IP 或域名的服务器的某个端口建立套接字对象，即发出了连接请求。

（3）服务器端通过接收到的 Socket 对象，客户端通过自身建立的 Socket 对象，分别获取基于套接字的输入/输出流。

（4）服务器程序和客户程序按照预定的应用级协议处理双方的输入/输出，进行双向通信。

（5）通信任务完成后，客户端断开连接，服务器继续运行，等待其他客户请求。

（三）任务实施

```
import java.net.*;
import java.io.*;
public class MyServer{
    public static void main(String args[]){
        try{
```

```
            ServerSocket ss=new ServerSocket(3210);
            //在某个端口建立服务器监听套接字
            System.out.println("服务器已经启动，在等待客户端连接");
            while(true){
                Socket s=ss.accept();//开始监听并返回客户套接字
                PrintStream out=new PrintStream(s.getOutputStream());
                BufferedReader in=new BufferedReader(new InputStreamReader(s.
                        getInputStream()));
                //获取客户套接字输入/输出流
                String str = in.readLine();
                System.out.println("from client:"+str);
                if(str.equals("hello"))
                    out.println("hello");
                else
                    out.println("error");
                //进行输入/输出处理
                out.close();
                in.close();//最后关闭流，注意不能先关闭
            }
        } catch (IOException e) {
        }
    }
}
//客户端
import java.net.*;
import java.io.*;
public class MyClient{
    public static void main(String args[]){
        try{
            Socket s=new Socket("127.0.0.1",3210);
            //对某服务器的某端口建立客户套接字
            PrintStream out=new PrintStream(s.getOutputStream());
            BufferedReader in=new BufferedReader(new InputStreamReader(s.
                    getInputStream()));
            //获取客户套接字的输入/输出流
            out.println("hello");
            String str=in.readLine();
            System.out.println("from server:"+str);
            //网络输入/输出流处理
            in.close();
            out.close();
            //集中关闭输入/输出流
        }catch (IOException e){
        }
    }
}
```

先运行服务器，再运行客户端，代表有一个客户端连接上了服务器。客户端连接上，发一个消息 hello 给服务器端是马上退出的，而服务器端在接收了这个客户端的消息后，还会继续运行，等待下一个客户的连接。

服务器端输出如下：

```
服务器已经启动，在等待客户端连接
from client:hello
```

客户端输出如下：

```
from server:hello
```

【任务 14-4】 带图形界面的聊天程序

（一）任务描述

任务 14-3 实现了客户端与服务器端的简单通信，但是该任务中的客户端是只发送一个数据就退出了，并且没有图形界面，要发送的文字都是在代码中写好的，现在希望在该任务的基础上增加图形界面的功能，实现让客户端可以持续地发送消息给服务器，服务器也可以即时看到客户端发送的消息，并回消息给客户端。

（二）任务分析

该任务要结合网络和图形界面的编程。

（1）要设计服务器类 MyServer，该类应该实现如下功能：

- 继承 JFrame 类。
- 包含一个单行文本框用来输入消息。
- 包含一个多行文本框用来显示服务器自身和接收到客户端的消息记录。
- 包含一个按钮，按钮被单击时将单行文本框中的内容发送到客户端，并且显示在服务器的多行文本框中。
- 包含一个永真循环，在某个端口监听是否有客户端发送来的消息，如果有，则显示在多行文本框中。

（2）设计客户端类 MyClient，该类应该实现如下功能：

- 继承 JFrame 类。
- 包含一个单行文本框用来输入消息。
- 包含一个多行文本框用来显示客户自身和接收到服务器端的消息记录。
- 包含一个按钮，按钮被单击时将单行文本框中的内容发送到服务器端，并且显示在客户端自身的多行文本框中。
- 包含一个永真循环，判断与服务器建立的 Socket 通道是否有服务器端发送来的消息，如果有，则显示在多行文本框中。

服务器和客户端都有永真循环接收对方发过来的消息，它们的区别在于服务器是在机器的某个端口监听消息，而客户端是通过与服务器已经建立的 Socket 通道来检查是否有消息。

服务器程序必须先运行，等待客户端来连接，客户端退出或者与服务器断开连接之后，服务器还在一直运行，等待下一个客户的连接。

此任务实现的单客户-服务器的通信，要实现多客户-服务器的通信，则需要将网络编程和多线程编码技术结合使用。

（三）任务实施

```
import java.awt.*;
```

```
import javax.swing.*;
import java.awt.event.*;
import java.io.IOException;
import java.io.PrintWriter;
import java.net.ServerSocket;
import java.net.Socket;
import java.util.Scanner;
public class MyServer extends JFrame implements ActionListener{
    JTextArea jta;
    JTextField jtf;
    JButton jb;
    JPanel jp;
    ServerSocket ss;
    Socket socket;
    //网络输入流
    Scanner sc;
    //网络输出流
    PrintWriter pw;
    public MyServer()
    {
        jta=new JTextArea();
        jtf=new JTextField(15);
        jb=new JButton("发送");
        jp=new JPanel();
        jp.add(jtf);
        jp.add(jb);
        JScrollPane jsp=new JScrollPane(jta);
        this.add(jsp,BorderLayout.CENTER);
        this.add(jp,BorderLayout.SOUTH);
        jb.addActionListener(this);
        jtf.addActionListener(this);
        //展现
        this.setTitle("服务器");
        this.setSize(300,200);
        this.setDefaultCloseOperation(JFrame.EXIT_ON_CLOSE);
        this.setVisible(true);
        //开放端口
        try {
            ss=new ServerSocket(9000);
            System.out.println("等待连接");
            socket=ss.accept();
            System.out.println("已连接");
            //网络输入流
            sc=new Scanner(socket.getInputStream());
            //网络输出流
            pw=new PrintWriter(socket.getOutputStream(),true);
        }catch(IOException e){
            e.printStackTrace();
        }
```

```
        JButton jb;
        while(true)
        {
            //接收客户端发送数据
            String str=sc.nextLine();
            //显示多行文本框中
            jta.append("客户端说"+str+"\r\n");
        }
    }
    public static void main(String[] args)
    {
         new MyServer();
    }
    public void actionPerformed(ActionEvent e){
        // TODO Auto-generated method stub
        if(e.getSource()==jb||e.getSource()==jtf)
        {
            //向客户端发送数据
            pw.println(jtf.getText());
            //向多行文本框输入历史聊天记录信息
            jta.append("服务器说: "+jtf.getText()+"\r\n");
            //清空单行文本框内容
            jtf.setText("");
        }
    }
}
import java.awt.BorderLayout;
import java.awt.event.ActionEvent;
import java.awt.event.ActionListener;
import java.io.IOException;
import java.io.PrintWriter;
import java.net.Socket;
import java.net.UnknownHostException;
import java.util.Scanner;
import javax.swing.*;
//客户端程序
public class MyClient extends JFrame implements ActionListener{
    JTextArea jta;
    JTextField jtf;
    JPanel jp;
    Socket socket;
    //网络输入流
    Scanner sc;
    //网络输出流
    PrintWriter pw;
    public MyClient()
    {
        jta=new JTextArea();
        jtf=new JTextField(15);
        jb=new JButton("发送");
```

```
        jp=new JPanel();
        jp.add(jtf);
        jp.add(jb);
        JScrollPane jsp=new JScrollPane(jta);
        this.add(jsp,BorderLayout.CENTER);
        this.add(jp,BorderLayout.SOUTH);
        jb.addActionListener(this);
        jtf.addActionListener(this);
        //展现
        this.setTitle("客户端");
        this.setSize(300,200);
        this.setDefaultCloseOperation(JFrame.EXIT_ON_CLOSE);
        this.setVisible(true);
        try {
            //建立连接
            socket=new Socket("127.0.0.1",9000);
            //网络输入流
            sc=new Scanner(socket.getInputStream());
            //网络输出流
            pw=new PrintWriter(socket.getOutputStream(),true);
        } catch (UnknownHostException e) {
            e.printStackTrace();
        }catch(IOException e) {
            e.printStackTrace();
        }
        while(true)
        {
            //接收服务器发送数据
            String str=sc.nextLine();
            //显示在多行文本框
            jta.append("服务器说: "+str+"\r\n");
        }
    }
    public static void main(String[]args) {
        new MyClient();
    }
    public void actionPerformed(ActionEvent e) {
      if(e.getSource()==jb||e.getSource()==jtf)
      {
          //向服务器发送数据
          pw.println(jtf.getText());
          //显示在多行文本框
          jta.append("客户端说: "+jtf.getText()+"\r\n");
          //清空单行文本框
          jtf.setText("");
      }
    }
}
```

先运行服务器，再运行客户端，程序运行效果如图 14-2 所示。

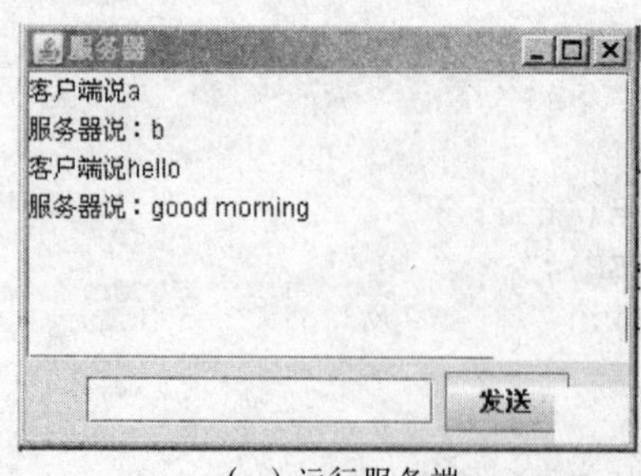

（a）运行服务端

（b）运行客户端

图 14-2　程序运行效果

14.4　InetAddress 类和 UDP 编程

在介绍 UDP 编程之前有必要介绍一个重要的类 InetAddress，用最简单的一句话描述这个类的作用就是：它代表了一个 IP 地址。这非常重要，在互联网中如果知道了 IP 地址，则意味着知道了通信的端点。这个类没有构造器，但是有几个工厂方法，通过传递不同的参数例如 IP、Hostname 等得到一个 InetAddress 的实例，下面的这个小例子可以得到运行程序的机器的 IP 地址。

```
import java.net.*;
public class TestNet
{
    public static void main(String[] args) throws Exception
    {
       InetAddress ia=InetAddress.getByName("localhost");
       String ipAdr=ia.getHostAddress();
       System.out.println(ipAdr);
    }
}
```

因为 localhost 是本机的名称，所以得到的结果是 127.0.0.1。

在服务器和客户机之间传递信息有两种方式：一是可靠的有连接通信，它需要先建立连接，然后传递数据，所有数据按照一定顺序发送和接收，最后关闭连接。在这种方式下，连接过程建立了一个通道，保证了数据到达的正确性和可靠性。数据在传送过程中，数据包中不必包含包的源和目的信息。第二种是非可靠的无连接通信。这种通信基于 UDP（用户数据报协议），数据报文中每个包都需要包含该包的完整的源和目的信息，以指明其走向。在很多网络通信场合中是不需要建立通信管道的，尤其是在网络传输中相对可靠性要求来说，速度显得更重要时。例如传输声音信号，少量数据包的丢失对整体音效没有太大影响。在网络组播、在大多数的网络游戏中也采用 UDP 进行通信。

14.5　综合实训

实训：利用服务器查询学生成绩

（1）服务器端程序建立守护进程，对某个端口创建服务器监听套接字，开始监听并接收客户端套接字。

（2）客户端对指定 IP 或域名的服务器的某个端口建立套接字对象，即发出了连接请求。

（3）在客户端连接上服务器之后，发送某学生的学号给服务器。

（4）服务器在数据库中查询该学生的某门课程成绩返回给客户端。

（5）客户端收到成绩后打印出来，并断开与服务器连接。

小　　结

本章通过研究套接字揭示了 Java 的网络 API 的应用方法，介绍了网络套接字的概念和套接字的组成，如何使用 Socket，ServerSocket、InetAddress 类。在完成本章学习后可以编写基本的底层通信程序。

思考与练习

一、填空题

1. URL 类的类包是________。
2. Sockets 技术是构建在________协议之上的。
3. Datagrams 技术是构建在________协议之上的。
4. ServerSocket.accept( )返回________对象，使服务器与客户端相连。

二、选择题

1. 若对 Web 页面进行操作，一般会用到的类是（　　）。

A. Socket　　B. DatagramSocket
C. URL　　D. URLConnection

2. 在套接字编程中，客户方需用到 Java 类（　　）来创建 TCP 连接。

A. ServerSocket　　B. DatagramSocket
C. Socket　　D. URL

3. 在套接字编程中，服务器方需用到 Java 类（　　）来监听端口。

A. Socket　　B. URL
C. ServerSocket　　D. DatagramSocket

4. URL 类的 getHost 方法的作用是（　　）。

A. 返回主机的名字　　B. 返回网络地址的端口
C. 返回文件名　　D. 返回路径名

5. Socket 类的 get( )utputStream 方法的作用是（　　）。

A. 返回文件路径　　B. 返回文件写出器
C. 返回文件大小　　D. 返回文件读入器

6. Socket 类的 getInputStream 方法的作用是（　　）。

A. 返回文件路径　　B. 返回文件写出器

C. 返回文件大小　　　　　　　　D. 返回文件读入器

三、简答题

1. 名词解释：TCP、UDP、IP 地址、端口号、URL。
2. 简述并比较 URL 类的 4 种构造函数。
3. 客户/服务器模式有什么特点？Socket 类和 ServerSocket 类的区别是什么？
4. TCP 通信的特点是什么？画图说明基于 Socket 通信的 C/S 模型与基本算法。

第 15 章

实训案例——公交卡管理系统

学习目标	☑ 学会使用类来定义需要管理的某个具体事物； ☑ 学会使用 ArrayList 数组管理多个对象； ☑ 学会使用 Java 的 IO 流实现命令行式分级菜单； ☑ 学会将图形编程与网络编程结合，编写简单聊天程序。

15.1 系 统 目 标

某公交公司为了方便顾客乘车，推出公交卡管理系统，主要包括如下功能：

- 新增一张公交卡；
- 查看所有公交卡信息；
- 删除特定卡号的公交卡；
- 为特定卡号的公交卡充值；
- 查看特定卡号的公交卡消费情况。

项目运行效果如图 15–1 所示。

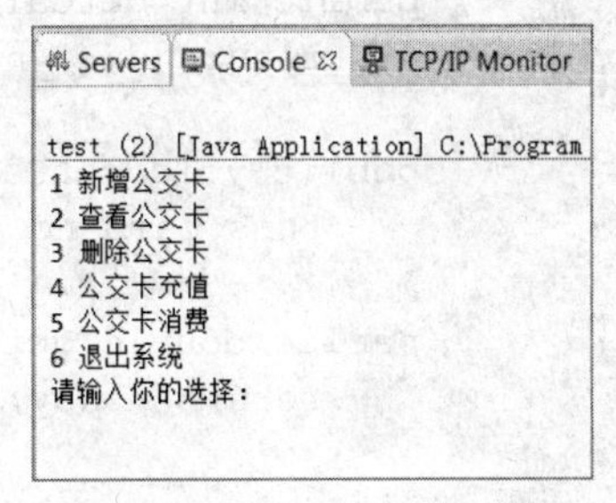

图 15–1 公交卡系统功能

15.2 表示公交卡类的设计与实现

15.2.1 问题分析

公交卡可以方便市民出行，一般具有卡号、余额、单次消费金额等信息，当一个公交车数量比较大时，需要用到公交卡管理系统来管理公交卡的信息。

该系统中的“公交卡”应该具有如下功能：

- 开卡（输入开卡的初始值，并给一个与其他卡号码不重复的卡号）。
- 打印卡信息（打印卡号，余额）。
- 充值（只能充值 50 或者 100）。
- 消费（根据卡的单次消费金额扣除一次坐车费用，如果余额不足，则不扣除费用，并提示需要充值）。

15.2.2 类的设计

在该系统中，我们使用面向对象的设计思想，将公交卡设计为一个类（BusCard 类）来表示，该类应该具有如下属性：

- card_no：卡号；
- money：卡余额；
- fare：单次坐车费用。

该类同时应该具有如下方法：

- 3 个属性的 Get 和 set()方法；
- recharge：充值；
- GetBus：消费；
- Print：打印卡信息。

15.2.3 类的实现

本例使用 BusCard 类表示公交卡，其实现代码如下：

```
public class BusCard {
    int card_no;                //卡号
    double  money;              //卡余额
    double fare=2;              //每次坐车扣除费用
    public int getCard_no(){
        return card_no;
    }
    public void setCard_no(int card_no){
        this.card_no = card_no;
    }
    public double getMoney()  {
        return money;
    }
    public void setMoney(double money){
        this.money = money;
    }
    public double getFare(){
        return fare;
    }
    public void setFare(double fare){
        this.fare=fare;
    }
    /*作用：开卡
     * 参数：aMoney 代表开卡的初始金额
     */
    BusCard(float aMoney){
        money=aMoney;
        card_no=(int)Math.round( Math.random()*100);
        System.out.println("开卡成功，公交卡信息如下：");
        print();
    }
```

```
    void print(){
        System.out.println("公交卡号码="+card_no+"   余额="+money);
    }
    boolean getBus(){
        boolean flag=true;
        if(money-fare>0){
            money=money-fare;            //收取车费成功
            System.out.println("扣费成功，公交卡信息如下：");
            print();
            flag=true;
        }else{
            flag=false;                  //收取车费失败
            System.out.println("余额不足，请充值");
        }
        return flag;
    }
    boolean recharge(int aMoney){
        if(aMoney==50||aMoney==100){
            money=money+aMoney;
            System.out.println("充值成功，公交卡信息如下：");
            print();
            return true;
        }else{
            System.out.println("充值必须为 50 或者 100");
            return false;
        }
    }
}
```

15.3　表示公交卡列表类的设计与实现

15.3.1　问题分析

当多张公交卡共同存在之后，需要对他们统一进行管理，该系统中的“公交卡管理模块”应该具有如下功能：

- 新增一张公交卡；
- 查看所有公交卡信息；
- 删除特定卡号的公交卡；
- 为特定卡号的公交卡充值；
- 查看特定卡号的公交卡消费。

15.3.2　类的设计

在该系统中，使用面向对象的设计思想，用一个类（BusCardManager 类）来对多张公交卡统一进行管理，该类应该具有如下属性：

ArrayList cards：该列表的每个元素代表一个公交卡。

该类应该具有如下方法：

- Initial：初始化若干张公交卡。
- add_card：新增一张公交卡（提示用户输入开卡余额，然后为其分配一个卡号）。
- showAllCards：显示所有已经存在的公交卡信息（卡号，余额）。
- del_card：删除公交卡（提示用户输入卡号，然后为其删除该号码的卡，如该卡不存在，则提示）。
- onsume_card：为公交卡充值（提示用户输入卡号，然后为其进行充值，如该卡不存在，则提示）。
- recharge_card：查看公交卡消费（提示用户输入卡号，然后显示其记录消费，如该卡不存在，则提示）。

关键代码实现如下：

1. 使用数组对象保存学生信息

```
ArrayList cards = new ArrayList();
```

2. 在列表中新增卡

```
cards.add(new BusCard(50));
```

3. 在公交卡列表 cards 删除卡号为 i_char 的卡

```
for(int i=0;i<=cards.size()-1;i++){
    if(((BusCard) cards.get(i)).getCard_no()==i_char){
        cards.remove(i);
        flag=true;//作标记已经删除
        break;
    }
}
```

4. 为卡号为 i_char 的卡充值

```
for(int i=0;i<=cards.size()-1;i++){
    BusCard tmp_Card=(BusCard)cards.get(i);
    if(tmp_Card.getCard_no()==i_char){
        flag=tmp_Card.recharge(money);
    }
}
```

15.3.3 类的实现

```
import java.io.IOException;
import java.util.ArrayList;
import java.util.Scanner;
public class BusCardManager{
    ArrayList cards = new ArrayList();
    public void initial(){
        cards.add(new BusCard(50));
        cards.add(new BusCard(50));
        cards.add(new BusCard(50));
        cards.add(new BusCard(50));
    }
    public void op1_add_card(){
```

```
        System.out.println("请输入开卡金额");
        Scanner input=new Scanner(System.in);
        int i_char=input.nextInt();
        BusCard new_card=new BusCard(i_char);
        cards.add(new_card);
    }
    public void op2_showAllCards(){
        System.out.println("一共有"+cards.size()+"张公交卡");
        for (int i=0;i<cards.size();i++){
            ((BusCard) cards.get(i)).print();
        }
    }
    public void op3_del_card(){
        System.out.println("请输入要删除的公交卡卡号");
        Scanner input=new Scanner(System.in);
        int i_char=input.nextInt();
        boolean flag=false;
        for(int i=0;i<=cards.size()-1;i++){
            if(((BusCard) cards.get(i)).getCard_no()==i_char){
                cards.remove(i);
                flag=true;          //作标记已经删除
                break;
            }
        }
        if(flag==true){
            System.out.println("号码为"+i_char+"的卡已经删除");
        } else {
            System.out.println("删除不还成功，没有找到号码为"+i_char+"的卡");
        }
    }
    public void op4_saveMoney_card(){
        System.out.println("请输入要充值的公交卡卡号");
        Scanner input=new Scanner(System.in);
        int i_char=input.nextInt();
        System.out.println("请输入要充值的金额（50或100）");
        int money=input.nextInt();
        boolean flag=false;
        for(int i=0;i<=cards.size()-1;i++){
            BusCard tmp_Card=(BusCard)cards.get(i);
            if(tmp_Card.getCard_no()==i_char){
                flag=tmp_Card.recharge(money);
            }
        }
        if(flag==true){
            System.out.println("号码为"+i_char+"的卡已经充值");
        }else{
            System.out.println("充值失败");
        }
    }
```

```
    public void op5_consume_card(){
        System.out.println("请输入要消费的公交卡卡号");
        Scanner input=new Scanner(System.in);
        int i_char=input.nextInt();
        boolean flag=false;
        for(int i=0;i<=cards.size()-1;i++){
            BusCard tmp_Card=(BusCard) cards.get(i);
            if(tmp_Card.getCard_no()==i_char){
                tmp_Card.getBus();
                flag=true;//作标记已经充值
                System.out.println("号码为"+i_char+"的卡已经消费
                                    "+tmp_Card.fare+"元");
                break;
            }
        }
        if(flag==true){
        }else{
            System.out.println("消费失败，没有找到号码为"+i_char+"的卡");
        }
    }
}
```

15.4 实现菜单的管理

15.4.1 问题分析

在该系统的主界面中，希望能够进入系统后显示主菜单，给出 6 个选项，并提示用户输入相应的选择，如 1 代表新增卡，2 代表查看卡信息，4 代表公交卡充值，5 代表卡消费，6 代表退出系统。

15.4.2 类的设计

该功能的设计思路如下：

（1）进入系统，显示主菜单，给出 6 个选项，并提示用户输入相应的选择，如 1 代表新增卡，2 代表查看卡信息等。

（2）根据用户的输入跳入相应的模块，执行不同的实现函数，如用户输入 1，则调用 BusCardManager 类的新增卡的函数，调用完毕，提示用户操作结果，并让用户输入任意键返回主菜单。

（3）用户输入任意键返回主菜单后，可以继续选择其他操作，也可以选择退出本系统，如果输入 6，则调用 System.exit 代码直接退出系统。

所以对应的函数有如下：

① public void showMenu()：显示菜单。

显示“新增公交卡”“查看公交卡”“删除公交卡”“公交卡充值”“公交卡消费”“退出系统”等 6 个选项，根据用户的输入的 input.nextInt()值，调用对应的 startMenu(input.nextInt())方法。

② public void startMenu(int choice)：启动菜单。

根据用户的选择 choice 的值，调用 op1_add_card()、op2_showAllCards()、op3_del_card()、System.exit(0)、op4_saveMoney_card()、op3_del_card()、showMenu()等方法进入相应的函数

③ returnMain：返回主菜单函数。

需要用户按一个任意键，然后调用 startMenu(0)，返回主菜单。

15.4.3 类的实现

菜单管理对应的实现代码如下：

```
import java.io.IOException;
import java.util.ArrayList;
import java.util.Scanner;
public class BusCardManager{
    public void showMenu(){
        System.out.println("1 新增公交卡");
        System.out.println("2 查看公交卡");
        System.out.println("3 删除公交卡");
        System.out.println("4 公交卡充值");
        System.out.println("5 公交卡消费");
        System.out.println("6 退出系统");
        Scanner input=new Scanner(System.in);
        System.out.println("请输入你的选择：");
        startMenu(input.nextInt());
    }
    public void startMenu(int choice){
        switch(choice){
        case 1:
            System.out.println("----目前操作：新增card----");
            op1_add_card();
            returnMain();
            break;
        case 2:
            System.out.println("----目前操作：查看公交卡----");
            op2_showAllCards();
            returnMain();
            break;
        case 3:
            System.out.println("----目前操作： 删除公交卡---");
            op3_del_card();
            returnMain();
            break;
        case 4:
            System.out.println("----目前操作： 公交卡充值----");
            op4_saveMoney_card();
            returnMain();
            break;
        case 5:
```

```
                System.out.println("----目前操作:  公交卡消费----");
                op5_consume_card();
                returnMain();
                break;
            case 6:
                System.out.println("感谢你使用本系统! ");
                System.exit(0);
                break;
            case 0:
            default:
                showMenu();
                break;
            }
        }
        public void returnMain(){
            Scanner input=new Scanner(System.in);
            System.out.println("----输入 0-9 中任意键返回----");
            int i_char=input.nextInt();
            this.startMenu(0);
        }
    }
```

最后，需要在启动类 test.java 中调用 BusCardManager 类对象的 showMenu()方法来启动公交卡管理系统，代码如下：

```
import java.io.IOException;
import java.util.Scanner;
public class test{
    public static void main(String args[]){
        BusCardManager bcm=new BusCardManager();
        bcm.initial();
        bcm.showMenu();
    }
}
```

15.4.4 运行效果

如果输入 1，则进行新增公交卡的操作，效果如图 15-2 所示。

```
请输入你的选择：
1
----目前操作：新增card----
请输入开卡金额
90
开卡成功，公交卡信息如下：
公交卡号码=94    余额=90.0
----输入任意键返回----
```

图 15-2 新增公交卡

如果输入 2，则进行查看公交卡的操作，效果如图 15-3 所示。

```
请输入你的选择：
2
----目前操作：查看公交卡----
一共有5张公交卡
公交卡号码=80    余额=50.0
公交卡号码=31    余额=50.0
公交卡号码=45    余额=50.0
公交卡号码=94    余额=50.0
公交卡号码=94    余额=90.0
----输入任意键返回----
```

图 15–3 查看公交卡

如果输入“3”，则进行删除公交卡的操作，如图 15–4 所示。

```
请输入你的选择：
3
----目前操作： 删除公交卡---
请输入要删除的公交卡卡号
94
号码为94的卡已经删除
-----输入任意键返回----
```

图 15–4 删除公交卡

如果输入“4”，则进行公交卡充值的操作；如果输入“5”，则进行公交卡消费的操作；如果输入“6”，则退出系统。

附录

Java Applet

起初，有人把 Java 称为“Internet 上的 C++”。因为 Java 是随着 Internet 的流行而广泛流行起来的，这要归功于 Java 能够编写一种运行在浏览器中的特殊程序——Applet，这种程序能够从网络上下载并运行。虽然 Java 的重心已经转移到了服务器端编程（Servlet），但是对于客户端编程而言，Applet 仍然是功能强大的工具。

Applet 也称小应用程序，是一种在浏览器环境下运行的 Java 程序。它的执行方式与一般应用程序不同，生命周期也比较复杂。

1. Applet 的运行

由于 Applet 是在 Web 浏览器中运行的，因此它不能通过直接输入一条命令来启动。在运行 Applet 时，必须首先创建一个 HTML 文件，在该文件中通过<applet>标记指定要加载运行的 Applet 程序的信息，然后将该 HTML 文件的 URL 通知浏览器，最后通过浏览器载入并运行该 Applet 程序。

2. Applet 的安全性限定

Applet 是可以通过网络传输和装载的程序，通过网络装载程序常常会暗藏某些危险，比如，有人可能会编写 Applet 程序蓄意盗取别人的口令并将该程序放到 Internet 上。对这种程序，如果将其下载和执行就会导致不希望发生的、有时是很糟糕的结果。为了避免这类事件发生，Java 提供了一个 SecurityManager 类，该类在 Java 虚拟机（JVM）上对几乎所有系统级的调用进行监控。这个工作模式称为 sandbox 安全模式——JVM 提供一个 sandbox，允许 Applet 在其中运行，一旦 Applet 试图离开 sandbox，它的运行就会被禁止。

对系统安全性的限定尺度常常是在浏览器中设置的，目前几乎所有浏览器都禁止 Applet 程序的以下行为：

（1）运行过程中调用执行另一个程序。

（2）所有文件 I/O 操作。

（3）调用本机（native）方法。

（4）企图打开提供该 Applet 的主机以外的某个套接口（socket）。

3. 一个简单的 Applet

首先编写一个 Applet 版的 HelloWorld 程序，编写之前，先从一个程序员的角度来看一下 Applet。一个 Applet 实际上就是一个扩展了 java.applet.Applet 类的 Java 类。尽管 java.applet 包不是 AWT 包的一部分。但是一个 Applet 却是一个 AWT 组件。本书中，将使用 Swing 来实现 Applet。所有的 Applet 都继承自 JApplet 类，JApplet 类继承自 Applet。

```
import java.awt.*;
import javax.swing.*;
public class HelloWorldApplet extends JApplet{
    public void init(){
        Container contentPane=getContentPane();
        JLabel label=new JLabel("Hello from applet world",SwingConstants.
                                CENTER);
        contentPane.add(label);
    }
}
```

要执行该 Applet，需要采取以下两个步骤：

（1）把原文件编译成类文件。

（2）创建一个 HTML 文件，该文件包含了类文件的位置和 Applet 尺寸等信息。

我们习惯于让 HTML 文件名等于它内嵌的 Applet 类名，当然这不是必须的。现在创建一个 HelloWorldApplet.html 文件，其内容如下：

```
<applet code="HelloWorldApplet.class" width=300 height=300>
    </applet>
```

现在可以在浏览器中查看这个 Applet 了（见附图 1）。

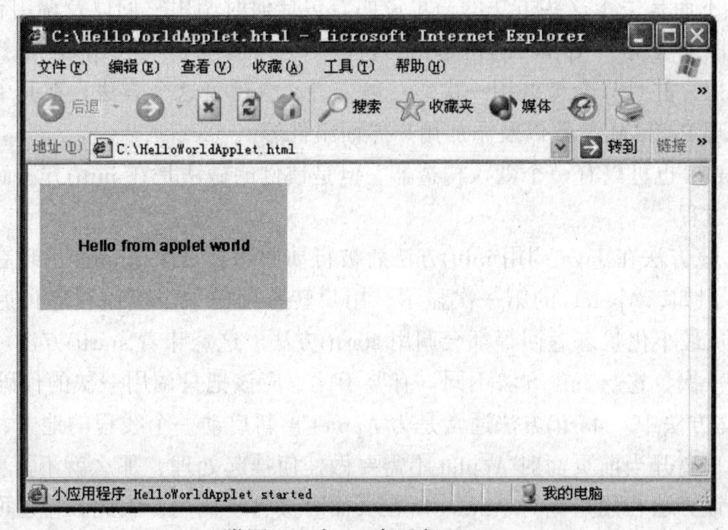

附图 1　在 IE 中运行 Applet

事实上，不通过浏览器也可以查看 Applet：通过 Java SDK 自带的 Applet 查看程序，运行结果见附图 2。使用该程序的方法是在命令行中输入如下命令：

```
appletviewer HelloWorldApplet.html
```

附图 2　通过 Applet 查看程序查看

还有一个小技巧可以避免使用额外的 HTML 文件。把一个 Applet 标记作为注释加入到原文件中：

```
/*
 <applet code="NotHelloWorldApplet.class" width=300 height=300>
 </applet>
*/
public class HelloWorldApplet extends JApplet
…
```

然后使用原文件作为命令行参数来运行 Applet 查看器：

```
appletviewer HelloWorldApplet.java
```

这并不是标准的做法，但是这样可以很方便地测试 Applet，并且减少使用的文件数量。

Applet 查看器是一个很好的测试工具，但是 Applet 的最终应用是在浏览器中。特别要注意的是，Applet 查看器仅显示 Applet，它会忽略其他的 HTML 代码。如果一个 HTML 文件包含了多个 Applet，那么 Applet 查看器会弹出多个窗口。

4. Applet 的方法和生命周期

利用 Applet 类的几个方法可以构造任意 Applet 的框架，这些方法是 init、start、stop、destroy、paint 和 update。下面是关于这些方法的简单说明，包括何时调用它们以及调用它们的位置：

（1）init()：该方法用于 Applet 的初始化。它像一个构造器——当 Applet 被初次加载时，该方法会自动被调用，并且只会被调用一次。一般来说，会覆盖这个方法，在其中做一些初始化工作，例如，处理 PARAM 参数以及添加用户界面组件等。

实际上，Applet 也可以有一个默认构造器，但是惯例的做法是在 init()方法而不是默认构造器中进行初始化过程。

（2）start()：该方法在 Java 调用 init()方法后被自动调用。每次 Applet 出现在屏幕上时都会调用这个方法，例如，Applet 的第一次显示、用户转移到另一个应用程序再返回到这个包含 Applet 的页面、从最小化状态返回等都会调用 start()方法。这意味着 start()方法可以被重复调用多次而不是仅仅一次，这与 init 方法不同。有鉴于此，应该把只调用一次的代码放到 init()方法中，而不是 start()方法中。start()方法通常是为 Applet 重新启动一个线程的地方，比如继续一个动画。如果当用户离开当前页面时 Applet 不需要做任何挂起处理，那么就不需要实现此方法。

（3）stop()：该方法在用户离开 Applet 所在页面时被自动调用。因此，它也可以被重复多次调用。Stop()方法的作用是当用户不再关注 Applet 时能够停止使系统变慢的消耗资源的活动。不应当直接调用此方法。如果在 Applet 中没有动画、音频文件播放或者在一个线程中执行计算，那么通常不需要此方法。

（4）destroy()：当浏览器被正常关闭时，Java 要保证调用此方法。既然 Applet 是生存在一个 HTML 页面中，所以不必担心销毁面板。当浏览器关闭时该方法会自动被执行。该方法中需要放置的代码是用来进行清理工作的，例如，回收任何诸如图形环境等的系统资源。

（5）paint()：当重新绘制 Applet 时调用。

（6）update()：当重新绘制 Applet 的一部分时调用。

下面的例子演示这些方法的使用：

```
import java.awt.*;
import javax.swing.*;
```

```
/*
*<applet code=applet.class
*       width=200
*       height=200>
*</applet>
*/
public class AppletMethod extends JApplet{
//必须实现 init()方法，这是 Applet 启动的载入点
    public void init()
    {
        //将背景设为白色（默认为灰色）
        setBackground(Color.white);
    }
    //如果没有需要重起的线程，可以不必实现 start()方法
    public void start()
    {
        //在这里重新启动 Applet 中被挂起的线程
    }
    public void paint(Graphics g)
        {
        //在指定位置（60，100）显示字符串
        g.drawString("Hello from Applet!",60,100);
    }
    //如果没有需要挂起的线程，可以不必实现 stop()方法
    public void stop()
    {
        //当暂时离开 Applet 页面时，在这里停止消耗资源的活动（如果有的话）
    }
    //destroy()方法做了一些特殊的清理工作。通常可能不需要实现它
    public void destroy()
    {
        //放置关闭 Applet 时做清理工作的代码
    }
}
```

程序运行结果如附图 3 所示。

附图 3　Applet 方法示例